石油高等院校特色规划教材

# 钻井流体基础

## （富媒体）

郑力会　编著

石油工业出版社

## 内 容 提 要

本书为中国石油大学（北京）石油工程专业本科生油气井工作流体系列教材之一。全书在简要阐述钻井流体的物态、类型、组分、选择和实施等5项理论知识的基础上，系统介绍了安全优质高效的钻井流体应该具备的控制压力性能、流变性能、失水护壁性能、兼容性能、传递信息性能、耐受酸碱性能、耐受无机离子性能、耐受温度性能、抑制性能、润滑性能、发射荧光性能、腐蚀性能、导热性能、导电性能、储层伤害性能和环境友好性能等16项性能。本教材从入门的角度介绍钻井流体基本概念、基本原理、基本方法、基本计算和基本应用，便于读者概况性地了解钻井流体应知应会的知识，为实现学生能综合分析钻井流体相关知识、设计钻井流体施工方案的培养目标，打下坚实的专业基础。

本书可作为未从事过钻井流体现场工作的学生的教学用书，也可作为从事钻井流体工作人员的入门培训用书。

### 图书在版编目（CIP）数据

钻井流体基础：富媒体 / 郑力会编著 . —北京：石油工业出版社，2023.2
石油高等院校特色规划教材
ISBN 978-7-5183-5636-2

Ⅰ. ①钻… Ⅱ. ①郑… Ⅲ. ①钻井液-高等学校-教材 Ⅳ. ①TE254

中国版本图书馆 CIP 数据核字（2022）第 182635 号

---

出版发行：石油工业出版社
　　　　　（北京市朝阳区安华里2区1号楼　100011）
　　　　　网　　址：www.petropub.com
　　　　　编辑部：（010）64523579
　　　　　图书营销中心：（010）64523633
经　　销：全国新华书店
排　　版：三河市聚拓图文制作有限公司
印　　刷：北京中石油彩色印刷有限责任公司

2023年2月第1版　　2023年2月第1次印刷
787毫米×1092毫米　　开本：1/16　印张：13.5
字数：344千字

定价：34.00元
（如发现印装质量问题，我社图书营销中心负责调换）
版权所有，翻印必究

# 前　言

作为从事钻井流体的工作者，身边有给本科生讲课的老师，也有刚进入钻井流体领域的工程人员，都在谈论"钻井流体"这门课程目前所用的课本。普遍认为，在用的所有课本中，不管有没有钻井流体感性知识，都是大致一样的工艺相关内容，对有一定现场基础的人员挺好，但对没有见过钻井流体的人，教和学都不容易。甚至是给学生、学员出考试题的老师都在抱怨，如果没有现场经历，"钻井流体"这门课程没法讲、没法学、没法考！

笔者自2005年教授"钻井流体"课程以来，也有同样的感觉。如果把"钻井流体"的相关知识分级分类教，是不是会解决这个难题呢？没有感性知识的、有现场应用经历的以及曾经从事应用研究的，每一个人有相对应的知识结构，教学工作自然脉络清晰，各取所需。因此，萌生了编写《钻井流体基础》的想法，以基本概念、基本原理、基本方法、基本计算和基本应用等为主体，采用规范的钻井流体术语、系统的钻井流体结构、清晰的钻井流体应用，让没有工作经验者学习后，在自己已有知识的基础上认识一种新的物质，从而懂得如何利用已有知识拓展未知领域，培养解决问题的能力，知道怎么利用已有知识在新的领域开展工作，举一反三，融会贯通。

经过百年发展与不断实践，学者们已经总结出钻井流体一定的内在规律，形成了多种技术，应用领域不再局限于石油钻井。形成了以研究基础知识为主的钻井流体原理和以研究实践应用知识为主的钻井流体工艺，为钻井流体研究主要内容的整体框架。钻井流体原理研究，侧重于钻井流体中的基本规律，重点解决理论问题。钻井流体工艺研究，侧重于钻井流体使用过程中的具体方法，重在解决现场应用问题。

作为初学者，通过了解钻井流体物态、类型等宏观普适性内容，理解钻井流体控制压力性能、钻井流体流变性能等工程性能，为后续应用过程中根据钻井工程服务地质、服务工程、服务产能的具体目标，做好完整的、系统的知识储备，为解决复杂工程问题奠定理论基础。

教授"钻井流体"课程中，遇到了不同群体，有石油工程、应用化学、海洋工程等专业学生、留学生、新入职员工。按照本书的内容讲解多年，不断修改完善，受到听课者的较好评价。因此，对于不同群体，钻井流体按级分类可以讲好，可以学好，可以考好。结合新型教学方式和培养国家发展需求人才的教育理念，将教学过程积累的一些认识，分享给大家，权作向师长同行汇报多年教学工作进展，也是工程伦理驱动，不断提高自己能力、推动工程质量更好地为安全环保做贡献的责任。值得一提的是，为发挥学生的创造性，实现开放式教学目的，本书中的例题没有解答，希望学生自行完成，并将得出的答案与同学、老师探讨。

在本书编写过程中，中国石油大学（北京）石油工程学院王敬、高瑜爽和李湘萍等对油气井工作流体系列教材的策划鼎力支持。陕西科技大学陶秀娟帮忙查阅了钻井流体发展史文献。长江大学翟晓鹏指导教材注意事项并耐心修改。成稿后，中国石油大学（北京）石油工程学院本博一体学生张国锋全面通读书稿并提出修改意见，叶艳、杨丽丽和贺垠博等老师试用了本书讲义。崔小勃、林强、李靖、潘洁、暴丹和孙昊等专家全面审阅了本书。在出版过程中，笔者将书稿清样呈送给鄂捷年、赵雄虎、徐同台、郑秀华、蒋官澄和李志勇等老师斧正，以求少犯错误，不断进步。在此，对各位同事、专家和同学为本书出版提供的协助，表示衷心地感谢！

由于基础理论总结提炼难度太大，加上自己水平有限，书中存在诸多不足甚至是错误，望同行谅解和指正。

郑力会<br>2022 年 11 月

# 目 录

1 绪论 ……………………………………………………………………………… 1
　1.1 钻井流体的演变过程 …………………………………………………… 3
　1.2 钻井流体的主要内容 …………………………………………………… 5
　1.3 钻井流体的发展方向 …………………………………………………… 6
　思考题 …………………………………………………………………………… 6

2 钻井流体物态 …………………………………………………………………… 7
　2.1 钻井流体溶液态 ………………………………………………………… 8
　2.2 钻井流体胶体态 ………………………………………………………… 10
　2.3 钻井流体浊液态 ………………………………………………………… 17
　【视频 S1　钻井流体物态】…………………………………………………… 19
　思考题 …………………………………………………………………………… 19

3 钻井流体类型 …………………………………………………………………… 20
　3.1 按主要处理剂在连续相中的分散状态分类 …………………………… 21
　3.2 按应用地层特性分类 …………………………………………………… 26
　3.3 按作业过程分类 ………………………………………………………… 30
　3.4 按钻井作业需求分类 …………………………………………………… 33
　思考题 …………………………………………………………………………… 36

4 钻井流体组分 …………………………………………………………………… 37
　4.1 按功能分类 ……………………………………………………………… 37
　4.2 按主要成分分类 ………………………………………………………… 40
　4.3 按物理化学性质分类 …………………………………………………… 41
　4.4 按耐温能力分类 ………………………………………………………… 42
　思考题 …………………………………………………………………………… 42

5 钻井流体选择 …………………………………………………………………… 43
　5.1 钻井流体的功能 ………………………………………………………… 43
　5.2 钻井流体的选择原则 …………………………………………………… 49
　思考题 …………………………………………………………………………… 52

## 6 钻井流体实施 … 53
### 6.1 钻井流体实施前准备工作 … 53
### 6.2 钻井流体实施前评估工作 … 61
### 6.3 钻井流体实施前现场准备工作 … 67
【视频 S2　液体型钻井流体工作流程】… 71
【视频 S3　气体钻井技术】… 71
### 6.4 钻井流体实施中的操作工作 … 72
思考题 … 75

## 7 钻井流体控制压力性能测定及调整方法 … 76
### 7.1 钻井流体控制压力测定方法 … 79
### 7.2 钻井流体控制压力调整方法 … 83
思考题 … 89

## 8 钻井流体流变性能测定及调整方法 … 90
### 8.1 钻井流体流变性测定方法 … 92
### 8.2 钻井流体流变性调整方法 … 103
思考题 … 107

## 9 钻井流体失水护壁性能测定及调整方法 … 108
### 9.1 钻井流体失水护壁测定方法 … 111
### 9.2 钻井流体失水护壁调整方法 … 118
【视频 S4　钻井流体漏失地层井下形貌】… 119
思考题 … 120

## 10 钻井流体兼容性能测定及调整方法 … 121
### 10.1 钻井流体兼容性测定方法 … 123
### 10.2 钻井流体兼容性调整方法 … 132
【视频 S5　液体型钻井流体清除钻屑的设备运行状态】… 140
思考题 … 140

## 11 钻井流体传递信息性能测定及调整方法 … 141
### 11.1 钻井流体传递信息测定方法 … 141
### 11.2 钻井流体传递信息调整方法 … 142
思考题 … 143

## 12 钻井流体耐受酸碱性能测定及调整方法 … 144
### 12.1 钻井流体耐酸碱性能测定方法 … 145
### 12.2 钻井流体耐酸碱性能调整方法 … 147

思考题 150

## 13 钻井流体耐受无机离子性能测定及调整方法 151
### 13.1 钻井流体耐盐性能测定方法 152
### 13.2 钻井流体耐盐性能调整方法 155
　　思考题 156

## 14 钻井流体耐受温度性能测定及调整方法 157
### 14.1 钻井流体耐受温度性能测定方法 158
### 14.2 钻井流体耐受温度性能调整方法 159
　　思考题 160

## 15 钻井流体抑制性能测定及调整方法 161
### 15.1 钻井流体抑制性能测定方法 162
### 15.2 钻井流体抑制性能调整方法 165
　　思考题 166

## 16 钻井流体润滑性能测定及调整方法 167
### 16.1 钻井流体润滑性能测定方法 167
### 16.2 钻井流体润滑性能调整方法 170
　　思考题 172

## 17 钻井流体发射荧光性能测定及调整方法 173
### 17.1 钻井流体荧光性能测定方法 174
### 17.2 钻井流体荧光性能调整方法 176
　　思考题 179

## 18 钻井流体腐蚀性能测定及调整方法 180
### 18.1 钻井流体腐蚀性能测定方法 181
### 18.2 钻井流体腐蚀性能调整方法 184
　　思考题 186

## 19 钻井流体导热性能测定及调整方法 187
### 19.1 钻井流体导热性能测定方法 188
### 19.2 钻井流体导热性能调整方法 189
　　思考题 190

## 20 钻井流体导电性能测定及调整方法 191
### 20.1 钻井流体导电性能测定方法 191
### 20.2 钻井流体导性性能调整方法 193
　　思考题 193

## 21 钻井流体产量伤害性能测定及调整方法 ········ 194
### 21.1 钻井流体储层伤害性能测定方法 ········ 195
### 21.2 钻井流体储层伤害性能调整方法 ········ 197
### 思考题 ········ 198

## 22 钻井流体环境友好性能测定及调整方法 ········ 199
### 22.1 钻井流体环境友好性能测试方法 ········ 200
### 22.2 环境可接受的废弃钻井流体处理方法 ········ 205
### 【视频 S6 液体型钻井流体废弃物不落地处理过程】 ········ 206
### 思考题 ········ 206

## 参考文献 ········ 207

# 1 绪 论

从广义上讲，钻井流体是钻完井过程中使用的工作流体的总称，是整个井筒工作流体的一种；从狭义上讲，钻井流体是钻进过程中使用的工作流体，是钻井工作流体的一种，是井筒工作流体的一部分。所以，无论从广义上，还是狭义上，钻井流体都是井筒工作流体的一种。简言之，广义上，钻井流体包括完井流体，完井流体又包括水泥浆、压裂液、酸化液以及在储层中作业的试井、修井用的压井液等；狭义上，钻井流体只是用来钻进的流体。

井筒工作流体（Wellbore Working Fluids）是为完成井筒工作任务使用的可以人为控制其性能的流体。钻井工作流体（Drilling Working Fluids）则是为完成钻井任务而使用的可以人为控制其性能的流体。钻井任务，不仅仅是石油天然气钻井任务，还包括矿产、建筑以及科学试验等掘进工程的有关钻孔任务。

完成任务过程中，钻井流体所面对的地质条件越来越复杂，井眼轨迹越来越多样，钻井目的越来越丰富，钻井难度越来越大。为完成钻井任务，需要针对具体难题采用不同的钻井流体，因而需要不断地开发适用的钻井流体。

经过钻井流体工作者100多年来的努力，钻井流体的类型已经从清水发展到以水为连续相的水基钻井流体、以烃类衍生物为连续相的烃基钻井流体和以气体为连续相的气基钻井流体等。钻井流体的体系也由细分散黏土钻井流体、全油基钻井流体和空气钻井流体等不足十种，发展到水/油连续或者非连续的气泡类钻井流体、逆乳化钻井流体等百种之多。同一体系不同组分形成的钻井流体则更多。据不完全估计，钻井流体已不少于1000种，钻井流体组分不少于3000种。

随着种类的增加，钻井流体所包含的内容和所表现的形式愈加多样，极大地丰富和完善了钻井流体的组分、体系，强有力地促进了钻井流体支撑产业的发展。同时，又增大了钻井流体推广力度，扩大了应用范围，使得钻井流体在钻井作业中的作用更加突出。而解决出现的新难题成功或者失败的案例，反过来促进了钻井流体原理的深入研究和工艺的持续完善，不断推动钻井流体的技术进步。

这种进步不仅在工程上表现为钻井流体在解决特殊问题的实际经验有了长足进步，油气生产获得社会效益和经济效益更加明显，还表现在引入了社会发展过程中的新思想、新理论、新方法和新材料，理解和掌握了钻井流体组分、体系和评价方法并不断认识、不断深化和不断完善。因此，钻井流体不仅是工程领域中钻井工程的重要组成部分，还是涉及整个国计民生的重要支柱产业。与钻井流体相关的事情，涉及环境保护、产业发展和就业增加，关乎国家政策、人民生活。

钻井流体发展速度之快，用日新月异已不足以表达。一方面，钻井流体工作不仅在面对复杂的工作对象时能够快速提出对策；另一方面，钻井流体工作不断更新知识、完善施工工艺，满足应对新难题的需求。两者都需要扎实的基础理论和深厚的专业知识做支撑。

安全、优质、高效、环保，充分发挥钻井流体的"钻井工程血液"的作用，已成为钻井作业者的共识，而且是每一个科技人员不断追求技术进步的良好工程伦理情怀的具体表现。正因为如此，许多作业者十分重视钻井流体，不断投入人力、物力和财力研究钻井流体、管理钻井流体，甚至一口井、一个平台的钻井项目由钻井流体工程师作为负责人，形成钻井流体研究和应用起点高、发展速度快的新态势。

钻井流体性质（Drilling Fluids Properties）是钻井流体性能分析和评价时所用到的聚集状态、体系种类、组分种类、主要功能、作业流程和实施过程等特有的本身所具有的、区别于其他事物的特征。

钻井流体性能（Drilling Fluids Performance）是体系的特性，也是体系研究和应用的目标，是人为控制钻井流体处理剂种类和剂量，使钻井流体具有一定的物理化学性质或者具备完成钻井工程需要的能力，从而实现钻井流体功能。

不同时期，不同工程、地质和环境所需要的钻井流体性质和性能不同，使得钻井流体性质的类型不同，性能评价指标也不尽相同。

首先，性质、性能类型有时增加，有时减少。如钻井过程中，钻井流体有时需要液态，有时需要气态。再如钻井流体最初要求具备工程安全作业性能，逐渐增加具备控制储层伤害需要的性能，现在环境保护日益重视又必须增加环境友好性能要求。对于某一具体井筒而言，并不是所有的井段都使用相同的性能评价指标。例如，浅井段注重防塌；技术套管井段需要顺利穿过地层；目的层注重储层保护。

其次，性质、性能指标有时提高，有时降低。如钻井流体在表层可以不考虑抑制能力，重点考虑封堵。表层钻井完成后，进入易水化地层后，为抑制黏土水化需加入抑制剂提高地层抑制能力。完成泥页岩井段钻进，固井结束后进入砂岩地层，则因泥质含量降低可以适度降低抑制能力，但需要提高封堵能力，产生薄而韧的滤饼，控制储层伤害。

因此，钻井流体必须具备性质、性能可以调整的能力。但应该谨记，满足工程需要的性能是钻井流体满足其他需要性能的前提，是诸多钻井流体性能的基础性能。如在完成工程需要的基础上，满足储层保护要求，实现环境保护目标。但是，如果钻井流体无法完成工程目的，不能按设计钻达井深，其他性能再好也没有价值。

当然，钻井流体基本性能外的性能，即辅助性能，不能认为不重要，有的还十分重要。例如，钻井流体的兼容性能，是针对有害的固相、气相和液相采取必要的控制措施，达到必要性能。如果兼容能力较弱，就会造成其他主要性能如流变性能、失水性能的恶化，最终影响整个钻井流体的效用。

再如，抑制性能不足，会引起低密度固相含量增加、失水护壁能力下降、润滑性变差甚至恶化等一系列不理想的情况。如果是储层钻井，储层伤害程度也会因此加剧。由此看来，钻井流体辅助性能的效力，不仅关系主要功能的发挥，还关系钻井目标的实现。

**【思政内容：吃水不忘挖井人】**

"吃水不忘挖井人"是说，学会感恩、同情、宽容、忍耐、积极与真诚，是我们生活在社会中，与人和谐相处的基础。

还有一些相近或者相似的日常用语：滴水之恩当涌泉相报；一日为师，终身为父；谁言寸草心，报得三春晖；前人栽树后人乘凉；知恩图报，善莫大焉。

今天，能够在和平、宁静的环境下学习、工作和生活，除了感恩为这个环境努力了几千年的仁人志士以及父母师长外，还要记住，现在学习的科学技术，也是一代一代科技人积累的成果，他们也是挖井人，应以感恩之心努力学习，争取在继承前人成果的基础上为之增砖添瓦，回报社会。

## 1.1 钻井流体的演变过程

有记载的钻井事件，最早可追溯到公元前三世纪的中国周代。当时，井眼是挖井人进入井内钻凿完成的。因此，井径比较大。挖成的井眼用于汲取卤水。取卤时发现，有的井产出某种气体能够燃烧。当时，人们不知道这种气是天然气，但这些井出的气能点着，就称这样的卤水井为火井。

唐代，四川盐井已达 640 余口，井深已达 500 多米，已成规模。宋代，大约公元 1041 年至公元 1053 年，即宋仁宗赵祯庆历、皇祐年间，开始用绳式顿钻（Cable Tool Drilling）完成直径较小的盐井。绳式顿钻依靠钻凿工具的重量，向下戳凿成井。因为井筒口径大小似毛竹粗细，称为竹筒井或卓筒井。卓筒意为直立之筒，卓筒井的直径约中国市尺的3~5寸，即直径约10~15cm，似普通碗口大小。至 18 世纪 30 年代，已钻成 1000 多米深的天然气井。

在卓筒井中用竹筒加上牛皮阀汲卤制盐技术，被誉为中国古代第五大发明、世界石油钻井之父。可见中国的钻井技术在当时十分先进，技术原理十分科学。到 18 世纪 30 年代，中国汲卤过程中使用清水使钻屑浮在水中的清除钻屑技术，处于世界领先地位。公认中国是第一个在钻探过程中有意使用流体辅助清除钻屑的国家。当然，此处所讲的流体是指普通清水。除了利用普通水清除钻屑外，人们还认识到水能软化岩石，使得破岩工具更容易穿透岩石。

当然，那个时代钻井一般是为了寻找淡水或卤水水源。淡水用于饮用、洗涤和灌溉；卤水用作生产食盐原料。从井筒中自然流出的天然气用于蒸煮盐水，提高盐水浓度，提高晒盐效率，综合利用了地下资源。但必须清楚，钻井最初并不是为了寻找石油天然气，而是为了生活和农业生产。钻井过程中偶然出现石油，并不认为是幸运，而是倒霉。因为石油污染了水井的产出水，增加了卤水晒盐和生活用水的难度。从这个角度讲，钻井流体的历史要比石油钻井的历史更久远。

中国第一次钻井过程中发现石油，是 1521 年明武宗朱厚照正德末年，在四川嘉州（现乐山）钻盐水井时偶然发现的。相比之下，美国第一口油井于 1859 年才完成，整整晚了 300 多年。当然一个是无意发现，一个是有意而为。用不同评价标准相比较，结果没有多大价值。

水用于石油天然气钻井工作，最早见于 19 世纪中叶的顿钻钻井。顿钻产生的钻屑沉积在井筒中影响继续钻进，必须清除。一般采用水桶提出地面，钻屑被"淘"出井筒之前，水用于悬浮井眼中钻屑，防止钻屑沉降。为了更好地实现悬浮目的，钻井作业者向水中加入了黏土，借助黏土在水中变成泥糊，增加水的黏度，提高悬浮能力。

19 世纪 90 年代前此法已普遍应用，称为泥浆（Mud）。后来，泥浆不断进步，发现有些地区的天然的黏土可以配制出性能相近甚至更好的泥浆，称这种钻井工作流体为天然泥浆或自然泥浆（Natural Muds），以区别于直接加入就地取土配制的泥浆。天然泥浆虽然在性能上还谈不上理想，但黏土在清水中水化分散后能提高流体黏度，却引起了钻井工作者的普遍关注，使得人工配制的泥浆出现。

从可查到的文献看，最早于 1900 年，在美国得克萨斯的 Spindletop 小镇钻油井时，钻井工人驱赶牛群踩踏灌满清水的土坑配制成黏稠的、泥浆状的水土混合物，有时还加入干草，再用水泵将混合物泵入钻成的井筒。混合物返回地面过程中，与钻屑一起返出井筒，达

— 3 —

到清洁井眼的目的。这可能是最早的按照人类要求的性能配制的钻井流体，也称为钻井泥浆（Drilling Muds）。

用泥土配制而成的，用于清洁井眼的流体，可能是钻井流体被称为泥浆的最简单、最直接的理由。从此，开创了以黏土为基本配浆材料的钻井流体历史。黏土以其增加黏度、保护井壁等功能以及成本低廉、来源广泛的特征，在之后的石油天然气钻井流体中发挥了巨大作用。直到今天，大多数钻井流体还用黏土配浆，再配比适当的处理剂，实现钻井需要的性能。相信在未来的钻井流体实践中，尽管有的钻井流体不再使用黏土也能满足钻井需求，但其主导地位在较短的时间内仍然无法撼动。

这样看来，在用的钻井流体是用水或者其他流体混合相应材料配制而成的。有的使用黏土，有的不使用黏土，不仅实现了携带钻屑到地面的目的，还满足了平衡地层压力、稳定井壁等其他钻井工程需求。

但由于习惯原因，不管钻井流体有没有泥土或者有多少泥土，仍被称为泥浆。比方说，用瓜尔胶配制的或者瓜尔胶、淀粉两种处理剂配制的无黏土钻井流体（Clay-free Drilling Fluids），在现场应用时也称之为泥浆。油基、水基或者无固相钻井流体，甚至气体用于钻井，在现场应用时也称之为泥浆、井浆。

细想一下，无固相钻井流体不需要黏土，只需在清水中加入改变性能的处理剂即可完全满足钻井需要。如果再称这类钻井流体为泥浆，就不能确切地反映其无黏土的特点。但是，钻井过程中，由于地层原因，钻井流体中又会含有一定量的土，称泥浆也可以。然而，如何称谓这种没有泥土的钻井流体才比较合适呢？

人们用钻井液来称谓，并逐渐成为主流术语。然而，这一称呼在随后不到十年的时间里，又出现新的不适用。即，液体配制的钻井流体称为钻井液，比较容易接受。但是，用气体作为钻井流体用于钻井的，该如何称呼呢？

其实，早在1866年，P. Sweeney就建议用压缩空气清除井下钻屑。但从现有的文献看，有文字记录的最早使用天然气钻井的，是1932年9月得克萨斯州Reagan县的Big Lake油田使用空气钻井解决井漏难题。但后来，由于钻井深度增加而无法解决携岩难题、控制设备的安全难题等，无法大规模发展。

进入21世纪，钻井提速要求越来越强烈，一是克服井漏带来的非生产时间，二是克服液体钻井流体的机械钻速较慢，气体作为钻井流体迅猛发展。气体作为钻井介质或者气体混入钻井流体降低钻井流体密度的应用越来越多，气体成为钻井流体的连续相。此时称这类钻井工作流体为钻井液已不再合适；称之为泥浆，则又混淆了液气的性质和性能的区别，更不合适。而且，笼统地把用于钻井循环介质的液体、气体以及气液混合流体称为液体也不利于按类别研究钻井流体。那么，液体、气液混合流体用于钻井作业叫什么合适呢？

既然是流体（Fluids），主要是液体和气体，其特点和流体一样，没有固定的形状，具有流动性和可压缩性，再加上用于钻井工作，此时统称这些钻井工作介质为钻井流体（Drilling Fluids）最恰当不过了。有了名称，内涵和外延有哪些呢？即怎么定义钻井流体呢？

最早定义钻井流体的是1916年的Lewis等，认为泥浆是水和维持悬浮一定时间的黏土材料的混合物，是清除砂岩、灰岩钻屑或者相似物质的混合物。此后，从*Drilling Mud*到*Composition and Properties of Drilling and Completion Fluids*经典著作定义过钻井流体；从Adam等到姜仁、James等、樊世忠等、陈家琅等、鄢捷年、Johannes、陈大钧、赵福麟等，专业名家定义过钻井流体；从美国机械工程师学会振动筛专业委员会（ASME Shale Shaker Committee）到美国石油学会（American Petroleum Institute），学术团队定义过钻井流体。

可见，从著作到标准都关注钻井流体的定义、性能和测试方法，推荐测试钻井流体的密度、黏度等，还针对特殊要求分析钙离子、镁离子等含量以及电压计测量电阻率、钻杆腐蚀环测试腐蚀速率等，尝试通过不断丰富和完善内涵和外延，指导钻井流体获得良好的性能，实现钻井流体自身成本占钻井成本的比例很低，但能大幅度降低整个钻井成本的目的。

纵观钻井流体的定义，随着时间推移，技术进步，人们认识钻井流体种类、研究、用途、归属等逐渐深入。钻井流体的相关知识通过细化分类研究，形成逐渐完整的知识体系。科学地、有效地定义钻井流体更利于研究不断发展的钻井流体所包含的内容以及应用范围。坚持历史性、继承性和多样性为原则定义钻井流体成为一项重要工作。

钻井流体（Drilling Fluids），是通过人为控制组分，使其具备特定性能，用以实现工程、地质、产能目的的井筒工作流体。钻井流体的连续相是液体的，可以称为液体型钻井流体、水基钻井流体或烃基钻井流体；连续相为气体的，则称为非液体型钻井流体或气基钻井流体。这个定义的内涵和外延，比较全面地考虑了钻井流体类型、组分和作用，比较适合目前钻井流体的现状，能够反映钻井流体作为一门科学技术需要科学理论指导也需要实践应用回馈科学发展。同时反映了钻井流体的历史性和继承性，反映了钻井流体的科学性和实用性。

## 1.2 钻井流体的主要内容

早期，钻井流体面对的工程、地质条件相对简单，钻井流体的性质和组分同化学、力学理想化的研究对象接近，直接引入化学、力学等学科的相关理论，就可以解释许多现象，解决许多难题，保证了钻井流体的发展。

但是，钻孔面对的环境条件越来越苛刻、地质条件越来越复杂，钻井流体的类型和组分也越来越丰富，影响钻井流体性能的因素越来越多，因素之间的关系越来越复杂，钻井流体相关的理论、方法和工艺，越来越偏离基础化学和力学研究对象的性质和特征，与之配套的工艺更是发展迅速，迫使研究者用新的方法研究钻井流体的机理和机制。

有人用超分子化学（Supramolecular Chemistry）理论指导处理剂合成，但合成处理剂只是钻井流体的一个环节，钻井流体无法用超分子化学理论指导实践。也有用团簇化学（Cluster Chemistry）解释钻井流体所用的纳米级材料，也仅仅是一种研究纳米材料的方法。当然，用粉体技术（Powder Technology）解释钻井流体内部物质间的作用，也仅仅是研究颗粒与颗粒间的作用关系，无法解决在溶液中的分子间的作用。

总体看，钻井流体遵循在某一剂量范围内才能拥有的理想的性质和性能，属于适量化学研究的内容。适量化学（Opportune Chemistry）是以物理、化学和数学为基础，研究不同物态的物质混合后以体系的形态发挥作用，又能在微观上和宏观上体现化合物的化学性质、混合物的物理性质的交叉学科。可能是微观、宏观和介观的尺度，也可能以键力、分子力、聚集态力、能量或者其他结合形式，抑或以某几类力结合，是化学、数学、生物学、物理学、材料科学、信息科学、环境科学和力学等多门学科交叉构成的边缘科学。常见的物质有油气井筒工作流体、流质颗粒食品等。其理论、方法和工艺还不十分明确，但实践中已经形成了诸多物质，性能服从一类或者一定范围内的规律，组分只有在一定的加量范围和一定的配制条件下才能形成此类体系。

钻井流体除了实践特征明显外，涉及专业、学科众多也是其重要特点，可以说是一个庞杂的系统工程。除涉及地质、工程、油藏等石油工程的专业外，还与管理、经营、安全、环保等专业紧密相关。

## 1.3 钻井流体的发展方向

　　随着资源勘探开发需求和钻井技术发展，需要加强钻井流体作用机理和机制研究，不断完善现有钻井流体处理剂、体系以及施工工艺，开发适用于极冷和极热作业环境的钻井流体，满足深海深地资源钻孔需求。同时，不断开发新的完井流体以匹配不需要钻井流体的钻井技术。

　　如10000m油气钻探、1000m以深海洋钻探，需要什么性质的钻井流体，具备什么性能的钻井流体才能完成高温高压和低温低压钻井呢？

　　再如激光钻井（Laser Drilling）、微波钻井（Microwave Drilling）、原子能钻井（Atomic Energy Drilling）、磨蚀钻井（Abrasive Jet Drilling）、射流冲蚀钻井（High Pressure Jet Drilling）、炸药囊爆破钻井（Explosive Capsule Drilling）、弹丸钻井（Pellet Impact Drilling）、电火花钻井（Electric Spark Drilling）、火焰钻井（Flame Drilling）、电加热钻井（Electric Heating Drilling）、电弧钻井（Electric Arc Drilling）、等离子钻井（Plasma Jet Drilling）、电子束钻井（Electron Beam Drilling）、化学腐蚀钻井（Chemical Erosion Drilling）、振动钻井（Vibratory Drilling）、行星式钻井（Planetary Drilling）、热力钻井（Thermal Drilling）、热熔钻井（Hot melt drilling）、超临界二氧化碳钻井（Supercritical Carbon Dioxide Drilling），需要钻井液吗？

　　深井过万米的还不常见，但8000m的井已比较多。激光钻井和微波钻井已经工业化试验，并见到实效。相信，随着科技进步，这些钻井技术会不断成熟，会推动钻井流体发展，也推动钻井流体学科发展，丰富和完善钻井流体技术。因此，钻井流体学科应该向着三个方向发展。

　　一是加强基础理论研究。研究钻井流体的微观作用机理，统一表征参数，规范术语。研究分子间的作用或者分子团间的作用规律，推动钻井流体解决高温、低温的理想性能不完全满意难题，解决井漏、井塌等长期以来低效的难题。研究不使用钻井流体作业完成后，井筒与后续完井流体的作用规律，解决完井过程中的井漏、井塌难题。

　　二是加强基本方法研究。利用人工智能或者大数据分析方法，加大钻井流体处理剂特征参数的测定和表征，推动智能化评价方法，将处理剂的特征参数与作业效果结合起来，形成针对个体的适用评价方法，指导从源头开发适合应用难题的钻井流体。

　　三是加强基本工艺研究。从应用底层数据做起，通过开发原生信息的算法，实现实验室—工厂—井筒智能钻井流体工艺，实现钻井流体作业更优质、高效，解决不考虑与地层之间、与流体之间、与设备之间、与工艺之间关联的单一钻井流体性能评价结果，带来的准确率不高、治理效果不良难题。

### 思考题

1. 什么是油气井工作流体？什么是钻井工作流体？
2. 什么是钻井流体性质？什么是钻井流体性能？
3. 什么是钻井事故？什么是井下难题？
4. 如何理解钻井流体原理和钻井流体工艺的区别？

# 2 钻井流体物态

钻井流体的存在状态，即物态。物态（State of Matter），又称聚集态，是一般物质在一定的温度和压力下所处的相对稳定的状态，通常是指固态、液态和气态。钻井流体液态和气态居多，是固液气混合的多相分散体系。无论是液态和气态，目前都是从溶液、胶体和浊液的角度研究其微观机制。当然，也曾认为钻井泥浆是塑性固体，以解释钻井流体的沉降、稠化等现象。

一般认为，钻井流体是一种分散体系，既可能是分子或离子分散形成溶液，也可能是分子或者分子的聚集体分散形成胶体，更可能是分子的大聚体分散形成浊液。但是，不能否认某一种钻井流体属于三种流体中的一种，或者三种流体都是。这是因为溶液、胶体或者浊液有不同的分类，分类结果有交叉。也就是说，钻井流体是以多种聚集状态存在的物质，这种认识被称为钻井流体聚集状态多元化理论。聚集状态的多元化，造成钻井流体种类的多样性。

钻井流体有的是电解质溶液，有的是非电解质溶液；有的是气溶胶，有的是液溶胶，具体是什么流体，取决于依据地质、工程需要所配制的混合物的组分以及不同配比。所以，钻井流体逐渐成为有自己特点的流体类型，是为实现钻井目的、人为制造的一种功能性流体。因为钻井液体在自然界中不一定存在，找不到属类。

从溶液、胶体、浊液粒径看，溶液中溶质的粒径在 1nm 以下，胶体的粒径在 1~100nm 之间，浊液的粒径在 100nm 以上，其微观特征和宏观特征见表 2.1。

表 2.1 钻井流体的微观特征和宏观特征

| 特点分类 | 表征方法 | 溶液 | 胶体 | 浊液 |
| --- | --- | --- | --- | --- |
| 微观特征 | 分散质颗粒大小 | <1nm | 1~100nm | >100nm |
|  | 分散质颗粒类型 | 分子或离子 | 多分子集合体或高分子 | 巨大数目分子集合体 |
| 宏观特征 | 外观 | 均一，透明 | 均一，透明 | 不均一，不透明 |
|  | 稳定性 | 稳定 | 较稳定 | 不稳定 |
|  | 能否透过滤纸 | 能 | 能 | 不能 |
|  | 能否透过半透膜 | 能 | 不能 | 不能 |

从表 2.1 中可以看出，钻井流体的从属，是以颗粒大小以及稳定性作为标准，将其分成了溶液、胶体、浊液等三类。结合前人的定义，可以想象，不同的角度、不同时期、不同环境，理解钻井流体内涵和外延不同，反映在钻井流体属性上，说法不一。也就是说，不同的说法都是有依据的，不影响它们在当时条件下，反映钻井流体特性的科学性或者实用性，但都不能完整地解释所有钻井流体的特性。

【思政内容：世界上除了固液气三态外，还有其他物质状态吗？】

(1) 常温状态。常温状态下，除固体、液体和气体外，还有液晶体和无定形体。液晶是介于各向同性液体与各向异性晶体之间的物质状态。无定形体（又名非晶状体）拥有像液体一样的不规则结构，但由于其分子间的运动相对不自由，通常被纳入固体的类别。

(2) 低温状态。超导体、超流体、玻色—爱因斯坦凝聚态和里德伯态。超导体拥有零电阻的物质。超流体接近0K时，部分液体会转变成另一种的液体状态，黏度值是0（有无限的流动性）。玻色—爱因斯坦凝聚态是玻色—爱因斯坦统计允许很多原子同时处于一个量子态上，温度降至某点以下时，有宏观数量的氦原子同时凝聚在动量为0的单一量子态上，可用宏观波函数来描述。温度在某点以下的超流动性及其他特异现象都可用宏观波函数的特性来解释。里德伯态属于强力的非理想等离子的介稳定状态。电子处于很高的激发态后冷凝而形成。到达某个温度时，这些原子会变成离子和电子。

(3) 高能状态。等离子态和夸克—胶子等离子体。温度达到数千摄氏度时形成等离子态（离子化气体）。夸克—胶子等离子体是由夸克、反夸克和胶子组成的系统，简称夸克物质。

(4) 其他状态。简并态物质、超固体、弦状网液态和玻璃态。极高压环境下，常温物质会转变成一连串奇怪的物质状态，统称简并态物质。超固体可以在指定的空间下有秩序排列（即固体或者晶体），但却拥有例如超流体一样的非固体特性。弦状网液态下，原子会以某种形式排列，造成部分相邻电子的自旋方向与其方向相同，出现一些独特的性质。玻璃态也称琉璃态，原子或分子不像在晶体中那样按某一规则排列的固态，原子排列仅有局域的、部分的规则性（短程有序），而无大范围的、周期性的规则性（长程有序）的固体状态。

钻井流体会不会是常见三态外的新物态，希望大家寻找证据，探讨。

## 2.1 钻井流体溶液态

钻井流体是溶液时，一般用于特殊要求的钻井作业。如无机盐、有机盐溶液用作钻井流体，往往利用高浓度盐水抑制能力、无固相弱伤害储层又能提高密度等特点，平衡井下压力，用于控制井壁失稳。

### 2.1.1 控制离子交换吸附以稳定井壁的性质

井壁稳定或失稳，主要是地层的离子交换吸附所致。阳离子交换吸附（Cation Exchange Adsorption）通过黏土颗粒表面的钠离子与钙离子之间的交换，实现黏土造浆、钙处理钻井流体配制以及井壁稳定控制等。

黏土晶体结构中的原子被取代，所以阳离子能够吸附在黏土表面。因为晶体结构断裂价键，使得阳离子和阴离子共存于晶体边缘。这样，阴阳离子都可与溶液中的离子交换。

阳离子交换主要是由于黏土的结构造成的。黏土可以通过吸蓝量、胶质价、膨胀容、pH值、比表面积、阳离子交换容量、吸附脱色性、选择性、吸附催化性、黏滞性、吸水性、灭菌除臭毒杀虫性等来评价。每100g干黏土吸附的阳离子的总量（毫摩尔数），称为碱交换容量（Base Exchange Capacity，BEC）或阳离子交换容量（Cation Exchange Capacity，CEC），单位是mmol/100g。碱交换容量的变化很大，同一地层的样品也可能不同。黏土矿物的一价阳离子交换容量主要在10~40mmol/100g。最低的是高岭石，为3~15mmol/100g。最高的是蛭石，为100~200mmol/100g。因此，在用阳离子交换容量评价地层中的黏土含量时，多取样品，求平均值较好。

1993年，Chenevert等提出钻井流体稳定井壁的活度平衡理论（Activity Balance Theory）。即把泥页岩表面看成半透膜，钻井流体中水相活度与地层泥页岩中水活度基本相同或者略低时，有利于井壁稳定。理论基础认为钻井流体中是水溶液或者局部有水溶液。

泥页岩吸附水的吸附压相当于渗透压（Osmotic Pressure）。渗透压是为阻止水从低矿化度溶液（高蒸气压）通过半透膜向高盐度溶液（低蒸气压）移动所需要施加的压力。也可以认为是钻井流体渗透到地层的压力。渗透压用于定量表示水自发运移趋势，与吸水膨胀压力相当。渗透压大于0，泥页岩水化膨胀。渗透压等于0，水不会向地层移动，也不会向钻井流体移动，水不与泥页岩中黏土接触，不会发生水化膨胀。渗透压小于0，泥页岩去水化剥落。

通常，用于控制活度进而控制渗透压的无机盐主要有氯化钾、氯化钙和氯化钠。控制钻井流体水相活度比预测值稍低些，即加入较多的无机盐，使泥页岩地层适度地发生去水化作用，有利于井壁稳定。钻遇多个不同活度泥页岩地层时，以平衡活度最低泥页岩层为宜，高活度地层中部分水从泥页岩转移到钻井流体中来，实现所有地层稳定。

但是要防止进入钻井流体的水量过多。一是影响钻井流体性能，因钻井流体的性能变差而井壁失稳。二是泥页岩收缩过快，引起井壁剥落掉块，不利于维持井壁稳定。

研究表明，采用增加液相、降低剪切黏度、降低钻井流体活度、改善泥页岩岩膜性能等多种措施才能防止裂缝性高渗透泥页岩井壁失稳。因此，活度仅是影响井壁失稳的方法之一。

可以说，活度低的溶液抑制性不一定好。抑制性好的溶液则要考虑活度、滤液黏度、渗透压等因素。抑制性与活度之间是整体与部分的关系，相互作用、相互影响。不同的地层井壁失稳的机理不同，要考虑不同的方法。

从应用角度看，调节逆乳化烃基钻井流体水相中无机盐浓度，使钻井流体渗透压大于或等于泥页岩吸附压，防止钻井流体中水相向岩层中运移，可在一定程度上避免泥页岩地层水化膨胀、去水化掉块以及由此引起的井壁失稳造成的井下难题。

绝大多数逆乳化烃基钻井流体水相中加入无机盐提高抑制性的原理是活度平衡理论。烃基钻井流体如此，水基钻井流体也利用此理论提高其抑制性。活度平衡理论指出了钻井流体稳定井壁工作方向，出现了许多以活度调节为主要手段的钻井流体。

当然，这是以自由水是造成井壁失稳的主要原因为前提，提出尽可能减少自由水进入地层而采取的稳定井壁方法。

与不允许自由水进入，防止井壁失稳的理念不同。郑力会等提出允许钻井流体进入地层内部封堵渗流通道，使钻井流体中的黏接材料能够有黏接地层的时间，提高地层强度，实现提强增韧扩宽稳定动态安全密度窗口的目的，改变坍塌岩土的力学性质。

不论是石油工程作业中的封堵难题，还是矿业和建筑等领域遇到的封堵问题，其理论、方法和工艺可能有所不同，但封堵漏失的原理基本相同，于是建立了封堵学学科。不断开发能进入地层的渗流通道的钻井流体，通过黏接地层实现岩石强度、韧度增强，降低坍塌应力，提高漏失压力，或者说降低了平衡地层坍塌压力所需要的钻井流体密度，提高了造成漏失钻井流体密度，实现防塌治塌和防漏治漏[1]。进一步说，扩大了地层的安全密度窗口，

— 9 —

同时稳定了扩大的安全密度窗口。直接改变岩石自身的力学性质实现稳定井壁的理论，称为提强增韧理论，也称低密度防塌理论或者砌墙理论。绒囊钻井流体在钻井中较为广泛应用，证明了理论的适用[2]。

影响井壁稳定的因素很多。研究思路的单一性、片面性以及研究手段的局限性，一直未能很好地解决。除了自身的力学性质外，钻井时钻柱撞击井壁，流体冲刷井壁，都可能带来井壁失稳。因素繁多，形式杂乱。针对具体目标，数学方法和计算机技术的发展，具有大数据思想的分析方法或成为寻找主控因素的关键算法，有可能成为解决这一问题的得力助手[3]。

### 2.1.2 控制溶液浓度以稳定钻井流体性能

作为溶液的钻井流体或者是钻井流体中有一定的溶液，起作用的主要是无机盐或者类无机盐。某些无机处理剂具有络合作用，可利用络合作用，清除钻井流体中的钙离子、镁离子等侵害离子，维护钻井流体性能。钻井流体的有机处理剂，如单宁酸、腐殖酸等在水中溶解度很小，不易形成无机离子吸附在黏土颗粒上，不能发挥其效能。通过加入适量烧碱，使之转化为可溶性有机盐如单宁酸钠和腐殖酸钠，溶解能力提高，吸附能力增强。同时，保持钻井流体始终处于碱性环境中，有利于发挥处理剂的作用。

过多的钙离子或镁离子会削弱钻井流体中黏土的水化和分散能力，破坏钻井流体的流变性能和失水护壁性能。因此，在配制钻井流体时，可先加入适量烧碱除去镁离子，然后用适量纯碱除去钙离子。同样原理，也可以恢复某些因受到钙镁离子侵害而失效的钻井流体有机处理剂的功能。

钻井流体中的黏土离子交换后，再交换能力下降。通过预处理，即加入一定量无机处理剂，使钻井流体能够抵御再出现的同类离子侵害。造浆土粗分散钻井流体就是利用这一原理稳定钻井流体性能。

钻遇盐岩层和石膏层，常使用盐水钻井流体和石膏钻井流体。钻遇盐膏层使用饱和盐水钻井流体。一是为了增强钻井流体抗盐、钙离子侵害能力；二是为了抑制和防止盐岩层、石膏层以及盐膏层的可溶物溶解。井壁岩石溶解过多，会形成大直径井眼。

钻遇盐、盐水层，钻井流体 pH 值会因盐溶于钻井流体、盐水混入钻井流体等，造成盐侵害和盐水侵害使 pH 值下降。当然，地层正常吸附钻井流体中的离子也会使得钻井流体的 pH 值下降。钻井流体需要合适的 pH 值，才能有满意的性能。因此，为了使钻井流体性能稳定，应随时调整 pH 值以达到钻井流体性能。

添加适量的烧碱、纯碱等无机处理剂是提高 pH 值最简便的方法。使用酸式焦磷酸钠、硫酸钙或氯化钙等无机处理剂，会使钻井流体的 pH 值有所下降，但一般很少使用。其原因是会带来其他性能较大变化，无法满足钻井需要。

单纯电解质溶液作为钻井流体一般不多。钻井流体的导电性，取决于溶解在水中的离子类型和颗粒多少。黏土颗粒负电荷使黏土具有一系列电化学性质。反之，电化学性质又对黏土的性质产生影响。例如，黏土吸附阳离子的多少决定了所带负电荷的数量。负电荷数量影响钻井流体中无机处理剂和有机处理剂的溶解性、胶体的分散絮凝等性质。这些性质又影响黏土颗粒的电性。

## 2.2 钻井流体胶体态

聚合物水解或者再聚合通常带有电荷，吸附溶剂分子，形成由溶剂包覆的纳米级或微米级颗粒，即胶体颗粒，简称为胶粒。气基钻井流体也是胶体，颗粒分散于气体中。胶体颗粒带有同号电荷相互排斥，悬浮在溶剂中，形成溶胶，如蛋白溶液、淀粉溶液、氢氧化铁胶体等。胶体颗粒失去电荷或者包覆在外圈的溶剂层被破坏，胶体颗粒聚合，溶胶固化，即形成凝胶（Gel）。由溶液或溶胶形成凝胶的过程称为胶凝作用（Gelation）。

获得胶体的方法很多，得到的胶体的种类很多，胶体的分类方法也很多。分类方法不同，胶体种类也不同。胶体按分散状态分为固溶胶、液溶胶和气溶胶；按分散质的类型分为颗粒胶体、分子胶体；按溶胶颗粒电性分为正胶体、负胶体。

聚合物胶体的环境和条件不同，可以是稳定体系，也可以是不稳定体系，甚至会产生破乳或凝聚（Coagulate）。外界条件如温度、pH值、电解质、机械力等都影响聚合物胶体稳定性。聚合物胶体的稳定性分为动力学稳定性和聚结稳定性两种。

为了维护钻井流体的稳定性，有时添加处理剂，向体系中加入中分子量的聚合物，保证均匀地分散黏土颗粒和胶粒。聚合物起两个方面的作用：一方面，聚合物吸附在黏土表面形成吸附层，阻止黏土颗粒絮凝；另一方面，钻井流体循环搅拌形成的细颗粒稳定吸附在聚合物分子链上，不再黏结成大颗粒，称为护胶作用（Keep Colloid Stability）。发生这一作用的过程，称为护胶过程。

护胶作用不仅提高了体系的稳定性，保证了钻井流体的流变性，还增加了聚合物吸附细颗粒的比例，钻井流体形成薄而致密的滤饼，降低滤饼的渗透率，从而降低失水量。这一作用称为降失水剂的护胶作用。根据胶体颗粒的表面性质，可以归纳出影响胶体颗粒稳定性的主要原因有静电效应、立体效应、引力效应、溶剂化效应和界面效应等。

一般认为，胶体稳定的力和胶体颗粒稳定的力，是影响胶体稳定的主要作用力，实质是范德华力和氢键结合力。

胶体颗粒之间通过范德华力吸引，相互靠近时通过双电层之间的排斥作用而排斥。胶体的稳定性取决于吸引力与排斥力的相对大小。分子间范德华力包括诱导力、偶极力和色散力三类。这三种引力的总和，大小与分子间的距离的六次方成反比。除了少数的极性分子之外，大多数分子的色散力占主导。钻井流体成分复杂，外界影响因素众多，主导因素可能不是固定不变的。

聚合物胶体颗粒的结构和表面状态，是聚合物胶体稳定的前提。按照胶体颗粒表面附着物质的性质，颗粒表面可以呈毛发结构和毛发—双电层结构。颗粒表面像长毛发一样，形成保护层。毛发几何构型，占据了胶体的空间，阻碍了颗粒间接近，使得胶体粒无法靠近、不能凝聚。

质点表面上大分子吸附层阻止了质点的聚结，这类作用称为空间稳定作用。空间稳定作用是高分子稳定水溶胶及非水溶胶的主要因素。两个颗粒的高分子吸附层靠近后被压缩，压缩后高分子链可能采取的构象数减少，构象熵降低。熵的降低引起自由能增加，从而产生斥力势能。当两高分子吸附层重叠时可以相互渗透，重叠区高分子浓度增加。若溶剂为良溶剂，因有渗透压产生斥力势能。若溶剂为不良溶剂时，可产生引力势能。空间稳定作用不同于空位稳定。

向溶胶中加入高聚物，胶粒对聚合物分子可能产生不吸附或负吸附，致使胶粒表面层聚合物浓度低于溶液本体中的高聚物浓度，在胶粒表面形成空缺的表面吸附层，即空位——颗粒间空位的相互作用为空位作用。空位稳定是由溶于介质中自由聚合物作为稳定剂所起的稳定作用，而不像空间稳定的稳定剂铆接于或附着于胶体颗粒上的两亲性高聚物或表面活性剂所起的稳定作用。高浓度下，两颗粒靠近，不能将颗粒间聚合物挤出，接近困难，胶体稳定。浓度不高时，颗粒间高分子不多，甚至没有，容易挤出絮凝，称为空间絮凝。

此外，立体稳定性理论认为，颗粒间相互作用能包括引力势能、斥力势能、立体作用力。胶体的稳定性取决于静电斥力和立体斥力与范德华力之间的平衡。介质离子强度很高或介质介电常数不能维持离子化作用时，斥力可以忽略。如果表面层足够厚，引力能也可以忽略。因此，在一定条件下，颗粒的稳定性只受立体能控制。立体能可以是颗粒间的斥力或引力，取决于分子链吸附分散介质的亲和力。

胶体凝聚还有一个原因是溶剂化层，在体系固体表面形成溶剂隔膜，具有一定的排列结构。微粒凝聚时，必须使这种排列变形，引起定向排列的引力倾向于恢复定向排列。溶剂化层形成微粒凝聚阻力。微粒比表面积越大，凝聚阻力越大。

## 2.2.1 控制胶体电性以维护钻井流体性能

颗粒电性是聚合物胶体稳定的主要原因。其他稳定机理或多或少与电性相关。两个颗粒的双电层重叠时，扩散层中的反离子浓度增大，破坏了反离子的平衡分布，双电层之间相互排斥，即胶粒之间静电排斥。静电斥力的大小与颗粒形状有关。

黏土胶体颗粒的相互作用决定于三种力，即双电层斥力、静电吸引力和范德华力。黏土颗粒间的相互作用力是斥力和吸力的和。黏土表面的电荷不可能均匀，加之水化膜存在，片状黏土颗粒有两种不同的表面，即带永久负电荷的端面和既可能带正电荷也可能带负电荷的端面。在不同条件下，相互作用力的大小不同，产生端—面（絮凝）、端—端（连接絮凝或部分叠置）和面—面（聚结）三种连接方式。

三种不同的连接方式下所展示的钻井流体性能不同。面—面连接会形成较厚的片状或者束状胶团，降低颗粒分散度，称为聚结（Aggregation）；端—面与端—端絮凝或者连接形成三维的网架结构，特别是当黏土含量足够高时，能够形成布满整个空间的连续网架结构，称为凝胶结构（Gelatinous Structure）。形成网架结构的过程称为絮凝（Flocculation）。与聚结和絮凝相对应的相反过程分别称为分散（Dispersion）和解絮凝（Deflocculation）。

网架结构形成与否，可以用于比较烃类钻井流体使用的有机土是否用普通的土插层改造成功。有机阳离子或有机化合物如长碳链季铵盐、烷基胺等作插层剂与蒙脱石晶层表面发生化学键连接。插层剂进入蒙脱石晶层间，与层间吸附钠离子发生置换反应生成化学键连接，造成晶层间距增大，蒙脱石层片小而薄，堆砌疏松。没有进入层间，则现象相反。

两个胶体颗粒相互接近至双电层重叠，产生静电排斥力。同时，两个颗粒之间又存在范德华力。引力和斥力均与胶粒表面间距相关。悬浮液或胶体的凝聚和分散同时考虑同类微粒间的扩散双电层以及范德华力。

胶体颗粒半径越大，布朗运动的摆动幅度即平均位移越小，反之亦然。粒径 3~5μm 的颗粒，每秒的平均位移 1mm 以下；粒径大于 5μm 的颗粒，布朗运动已经消失——大颗粒所受来自不同方向的水分子撞击力几乎相互抵消。失去布朗运动的颗粒可在重力作用下下沉，称为动力学不稳定。布朗运动剧烈的小颗粒，一方面所受重力小，另一方面由于布朗运动的摆动幅度很大，能均匀分散在溶液中，称为动力稳定。若使胶体颗粒沉降，须使胶体颗粒相互凝聚成较大的聚集体。

两个微粒距离较远时，只有吸引力。随着微粒间距离缩短，排斥力开始作用，总势能逐渐上升为正值，同时，微粒间的吸引力也随着距离缩短迅速增加。距离继续缩短，达到一定范围时，吸引力又占优势，总势能骤然下降。总势能出现能垒，表示此时总势能达到最大值。胶体微粒的碰撞能小于此能垒时，不能克服微粒间的排斥力，微粒不可能接触，不能产生凝聚作用，胶体和悬浮液在一定时间内稳定。胶体微粒的碰撞能增大，可以克服微粒间的排斥超越能垒，距离靠近，吸引能随着距离的缩短激增，吸引能占优势。总势能又下降为负值，两个微粒发生凝聚作用，胶体和悬浮液不稳定。总势能垒降低时，可能出现部分碰撞，悬浮液或胶体慢速凝聚。能垒全部消失，微粒间的静电排斥力和范德华引力相等，发生快速凝聚。凝聚速度取决于微粒间的碰撞频率。

带同性电荷胶体颗粒之间由于静电斥力或水化膜的阻碍而不能相互聚集的现象，称为聚集稳定性。不难理解，胶体颗粒失去聚集稳定性，就可在布朗运动作用下碰撞聚集，动力学稳定性也随之破坏，沉淀就会发生。因此，胶体稳定性关键在于聚集稳定性。

#### 2.2.1.1 钻井流体的稳定性与胶体颗粒的吸引力和排斥力有关

分散体系建立了静电力和扩散力平衡。胶体颗粒表面上带电荷，胶体颗粒之间存在静电斥力，胶体颗粒难以接近，不发生聚结，保持聚合物胶体稳定性。双电层之间的电位差也称剪切电位，即 $\zeta$ 电位。剪切电位越高，胶体就越稳定。

外界因素如电解质浓度、电解质离子价等，影响胶粒之间的排斥势能。降低胶粒的剪切面电势，排斥势能减小，势垒降低，聚结稳定性降低。剪切面电位降低到某个程度，势垒被分子热运动所克服，极端情况下，剪切面电位为0，导致聚沉。

钻遇石膏层和含钙离子的盐水层，钻水泥塞，使用硬水配浆及用石灰作为钻井流体处理剂时，钙离子进入钻井流体。钙处理钻井流体和油包水乳化钻井流体的水相中需要一定浓度的钙离子，其他类型钻井流体中钙离子均属侵害离子（Contamination Ion）。侵害过程称为钙侵。硫酸钙和氢氧化钙在水中的溶解度不高，但提供的钙离子数量足以破坏钻井流体性能。

钠离子侵入增加黏土颗粒扩散双电层中阳离子数目，压缩双电层，减小扩散层厚度，黏土颗粒表面剪切电位下降，颗粒间静电斥力减小，水化膜变薄，颗粒间端—面和端—端连接的趋势增强，絮凝程度增加。絮凝作用导致钻井流体的黏度、切力和失水量逐渐上升。钠离子浓度增加到一定程度，双电层压缩加剧，黏土颗粒水化膜更薄，致使黏土颗粒面—面连接，聚结产生。胶体分散度明显降低，钻井流体黏度和切力达到最大值后又转为下降，滤失量继续上升，钻井流体稳定性变差。由于钠离子侵害钻井流体主要是钻遇盐层，所以又称为盐侵。

盐侵的另一表现是随着含盐量增加，钻井流体的pH值逐渐降低。原因是钠离子交换的黏土中的氢离子及其他酸性离子进入胶体体系。

#### 2.2.1.2 钻井流体的稳定性与聚合物中基团离子的静电有关

聚合物能通过共聚物中的酰胺基（—$CONH_2$）吸附在黏土表面，通过羧基（—$COOH$）吸附水分子形成吸附层，阻止黏土颗粒絮凝变大，悬浮液稳定性增强。

同一分子链上，不同的位置吸附不同的带电颗粒，相互排斥使得分子链充分展开，实现体系稳定。黏土颗粒电性大，大分子之间无法靠近，体系稳定。

#### 2.2.1.3 钻井流体的稳定性与黏土种类相关

一般认为，黏土吸水膨胀机制有结晶膨胀和渗透膨胀两种。许多阳离子本身具有水分子的壳。阳离子带水进入层间，增加黏土结晶水量。水外壳与水分子竞争结合到晶体表面，吸附破坏水化结构。层与层之间的阳离子浓度大于本体溶液中的阳离子浓度。水被吸入层间，从而增加层间距并允许扩展成双层强度。尽管不涉及半透膜，但是电解质浓度差异决定渗透膨胀，井壁失稳。

钻井流体配制用黏土通过造浆增黏提切，形成稳定胶体。常用黏土有膨润土，可以通过吸蓝量或电镜扫描观察，定量或者半定量研究其成胶机理。

膨润土主要矿物成分是蒙脱石，含量为85%~90%。层间阳离子为钠离子时称钠基膨润土；层间阳离子为钙离子时称钙基膨润土；层间阳离子为氢离子时称氢基膨润土或活性白土、天然漂白土、酸性白土等。层间阳离子为有机阳离子时称有机膨润土，一般通过人为改造获得，用于油基钻井流体。

## 2.2.2 控制颗粒尺度以维护胶体稳定特性

胶体颗粒尺寸很小，水分子冲击就可以保持悬浮。使用超高倍显微镜和较暗背景观察时，颗粒的不规则运动可以通过反射光看到。极小颗粒的表面性质能够控制胶体黏度和沉降速度。颗粒越小，比表面积越大，越不易沉降。砂的比表面积最小，颗粒最大，容易沉降、卡钻。胶体和淤泥界限不明显。胶体表面性质随颗粒形状变化，表面电位随原子结构变化。钻井流体中大部分固相在淤泥尺寸范围内。颗粒来自地层剥落或钻屑，抑或加重材料。固相有活性和惰性两种。惰性固相并非绝对不与水作用。高浓度固相会影响钻井流体的黏性。

另外，黏土只是钻井流体总固相的一部分，由于其活性强而严重影响钻井流体的性能。黏土矿物和有机处理剂（如淀粉、羧甲基纤维素和聚丙烯酰胺衍生物）在钻井流体中相互影响，加剧了流体的成胶能力。

黏土膨胀分散的程度越高，黏土的成胶性越好。分散程度越高，颗粒越小，在布朗运动的作用下，越不易沉淀下来。当然，还要有一定的浓度，保证能够在布朗运动的行程内相互碰到。固相颗粒在流体中主要受向下的重力和向上的浮力、钻井流体内部的承托力三个力。

假设岩屑或加重材料固相颗粒为圆球形，颗粒在钻井流体中既不上浮，也不下降，满足式(2.1)。

$$G = F_S + F_{GS} \tag{2.1}$$

把颗粒看成球状物，可以推导出式(2.2)：

$$\frac{1}{6}\pi d_S^3 \rho_S g = \frac{1}{6}\pi d_S^3 \rho_L g + \pi d_S^2 f_{GS} \tag{2.2}$$

式中 $G$——岩屑或加重剂颗粒的重力，N；

$F_S$——岩屑或加重剂颗粒受到钻井流体的浮力，N；

$F_{GS}$——岩屑或加重剂颗粒受到钻井流体内部的承托力，N；

$d_S$——岩屑或加重剂颗粒的等效圆球直径，m；

$\rho_S$——岩屑或加重剂的密度，kg/m³；

$g$——重力加速度，取10m/s²；

$\rho_L$——钻井流体密度，kg/m³；

$f_{GS}$——钻井流体单位面积上的承托力，Pa。

钻井流体的承托力是控制固相颗粒不沉降的最小值，可以近似认为是钻井流体的静切力(Gel Strength)。实质是钻井流体的结构强度。

【例2.1】 某钻井流体密度1.20g/cm³，加重材料重晶石密度4.2g/cm³，颗粒最大直径0.1mm。为保证重晶石颗粒在钻井流体停止循环时不沉降，钻井流体必须提供多大的承托力？

计算得到承托力为0.5Pa。即钻井流体必须具有0.5Pa以上的静切力，才能满足钻井流体中的固相不沉降。事实上，符合行业标准的加重材料颗粒直径应在0.075mm以下，需要的承托力较小，一般的钻井流体都能够满足要求。如果重晶石颗粒直径为0.2mm，钻井流体至少应具备1.0Pa的承托力，即静切力增大一倍。

中国国家标准规定了重晶石粉、石灰石、钒钛铁矿粉、氧化铁矿粉以及镜铁矿粉的粒径大小，可以用此估算出加重材料加重前，钻井流体应该调整的最小切力值，保证加重材料不沉降。再考虑地层岩屑的大小来提高钻井流体的静切力，以保证在一定时间内保持岩屑、钻屑较大的颗粒不沉降。

室内可以利用沉降柱法测定固相颗粒沉降时间。测定时，取一定直径、一定高度的沉降柱，在沉降柱中下部设有取样口。搅拌均匀后开始沉降计时，经不同沉降时间从取样口取一定体积钻井流体分别计下取样口高度，分析各次钻井流体取样固相浓度，计算沉降速度。

如果测量岩屑沉降速度，测量加入钻井流体中的岩屑通过取样口的时间，就可以得到单位距离内岩屑沉降所需要的时间。当然，这种实验也适合测量加重材料的沉降速度。如果用浓度表征沉降的速度，颗粒的浓度可以由浊度仪或者分光光度计来获得。

用光学显微镜观察发现，任何物质都可能成为胶体。胶体更准确地描述应该是流态固体。两相物质之间的相互作用是胶体形成的重要环节，由分散在液体中的固体、分散在液体中的液滴或分散在气体中的固体，改变两种物质间作用形成的分散体系。也就是说，钻井流体的固相沉降不能全部依赖钻井流体中的物质，还可以通过工艺控制。

### 2.2.3 控制温度可维护胶体稳定特性

低温和高温都可影响钻井流体稳定性。只是低温影响钻井流体黏度或者结冰，现象相对简单。深水或者极地钻井，环境温度低，钻井流体流变性变化较大，甚至发生胶凝现象。

从宏观上讲，温度影响钻井流体性能可以分为不可逆变化和可逆变化两个方面。一般来讲，不可逆的性能变化关系到钻井流体的热稳定性。可逆的性能变化则适合钻井流体从井口到井底，再返回到井口过程中受温度影响变化。温度变化可能增大或降低钻井流体密度，还可能会增大或降低钻井流体黏度。

这些变化主要取决于黏土类型、黏土含量、高价金属离子存在与否及其浓度、pH值、处理剂耐温能力以及环境温度、作用时间等。

高温作用下，钻井流体中的黏土颗粒，特别是膨润土颗粒的分散度进一步增加，从而使颗粒浓度增加、比表面积增大的现象称为高温分散（High Temperature Dispersion）。主要处理方法是，添加高温抑制剂抑制黏土颗粒的高温分散。也可以控制钻井流体中黏土含量，在保证钻井流体性能下，尽可能地减小钻井流体中黏土含量。钻井流体中黏土颗粒减少，相当于降低钻井流体的水化分散作用，能够避免温度增加引起的钻井流体黏度增加。

高温条件下，黏土颗粒表面和处理剂分子中亲水基团水化能力降低，水化膜变薄，高温聚结，处理剂护胶能力减弱，称为高温去水化（High Temperature Dehydration）。去水化程度除与温度有关外，还与亲水基团的类型相关。一般情况下，极性键或氢键水化基团形成的水化膜，高温去水化作用较强；电解质浓度越大，高温去水化作用越强。离子基团水化形成的水化膜，高温去水化作用相对较弱。高温去水化使处理剂护胶能力减弱，常导致失水量增大，严重时促使发生高温胶凝、高温固化等。

黏土含量高到一定数值，钻井流体在高温下不再流动，称为高温胶凝（High Temperature Cementing）。钻井流体的黏度表现为随温度升高降低、随温度升高增大和随温度升高先降低再增大等三种形式。

高分子有机化合物受高温作用导致分子链发生断裂的现象称为高温降解（High Temperature Degradation）。高温降解的首要影响因素是处理剂的分子结构。处理剂分子中含有易被氧化的键，容易发生高温降解。处理剂高温降解主要影响钻井流体的热稳定性及高温下的性能。如降黏剂降解造成增稠、胶凝甚至固化；增稠剂降解造成减稠；降失水剂降解造成失水量剧增；滤饼增厚；处理剂降解产生新物质，如硫化氢、二氧化碳等致使钻井流体性能失效并使钻井流体 pH 值下降。

高温可能改变钻井流体失水性能。高温下，钻井流体一般情况下会失水增加，滤饼增厚，变化程度因钻井流体不同而不同。但也会出现高温作用后失水量降低，滤饼质量变好。如磺化褐煤/磺化酚醛树脂盐水钻井流体，在一定温度范围内，高温降低钻井流体失水量，改善滤饼质量，在体系本身耐温范围内，井越深，温度越高，温度作用时间越长，效果越好，即高温改善钻井流体性能。

温度可能降低钻井流体 pH 值。钻井流体矿化度越高，下降幅度越大。高温作用后，饱和盐水钻井流体 pH 值一般下降到 7~8。高温降低钻井流体 pH 值，因钻井流体不同而异，主要原因是高温钝化作用。高温钝化（High Temperature Passivation Effect）是指黏土胶体高温作用后，黏土颗粒表面活性降低。高温下，钻井流体中黏土颗粒的表面活性降低，消耗氢氧根离子，多余的氢离子使钻井流体的 pH 值下降。

钻井流体中黏土颗粒高温分散和处理剂高温降解、交联，引起的高温增稠、高温胶凝、高温固化、高温减稠、失水量上升、滤饼增厚等均属于不可逆的性能变化。高温解吸附、高温去水化以及高温降黏作用而引起的钻井流体失水量增大、黏度降低等均属于可逆的性能变化。这些现象，不仅可能发生在不同钻井流体中，还可以发生在同一钻井流体不同条件下。充分说明了高温对钻井流体影响的多样性和复杂性。

总的来说，高温使得钻井流体中组分本身和组分之间在低温下不易发生的变化、不剧烈的反应、不显著的影响，在高温下变得容易、剧烈和显著。不可逆地、永久性地破坏了钻井流体的原有性能。钻井流体经过一定时间的高温作用后的性能稳定能力，称为钻井流体的热稳定性（Thermal Stability of Drilling Fluid）。一般用钻井流体高温老化前后性能的变化评价钻井流体的热稳定性。

### 2.2.3.1 高温增稠

钻井流体在高温条件下黏度、切力和动切力上升的现象称为高温增稠（Thickening at High Temperature）。

钻井流体高温增稠的原因比较复杂，除外加组分的高温性能变化所引的增稠外，主要原因是黏土高温分散增加了钻井流体中黏土颗粒的浓度。高温分散引起的钻井流体增稠严重，用降黏剂一般不能有效降黏，有时反而使钻井流体增稠，唯有大量稀释或利用无机絮凝剂降低黏土分散度才能解决。

#### 2.2.3.2 高温固化

黏土含量继续增大到一定浓度后，高温分散使钻井流体中黏土颗粒的浓度达到一定值，高温去水化会使相距很近的片状黏土颗粒会彼此连接起来，形成布满整个容积的连续网架结构，即形成胶凝。钙处理钻井流体发生高温胶凝的同时，黏土颗粒相结合的部位生成了水化硅酸钙，进一步固结成型，这种现象称为高温固化（Curing at High Temperature）。高pH值的石灰钻井流体发生固化的临界温度为130℃。

高温固化使钻井流体凝结成固体形状，有一定强度。高温固化不仅丧失流动能力而且失水量迅速增大。高温固化大多发生在黏土含量高、钙离子浓度大和pH值高的钻井流体中。

#### 2.2.3.4 高温减稠

井下高温除影响钻井流体中的黏土性能外，还对某些处理剂造成一些影响，主要表现在高温降解和高温交联。钻井流体中黏土土质较差且加量较低时，可能出现高温减稠现象。钻井流体经高温作用后，动切力和静切力下降的现象称为高温减稠（Thinning at High Temperature）。

高温条件下，尽管仍有黏土高温分散导致钻井流体增稠，但高温引起的钻井流体滤液黏度降低以及固相颗粒热运动加剧，颗粒间内摩擦作用减弱成为主导因素，造成钻井流体表观黏度降低，即高温减稠。此外，高温降解也是高温减稠的一个重要原因。

#### 2.2.3.5 高温交联

高温作用下，处理剂分子中存在的不饱和键和活性基团会促使分子之间发生反应而相互连接，从而使分子连接在一起的现象称为高温交联。由于反应结果使分子连接在一起，因此可将其看作是与高温降解相反的作用。例如，铁铬盐、腐殖酸及其衍生物、栲胶类和合成树脂类等处理剂的分子中都含有大量的可以提供交联反应的官能团和活性基团。另外，在这些改性和合成产品中还往往残存着一些交联剂如甲醛等，为分子之间的交联提供了充分的条件。

高温交联对钻井流体性能影响有正面和负面两种情况。好的方面可以认为，高温交联提高了钻井流体的性能。如果交联适当，则可能抵消高温降解的破坏作用，甚至可能使处理剂进一步改性增效。但是，如果交联过度，形成体型网状结构，则会导致处理剂水溶性变差，甚至失去水溶性而使处理剂完全失效，钻井流体体系被完全破坏，失水量大幅度增加，严重时整个体系变成凝胶，丧失流动能力。从钻井流体中可以明显见到不溶于水的许多重复单元以共价键连接而成的网状结构高分子化合物。这种网状结构，一般都是立体的，所以称这种高分子为体型高分子，又称网状高分子。

## 2.3 钻井流体浊液态

钻井流体中以分子集合体、原子或离子集合体，甚至是固相颗粒或者液滴居多，体系多呈不均匀、不稳定或相对稳定状态。因此，许多人把钻井流体作为浊液研究。

按照分散相的物理特征即颗粒、液滴大小，浊液分为悬浊液（或称悬浮液）、乳浊液（或称乳状液）以及微乳液三种。钻井流体分散体系的稳定是指体系能长久保持其分散状态，各微粒处于均匀悬浮状态而不被破坏的特性，包含两方面的含意，即沉降稳定性和聚结稳定性。

有固相的钻井流体一般多用悬浮液研究。钻井流体属于黏土分散体系，黏土颗粒的分散和聚结是钻井流体内部黏土颗粒动态平衡的两种现象。地球重力场和体系外部环境经常变化，钻井流体中黏土颗粒的凝聚或聚结是经常的、绝对的。分散和稳定则是暂时的、相对的。研究钻井流体的目的，是为了解钻井流体内部稳定和聚结的动力过程，便于配制维护处理钻井流体，使分散性差、不稳定的钻井流体转变为分散性好、相对较稳定的钻井流体，满足钻井工程需求。

乳状液适合研究无固相钻井流体。油少水多称为乳化钻井流体（O/W Drilling Fluids），水少油多称为逆乳化钻井流体（W/O Drilling Fluids）。

微乳液则是研究更小液滴乳化而成的钻井流体。维持乳状液稳定性的方法主要是抑制乳滴聚结，进而防止两种液相最终分层，即破乳（Demulsification）。

影响乳状液的稳定性因素，主要包括界面膜的物理性质、液滴之间的静电排斥作用、空间位阻作用、连续相的黏度、液滴大小与分布、相体积比和温度等。其中，以界面膜、电性作用和空间位阻作用最为重要。另外，乳状液液滴的尺寸及其分布对乳状液稳定性也有重要影响，液滴越小，尺寸分布越均一，体系的黏度越大，其稳定性就越高；反之，液滴越大，不分散性越高，体系的黏度越低，越容易破乳。

## 2.3.1 钻井流体的沉降稳定性

沉降稳定性又称动力稳定性，是指在重力作用下钻井流体中的固体颗粒下沉的特性。钻井流体中固体颗粒的沉降决定于重力和阻力的关系。重力和阻力相等时，颗粒均速下沉。

假设微粒的形状是球形。球形颗粒的运动要十分缓慢，周围液体呈层流分布；颗粒间距离是无限远，即颗粒间无相互作用；液相是连续介质。按 Stokes 定律，其沉降速度与颗粒半径的平方、颗粒和介质的密度差成正比，与介质黏度成反比。颗粒的大小对沉降速度影响最大。

一般认为，颗粒大于 1μm 便不能长时间处于均匀悬浮状态。用普通黏土配制的钻井流体，黏土颗粒大都在 1μm 以上，故不加处理剂难以获得稳定的钻井流体。因此，要提高钻井流体分散体系的沉降稳定性，必须减小黏土颗粒的尺寸。采用优质黏土造浆提高其分散度，提高液相的密度和黏度增加体系的悬浮能力，都是合适的做法。

钻井流体稳定性的测定方法是将一定量的钻井流体倒入特制量筒或者稳定性测定仪中，静放 24h 后，测定上、下两部分钻井流体的密度，用密度之差表示钻井流体稳定性的好坏。差值越小，钻井流体的稳定性越好。

还可以将重晶石加重后的钻井流体装入高温老化罐中，测试加重钻井流体的稳定性。高温老化罐是特别制作的容器，内部容积 500mL，罐体中间有排放口，以便分开罐内上下两部分钻井流体。在两个温度下分别恒温静置 48h，分别测量高温老化罐中上下两部分钻井流体的密度，然后将两部分钻井流体混合搅拌后测量钻井流体的流变性，以此来评价研制的钻井流体的沉降稳定性。

## 2.3.2 钻井流体的聚结稳定性

钻井流体的聚结稳定性是指钻井流体中的固相颗粒自动降低其分散度，聚结变大的特性。钻井流体分散体系中的黏土颗粒间同时存在着相互吸引力和相互排斥力，这两种相反作用力决定着钻井流体分散体系的聚结稳定性。

为提高乳化液钻井流体的稳定性,实际配制逆乳化油基钻井流体过程中,需要注意油水比、配制条件、乳化剂种类影响聚结稳定性。

乳化液钻井流体稳定性的关键影响因素之一是乳化剂的种类和加量。除了乳化剂的亲水亲油平衡值、乳化剂类型、乳化剂加量,外来物质如钻屑、内相中电解质、外相种类、油润湿固体颗粒、井底温度、加重材料等也会影响聚结稳定性。

**【视频 S1　钻井流体物态】**

前文整体了解了钻井流体是什么物态。在钻井现场,钻井流体是不是像我们见到的白糖水、牛奶或者地面上的泥水?这些都可以通过走进现场了解,如视频 S1 所示。

视频 S1　钻井流体物态

## 思考题

1. 如何理解钻井流体的物态?
2. 什么是阳离子交换容量?
3. 活度平衡理论的主要内容是什么?
4. 什么是凝胶及胶凝作用?
5. 什么是破乳?
6. 如何理解胶体的稳定性?
7. 简述高温下钻井流体的表现形式。

# 3 钻井流体类型

通过分类钻井流体，可以更加清晰地辨别不同组分、不同特性的钻井流体属性，研究同一类钻井流体共同的作用规律，更有针对性地根据作业对象特性选用钻井流体类型，设计更加符合具体问题的钻井流体作业方案，深入研究钻井流体类型和种类，探索钻井流体技术发展规律，积累发展过程中宝贵的经验，加速钻井流体技术发展。同时，钻井流体作为井筒工作流体的一部分，研究应用中的理论、方法和工艺有助于其他井筒工作流体借鉴。因此，做好钻井流体分类工作是非常有必要的。

分类依据是钻井流体分类的基础，历来被学者们所重视。分类标准和分类方法不断出现，可以说是种类繁多。如果分类过程中以连续相类型为依据来划分某钻井流体，称之为某某基。将连续相称为基，处理剂则不称为基。某某基钻井流体（××Based Drilling Fluids），是指以某种流体为连续相配制而成的钻井流体。这样，钻井流体就只有水基、烃基和气基三类，方便进一步分类。

某基和基液不同。基液（Base Fluid）是配制、评价处理剂或者钻井流体功能时所用的基础流体。如配制泡沫时用的聚合物溶液，配制造浆土分散钻井流体时所用的造浆土水化后的胶体，评价处理剂时用的黏土配制的悬浮液，都是研究和评价钻井流体、钻井流体组分时常用的基液。由于造浆土水化后不仅能用于评价钻井流体和处理剂，还可以作为钻井流体使用，又称基浆（Based Mud）。不同目的、不同种类的基液，配制顺序和加量都可能有所不同。

当然，具体表达某种钻井流体时，难免会涉及处理剂。如果不统一称呼，会造成一定程度的混乱。因此，称呼以某处理剂作为主要处理剂配制成的钻井流体时，直接称某某钻井流体即可。

不同的分类方法适用于不同的领域。以主要处理剂在连续相中的分散状态为依据、以钻井作业地层特点为依据、以钻井作业环节为依据和按钻井作业需求分类方法比较常见。此外，还有按温度分类的及按密度分类的，都是根据具体需要分类的方法。

【思政内容：物以类聚，人以群分】

战国时期，齐宣王招贤纳士，让淳于髡举荐人才。淳于髡一天之内接连向齐宣王推荐了七位贤能之士。齐宣王很惊讶，问淳于髡："寡人听说，人才是很难得的。如果一千年能找到一位贤人，贤人就好像多得像肩并肩站着一样；如果一百年能出现一个圣人，那圣人就像脚跟挨着脚跟来一样。现在，你一天之内推荐了七位贤士，那贤士是不是太多了？"

淳于髡回答："要知道，同类的鸟儿总聚在一起飞翔，同类的野兽总是聚在一起行动。人们要寻找柴胡、桔梗这类药材，如果到水泽洼地去找，恐怕永远找不到；要是到梁文山的背面去找，那就可以成车地找到。这是因为天下同类的事物，总是要相聚在一起的。我淳于髡大概也算个贤士，所以让我举荐贤士，就如同在黄河里取水，在燧石中取火一样容易。我还要给您再推荐一些贤士，何止这七个！"和正能量的人在一起，进步的机会就多一些，和负能量的人在一起，退步的机会就多一些。

## 3.1 按主要处理剂在连续相中的分散状态分类

钻井流体中的连续相水、烃和气占据钻井流体体积的绝对多数。其他处理剂，虽然对性能起重要作用，但数量较小。研究人员和操作者关心钻井流体组分在连续相中的分散状态，用以分析钻井流体处理剂在使用中出现的问题，指导处理剂发挥作用。按主要处理剂在连续相中分散状态，钻井流体可以分为处理剂分散在水中的钻井流体、处理剂分散在油中的钻井流体和处理剂分散在气中的钻井流体三大类 14 小类。

### 3.1.1 处理剂分散在水中的钻井流体

处理剂分散在水中的钻井流体，一般称为水基钻井流体。水基钻井流体（Water Based Drilling Fluids），是指以水作为连续相的钻井流体，水是钻井流体的主要组分。钻井流体性能与其他组分在水中的状态密切相关。

按照主要处理剂在水中的工作状态，钻井流体可以分为造浆土细分散水基钻井流体、造浆土粗分散水基钻井流体、造浆土适度分散水基钻井流体、无造浆土水基钻井流体、烃分散水基钻井流体、泡分散水基钻井流体、盐溶液水基钻井流体等 7 种。共同点是起主要作用的处理剂是在水中发挥作用，可以用水基钻井流体的主要方法研究和应用。

#### 3.1.1.1 造浆土细分散水基钻井流体

造浆土细分散水基钻井流体（Clay Fine Dispersed Water Based Drilling Fluids），又称为细分散钻井流体、分散钻井流体。造浆土分散在含盐量低于1%、含钙离子低于120mg/L 的淡水中。使用过程中需要加入分散剂，充分分散配制钻井流体所用的造浆土，以提高钻井流体黏稠度和护壁性能。

细分散钻井流体以淡水作为分散介质，黏土颗粒高度分散，每个黏土颗粒的外面吸附较厚的水化膜，钻井流体中的自由水较少，颗粒之间的距离很近，钻井流体性能不稳定，防塌能力差，固相含量高，不能有效控制储层伤害等。

#### 3.1.1.2 造浆土粗分散水基钻井流体

造浆土粗分散水基钻井流体（Clay Coarse Dispersed Water Based Drilling Fluids）是相对于细分散钻井流体而言的水基钻井流体，也称为不分散钻井流体。通过人为加入分散剂和无机阳离子，起到分散、絮凝的双重作用，使钻井流体中黏土颗粒处于适度絮凝（即粗分散）的状态，实现耐盐水层、盐层、盐膏层中无机离子的侵害。

粗分散钻井流体主要由含钙离子的无机絮凝剂、降黏剂以及降失水剂组成，所以又称为钙处理钻井流体（Calcium Treated Drilling Fluids）。通常，高浓度可溶性钙离子用于控制易坍塌页岩、控制井眼扩大和防止储层伤害。熟石灰（氢氧化钙）、石膏（硫酸钙）或氯化钙是钙处理钻井流体的常用处理剂。粗分散钻井流体的抗盐、抗石膏污染能力强，但高温下易胶凝或固化。

粗分散钻井流体称为抑制性钻井流体，是相对于细分散钻井流体而言的。通过向钻井流体基液中加入抑制黏土水化的抑制剂，实现抑制井壁或者钻屑黏土水化膨胀、分散的目的。其抑制性不一定很强，是加入了抑制剂才命名的。以加入抑制性处理剂为标准，可分为抑制性钻井流体和非抑制性钻井流体。

随着钻井流体技术的发展，越来越多的作业者认识到，不管何种钻井流体，抑制性至关重要。钻井流体都需要一定的抑制性。要么靠处理剂的抑制能力直接实现抑制，要么靠封堵能力间接实现抑制。因此，这种分类方法，也逐渐被人们所淡化。

### 3.1.1.3 造浆土适度分散水基钻井流体

造浆土适度分散水基钻井流体（Moderate Dispersed Water Based Drilling Fluids）主要是聚合物钻井流体，是以某些具有絮凝或包被作用的高分子聚合物如聚丙烯酰胺、纤维素和天然树胶等为基础母链改性后作为主处理剂的水基钻井流体。

絮凝作用主要是在体系中高分子絮凝剂通过自身的极性基或离子基团与质点形成氢键或离子对，加之范德华力，吸附于质点表面，质点通过桥接连接成体积更大的絮状沉淀，从而与水溶液分离。包被作用是聚合物钻井流体中的水溶性聚合物吸附在岩层或黏土矿物表面上，形成高分子吸附膜，阻止黏土与水的接触，从而抑制泥页岩的水化膨胀。

在絮凝作用和包被作用下，钻井流体中作为增黏护壁的造浆土固相颗粒粒度较大。同样的道理，岩屑也不易分散成细颗粒。聚合物用于包被钻屑，隔离水和钻屑接触，从而防止页岩分散和抑制页岩膨胀，或是提高钻井流体黏度和降低失水量。为提高钻井流体的抑制页岩能力还需要加入氯化钾或氯化钠或者其他抑制剂，其抑制机理与聚合物不同。

由于多数聚合物的耐温能力低于150℃（300℉），有相当一部分井的井底温度高于此温度，个别井温度高出更多，需要在高温井加入特定耐高温处理剂，以完成高温井钻进。在合适的井下工具和地面设备协助下，实现安全钻进，控制失水量，解决了钻井速度低、酸气逸出控制和井下压力判断困难等问题。为提高页岩稳定性、黏土和钻屑的抑制性、润滑性和机械钻速，减少钻头泥包概率和井下扭矩等，在聚合物钻井流体中加入一些特殊处理剂。

聚合物钻井流体的先天缺陷是封堵能力不足、护壁性和热稳定性差，失水量大，黏切不易控制，不利于井下安全和储层伤害控制。

### 3.1.1.4 无造浆土水基钻井流体

无造浆土水基钻井流体（Free Solid/Clay Water Based Drilling Fluids）也称为无固相钻井流体，是指基本上不含固相颗粒的钻井流体。

无固相钻井流体是以水溶性聚合物为主要处理剂制备的高分子水溶液，所以这种水溶液的稳定性比有固相钻井流体的稳定性好得多，适应能力更强。无固相钻井流体是由无机盐和不同种类的高聚物组合而成，具有一定流变特性和失水特性的钻井流体。其中无机盐与有机聚合物适度交联，可提高溶液的黏度和减少溶液的失水量；调节溶液的矿化度，以平衡地层的化学活度，抑制地层的膨胀分散或破碎坍塌。与有固相钻井流体相比，具有较低流动阻力、较小的静切力、良好的流变性以及体系黏度易调节等诸多优点。在钻井过程中具有良好的携带岩屑的能力，良好的防护井壁以及防止井塌等性能，能够很好地控制储层伤害。

无固相钻井流体一般是以生物聚合物、纤维素衍生物、合成聚合物以及弱凝胶材料作为增黏剂，配合使用改性淀粉、聚阴离子纤维素、磺化酚醛树脂等降失水剂降低失水，加重剂调整密度，以及缓蚀剂、防塌抑制剂、杀菌剂等控制其他性能配制而成。

高温高盐度条件下，无黏土相钻井流体性能如钻井流体密度改变难，流变性控制难等。同时，无固相钻井流体吸附能力较弱，难以在井壁上形成质量良好的滤饼，与其他处理剂兼容合性要求更高。

### 3.1.1.5 烃分散水基钻井流体

烃分散水基钻井流体（Hydrocarbon Dispersed Water Based Drilling Fluids），又称油分散水基钻井流体，是将一定量的烃分散在淡水或盐水中，通过加入乳化剂和其他处理剂，形成以水为连续相、油为分散相的水包油乳状流体。目的是增强水基钻井流体的润滑性。

烃分散水基钻井流体既保持了水基钻井流体的特点，又具备了部分油基钻井流体的特点，主要用于解决低孔隙度低渗透率、缝洞发育易井漏、地层压力系数低的储层伤害控制问题和深井欠平衡无法低密度难题。

烃分散水基钻井流体性能稳定，耐温能力强，流动性好，失水量低，稳定井壁能力较强。密度低于普通钻井流体，储层伤害程度低，有利于提高油气井产能；有助于防止井漏和提高机械钻速，不影响测井；润滑作用好，可减少钻井泵磨损。较纯油基钻井流体成本低，腐蚀橡胶件程度低，环境污染程度轻。

### 3.1.1.6 泡分散水基钻井流体

泡分散水基钻井流体（Bubbles Dispersed Water Based Drilling Fluids），是分散着不连续的泡，由膨润土、发泡剂、增黏剂以及降失水剂等配制气、液、固三相分散的胶体。泡不一定是气泡，还有可能是水泡、油泡，是由聚合物、表面活性剂自然形成的。这样的钻井流体有水基微泡钻井流体、水基绒囊钻井流体等。

泡分散水基钻井流体与传统水基钻井流体相比，密度低、失水量小、携岩能力强以及提高钻速等优点，多应用于近平衡或欠平衡钻井。缺点是性能稳定性不易控制，受外界环境影响大等。

### 3.1.1.7 盐溶液水基钻井流体

盐溶液水基钻井流体（Soluble Salt Water Based Drilling Fluids）通常由咸水（1%氯化钠）、海水（3%~5%氯化钠）、油田开发生产水以及氯化钠或其他盐类（如用于防止页岩水化膨胀的氯化钾、有机盐等）配制而成。水基钻井流体发展过程中，无机盐、有机盐以及正电类钻井流体，以其利用连续相中的盐类或者加入盐、抑制性强和无固相密度高等独特性能，在钻井作业中广泛应用，可统称为盐溶液水基钻井流体。

严格意义上讲，盐溶液水基钻井流体与聚合物钻井流体有时候是同一类钻井流体。主要原因是，盐溶液需要加入聚合物调节流变性，实现悬浮和携带；聚合物钻井流体需要加入盐，提高钻井流体抑制性或者提高密度。但用于盐溶液的聚合物需要较强的耐盐性能，所以单独列为一类。在实际应用中，归为哪一类的主要依据是，盐是否为主要处理剂。以盐溶液作为主处理剂的，归为盐溶液水基钻井流体。否则，归属聚合物钻井流体。

## 3.1.2 处理剂分散在油中的钻井流体

处理剂分散在油中的钻井流体，一般称为烃基钻井流体。烃基钻井流体（Hydrocarbon Based Drilling Fluids）是指以烃及其衍生物作为连续相的钻井流体，包括造浆土分散全烃基钻井流体、造浆土水分散烃基钻井流体、无造浆土全烃基钻井流体、泡分散烃基钻井流体等4类。

烃基钻井流体具有优良的乳化稳定性和强油润湿性。烃基钻井流体可以使管柱、套管、岩屑及地层表面变为油润湿，可有效避免水敏性页岩井壁失稳问题。烃基钻井流体的缺点是滤饼清除困难，影响固井胶结质量，含油钻屑不易处理，成本高，乳状液堵塞地层、烃基钻井流体与固井流体相容性差。

针对烃基钻井流体在完井、固井和储层伤害控制、环境保持方面的问题，研制出烃基钻井流体滤饼清除技术、烃基钻井流体固井清洗技术、含油钻屑处理技术等，但这些技术处理成本高、工序复杂，产生二次污染。有必要从烃基钻井流体自身的性质出发，解决根本性问题，维持烃基钻井流体性能，减小甚至消除烃基钻井流体的不利影响。

### 3.1.2.1 造浆土分散全烃基钻井流体

造浆土分散全烃基钻井流体（Clay Fine Dispersed Hydrocarbon Based Drilling Fluids）是连续相全部为烃及其衍生物的钻井流体，也有人称为纯烃基钻井流体（Pure Hydrocarbon Based Drilling Fluids），主要由基液、有机土、乳化润湿剂、有机土增效剂、增黏提切剂、降失水剂、碱度控制剂和加重剂等组成。

全烃基钻井流体不含水或含水 5%~10%，通常用作取心流体。尽管地层水可能进入钻井流体中，但没有必要人为地加入水或盐水。为提高黏度，全烃基钻井流体需要比水基钻井流体性能更好的提切剂。分子量较高的脂肪酸和胺衍生物用作乳化剂、润湿剂，还有有机土和石灰等辅助处理剂。

全烃基钻井流体有利于储层伤害控制和提高钻井速度，已成为钻探高难度与高温深井、海上钻井、大斜度定向井、水平井、各种复杂井段和储层伤害控制的重要手段，还用作解卡液、射孔完井液、修井液等。

全烃基钻井流体与逆乳化烃基钻井流体最大的区别是水相含量。但是，由于地层水的存在导致全烃基钻井流体中无法真正做到不含水相，只是水相含量相对较低。为避免全烃基钻井流体中水相的不利影响，添加乳化剂促使极少部分水相分散到油相中，形成较为稳定的乳状液。因此，全烃基钻井流体与逆乳化钻井流体配方相似。为了改善烃基钻井流体性能，两种钻井流体中都会添加润湿剂、降失水剂、无机盐以及加重材料等功能性处理剂。但两者乳化原理和性能都有所不同。

### 3.1.2.2 造浆土水分散烃基钻井流体

水分散烃基钻井流体（Water Dispersed Hydrocarbon Based Drilling Fluids）是以油为外相或连续相，以水、淡水或盐水为内相或分散相，添加适量的乳化剂、润湿剂、亲油胶体和加重剂等所形成的稳定的乳状液钻井流体。最常见的就是油包水型烃基钻井流体。

当乳化液连续相为水，分散相为油时，称之为水包油型乳状液，用油/水表示，也称正乳化液；当乳化液连续相为油、分散相为水时，称之为油包水型乳状液，用水/油表示，也称逆乳化液。逆乳化钻井流体（Invert Emulsion Drilling Fluids）比较常见，即油包水钻井流体，一般以氯化钙盐水为乳化相，油为连续相。油包水钻井流体的连续相可含有高达 50% 的体积比盐水。逆乳化钻井流体电稳定性较低，失水量较大。破乳剂可以破坏乳化状态。可以通过加入不同处理剂或者不同浓度、含量和矿化度的盐及盐水，控制流变性、失水量和乳状液稳定性。

水分散烃基钻井流体具有良好的抑制性、润滑性以及耐温性，有利于井壁稳定，抗盐能力强，经常在复杂地层以及水敏地层使用。

可逆乳液是指通过改变外部条件，实现油包水乳液和水包油乳液的相互转相。可逆乳液的转相是一种动态转相，又是过渡转相。在动态转相中，表面活性剂、温度和电解质等条件的变化会引起表面活性剂对油相和水相的亲和力发生变化，导致乳状液发生过渡转相，乳状液可逆转相。油水体积比改变了乳状液主体，引起了突变转相，不具备可逆性，不可用于乳状液的可逆转化。

### 3.1.2.3 无造浆土全烃基钻井流体

无造浆土全烃基钻井流体（Pure/All Hydrocarbon Based Drilling Fluid）是以烃或烃衍生物为连续相、无造浆土的钻井流体，又称无土相全烃基钻井流体。相比于水基钻井流体，无土相全烃基钻井流体润滑性能更为优异，抑制性能良好，有利于保持井壁稳定，控制油气储层的伤害程度。

相比于有土相全烃基钻井流体，无土相全烃基钻井流体能够避免井下卡钻、下钻不畅等井下难题。在复杂地质条件下钻井，特别是高温井和水敏性地层中钻井优势更明显，能够更有效地控制储层伤害。

### 3.1.2.4 泡分散烃基钻井流体

泡分散烃基钻井流体（Bubbles Dispersed Hydrocarbon Based Drilling Fluids）是指以烃及其衍生物引入发泡剂和形成胶体的处理剂配制的钻井流体，包括可循环微泡、烃基微泡和烃基绒囊等钻井流体。由于起主要作用的处理剂在烃或者烃类衍生物中发挥作用，可以用烃基钻井流体的研究和应用方法。

泡由专用聚合物和表面活性剂稳定的气体或液体组成。泡聚集形成封堵带，防止钻井流体漏失。体系中存在非连续气泡，减少泡分散烃基钻井流体密度，有助于防漏治漏。

泡分散烃基钻井流体既发挥泡沫钻井流体的携带悬浮、高效封堵、储层伤害控制等优点，又发挥烃基钻井流体强抑制性、强润滑性、耐高温的长处，能够有效抑制泥页岩水化膨胀，在水敏性地层应用较广。但稳定性控制难，油基中合适的发泡剂种类少。

## 3.1.3 处理剂分散在气体中的钻井流体

处理剂分散在气体中的钻井流体，一般称为气基钻井流体，是特殊钻井作业所用的钻井流体。一般是干燥空气或天然气、雾滴、泡沫、充气钻井流体等，实现防漏治漏，提高机械钻速。雾是气液的中间流体，不单独作为一种钻井流体，作为气体处理。

气基钻井流体（Gas Based Drilling Fluids）是钻井作业过程中采用气体作为连续相的循环介质，或者可以理解为气体起主要作用的钻井流体。钻井流体希望通过气体降低井筒工作流体密度，达到控制漏失目的。以气体在钻井流体中所占的比例大小为依据，分为气体钻井流体、泡沫钻井流体和充气钻井流体等3种。

### 3.1.3.1 气体钻井流体

气体钻井流体（Pure Gas Drilling Fluids）是钻井过程中用空气、天然气、氮气、粉尘气体或者雾滴作为循环介质的钻井流体。大分子和表面活性剂分散在气体中起润滑、抑制等作用。

气体钻井流体能够防漏治漏，避免井漏事故，提高机械钻速，缩短建井周期，降低钻井综合成本，保护和发现储层，提高采收率。

### 3.1.3.2 气泡分散在气体中的泡沫钻井流体

泡沫钻井流体（Foam Drilling Fluids）是钻井过程中添加发泡剂和稳定剂形成泡沫用作钻井工作流体，气体成分占70%以上，主要有一次性泡沫钻井流体和可循环泡沫钻井流体。

一次性泡沫钻井流体是利用气体携带泡沫进入井筒携带钻屑的钻井流体。泡沫破裂后再利用机械设备重复利用或者废弃。

可循环泡沫钻井流体，依靠发泡剂和稳泡剂在钻井流体中发泡，控制气体数量实现循环。虽然连续相依旧是水或油类，但气泡的基本特征没有发生太大变化。所以，仍然将其划归于泡沫类钻井流体。泡沫消耗后，加入处理剂维护，循环利用。

与纯气体钻井流体相比，泡沫流体具有密度较高、黏度和切力高、携带岩屑清洗井筒能力强、高温状态性能稳定等特点。

### 3.1.3.3 钻井流体分散在气体中的充气钻井流体

充气钻井流体（Aerated Drilling Fluids）是指气体通过环空注入常规钻井流体中，形成流体裹着气体的钻井流体。用于降低钻井流体密度，降低流体静液柱压力。

充气钻井流体最大的特点是钻井流体分散在气体中，靠寄生管注入，自身不能够循环使用。充气钻井流体携岩能力强、密度低，能够控制储层伤害、提高机械钻速。缺点是适用范围小、需要附加特殊设备等。

## 3.2 按应用地层特性分类

现场通常选择针对特定地层实现安全快速的钻井流体，以地层的特点来命名钻井流体，如按地层温度分类、按地层岩石特性分类等。如果以地层物理特点为依据，钻井流体可以分为松散地层钻井流体、水敏地层钻井流体等共18类。

依据地层特点分类，可以清楚地表述作业对象与钻井流体相关的难点和重点。专业特点明显，适于针对性研究。虽然带有一定的共性特点，具体研究时还要针对具体问题再分类，普适性不好。工程作业中，多是现场工作者的口头语或指定性用语，应用比较普遍。随着钻遇地层增多，种类不断增加。

### 3.2.1 松散地层钻井流体

松散地层钻井流体（Unconsolidated Formation Drilling Fluids），是指用于机械性分散地层的钻井流体，一般是指用于如流沙层、砾卵石层、砂夹砾石层、黄土层、海洋表层、糜粒煤层和破碎带地层等钻井流体。

松散地层胶结强度低，地层易坍塌，钻井流体易漏失，严重时会引起井漏、井塌等井下事故。适用于松散地层的钻井流体应具有强降失水性、强抑制性、强黏结性，常用水基聚合物钻井流体、油基聚合物钻井流体，泡沫钻井流体在表层也有应用。

### 3.2.2 水敏地层钻井流体

水敏地层钻井流体（Water Sensitivity Formation Drilling Fluids）是指用普通水基钻井流体容易引起井下事故、难题而使用的钻井流体。一般是指用于抑制含有较多水敏性黏土的地层，如黄土层、泥页岩等水化膨胀或者分散的钻井流体。

水敏地层易遇水膨胀，井壁不稳定易塌。用于水敏地层的钻井流体，应尽可能降低钻井流体失水量，提高钻井流体抑制性。多数情况下使用烃基钻井流体。

### 3.2.3 水溶地层钻井流体

水溶地层钻井流体（Water Soluble Formation Drilling Fluids）是指用于组分易溶于水的地

层的钻井流体，此类地层一般为含有盐、钾盐和天然碱等物质的地层。

水溶性地层遇水溶解，造成井壁垮塌，引发井下事故。此外，水溶地层中组分溶于钻井流体，会导致井下钻具腐蚀，缩短钻具使用寿命。用于水溶地层的钻井流体多为饱和盐水钻井流体，同时加入缓蚀剂，加入降失水剂降低钻井流体失水量以及加入抑制剂抑制盐类溶解。

### 3.2.4 坚硬地层钻井流体

坚硬地层钻井流体（Hard Formation Drilling Fluids）是指用于硬度较大的钻井流体，又称硬地层钻井流体。坚硬地层一般为硅质胶结的石英砂岩、长石砂岩、硬泥岩、含燧石结核亮晶灰岩、高抗压白云岩等。

地层硬度高，抗钻性强，机械钻速低，钻井周期长，钻具寿命短。为了提高钻进速度，使用气体钻井流体，部分出水地层使用泡沫流体。

### 3.2.5 异常压力地层钻井流体

异常压力地层钻井流体（Abnormal Pressure Formation Drilling Fluids）是指用于异常低压或异常高压地层的钻井流体。地层压力较低易发生漏失，压力较高易发生井喷。

异常低压地层钻井易发生漏失，伤害储层；异常高压地层压井作业困难，易发生井涌、井喷。异常低压地层钻井，应及时控制钻井流体固相含量，清除多余岩屑，保持钻井流体密度；对于异常高压地层，应提高钻井流体密度，使其能够与地层压力平衡，防止井涌或井喷。

### 3.2.6 高温地层钻井流体

高温地层钻井流体（High Temperature Formation Drilling Fluids）是指能够承受较高温度的钻井流体，一般是指用于超深井、地热井等高温条件下钻井作业的钻井流体。

高温地层大多数处于较深地层，地层岩石坚硬，多为火山岩和变质岩。高温地层钻进难、损伤钻具。随着温度升高，钻井流体的流变性控制难度加大，处理剂容易高温降解，作用效果降低或失效。高温地层钻井，应优选耐高温处理剂，实现强抑制性、良好高温流变性。

### 3.2.7 高应力地层钻井流体

高应力地层钻井流体（High Stress Formation Drilling Fluids）用于地层应力大、井不一定深但需要较高的钻井流体密度才能井壁稳定的钻井流体。

由于地层应力高、各向异性较强导致地层微裂缝发育，钻井流体漏失以及井壁坍塌。高应力地层钻井流体具有较高的密度、较强的封堵性以及良好的抑制性能。

### 3.2.8 煤岩储层钻井流体

煤岩储层钻井流体（Coal Formation Drilling Fluids）是指能够解决煤层坍塌、漏失和储层伤害难题的钻井流体，一般用于镜煤、亮煤、暗煤和丝炭等煤岩钻井。

煤岩储层钻进易发生井壁失稳、漏失和井斜。煤是松软矿体、强度低，取心困难，使用无固相或清水钻进煤层段，井壁稳定性差，井径扩大率超标。煤储层孔隙压力低，渗透性差。需要煤岩储层钻井流体具有良好的井壁稳定性、强封堵性能，较低密度和低固相含量。

### 3.2.9 页岩储层钻井流体

页岩储层钻井流体（Shale Formation Drilling Fluids）是指能够解决页岩储层坍塌、漏失和储层伤害难题的钻井流体。一般是指开采页岩中油气资源的钻井流体。

页岩地层不确定因素多，压力难以预测、流体性能维护困难。泥页岩易水化膨胀、易破碎、井壁不稳定以及储层易伤害等问题。要求页岩储层钻井流体具有强封堵能力、强抑制性、高润滑性和强携砂能力等。

### 3.2.10 致密砂岩储层钻井流体

致密砂岩储层钻井流体（Tight Sandstone Formation Drilling Fluids）是指能够解决致密砂岩气储层油或者气的储层伤害控制难题的钻井流体，一般用于开采致密砂岩中油气资源。

致密砂岩储层岩石致密、孔喉小；储集空间多为孔隙、裂缝、孔洞，钻进过程中易造成孔喉堵塞；地层压力低，易造成水锁伤害；钻井流体易漏失。因此，需要在钻井流体中加入降失水剂、抑制剂或者采用欠平衡钻井流体。

### 3.2.11 水合物地层钻井流体

水合物地层钻井流体（Hydrate Formation Drilling Fluids）是指能够解决与钻头接触后，能够控制水合物分解引起的井壁失稳钻井流体，一般用于开采水合物中天然气。

水合物地层钻进时，储层井壁和井底附近的地层应力释放，地层压力降低。钻头切削岩石，井底钻具与井壁及岩石摩擦会产生热，井眼温度升高，水合物分解。水合物分解会危害钻井、井眼质量、机械设备。需要钻井流体具有良好井壁稳定性、携带岩屑能力以及流变性。此外，还要抑制天然气水合物重新生成。

### 3.2.12 极冷/极热地层钻井流体

极冷/极热地层钻井流体目前主要是用于极地钻探和地热钻探。极冷地层钻井流体（Drilling Fluids in Extremely Cold Formation）是指由于温度极低，常规连续相烃气水无法完成要求的钻井流体。地热地层钻井流体（Geothermal Formation Drilling Fluids）是指能够解决开采来自地球内部核聚变产生的清洁地热资源时井筒内温度过高难题的钻井流体。

极冷地层一般是全井筒的冰。脆性大，摩擦变水影响流变性，一般采用醇来完成。高温地热储层的岩石一般为火山岩、花岗岩或结晶岩等。岩石的硬度大，研磨性强，可钻性差，非均质性强。地热储层中还含有二氧化碳或硫化氢等腐蚀性气体，需要钻井流体密度较低，耐高温性能较强以及加入缓蚀剂提高钻井流体抗腐蚀能力。

### 3.2.13 酸气地层钻井流体

酸气地层钻井流体（Sour Gas Formation Drilling Fluids）是指用于开采高含硫和二氧化碳地层中油气资源的钻井流体。

钻开酸气储层时，钻井流体与酸气接触，硫化氢、二氧化碳侵入钻井流体，影响钻井流体性能。为了安全钻进酸气储层，需要钻井流体具有抑制酸性气体性能，加入能够去除酸性气体的处理剂。

### 3.2.14 油气储层钻井流体

油气储层钻井流体（Oil&Gas Formation Drilling Fluids）是指用于油气储层钻进、控制储层伤害的钻井流体。

在油气储层钻井时，控制储层伤害是重中之重。需要钻井流体具备良好的钻井流体性能的同时，具备良好的完井流体性能；能够有效稳定井壁和控制储层伤害；尽量降低钻井流体失水量，增强其封堵能力。

### 3.2.15 漏失地层钻井流体

漏失地层钻井流体（Lost Circulation Formation Drilling Fluids）是指用于易漏失地层的钻井流体。

由于地层裂缝发育以及钻井流体密度高于破裂压力，钻井流体液柱压力常常大于地层的破裂压力或漏失压力，造成井漏。如果为防止井漏而降低钻井流体密度，容易诱发溢流甚至井喷。因此，需要使用能够封堵裂缝提高漏失地层承压能力的钻井流体，或者能够降低钻井流体密度防漏治漏。或者钻井流体通过黏接地层的不连续碎块，提高地层的强度和韧性，提高地层的漏失压力，降低地层坍塌压力，实现防漏防塌。

### 3.2.16 坍塌地层钻井流体

坍塌地层钻井流体（Collapse Formation Drilling Fluids）是指用于易发生垮塌地层的钻井流体。坍塌地层主要有层理裂隙发育或破碎地层、孔隙压力异常的泥页岩、处于强地应力作用地区的地层、厚度大的泥岩层、生油层、倾角大易发生井斜的地层、薄砂泥岩互层等。

坍塌的岩屑进入钻井流体，钻井流体黏度、切力、密度和含砂量增高，有时突然憋泵，严重时会憋漏地层。需要钻井流体具有井壁稳定、抑制性能。

### 3.2.17 盐膏层钻井流体

盐膏层钻井流体（Salt-gypsum Formation Drilling Fluids）是指用于钻易发生塑性流动、溶解及吸水膨胀的盐膏层钻井流体。盐膏层主要由盐岩和石膏组成，盐岩和石膏的含量不同，还含有其他矿物，井壁失稳影响因素多。

盐膏层钻井时，地层蠕变、缩径、井壁坍塌、卡钻甚至井眼闭合。钻井流体受到盐膏层溶解的钠离子和钙离子侵害，钻井流体抑制能力减弱。需要钻井流体具有合适的密度防止盐膏层蠕变缩径，同时具有良好的抗盐耐高温性能。

### 3.2.18 破碎性地层钻井流体

破碎性地层钻井流体（Broken Formation Drilling Fluids）是指钻进地层整体强度低但各方向上应力非均质性强、各方向上流体流动非均质性强的钻井流体。破碎性地层分为破碎性地层和破碎性储层两大类。地层岩石整体强度偏低，在力学环境改变后岩石易破碎成不规则破碎体，称为破碎性地层。储存油气资源的破碎地层则被称为破碎性储层（Sofigenthcarbon Formation）。

破碎性储层包括以煤、碳酸盐岩和疏松砂岩等为代表的天然破碎性储层，以改造后的致密砂岩和页岩等为代表的人工破碎性储层。破碎性储层在岩石组分、渗流能力和岩石力学参数等方面各向异性程度高，且多数需要经过储层改造才能获得经济产量[4]。钻井流体大多采用先封堵后提高密度实现防漏防塌，也可以通过黏接技术提高地层的强度，从地层自身性质解决井壁失稳。

## 3.3 按作业过程分类

钻井过程中，针对不同的作业环节，选择与作业环节相适应的钻井流体，或者调整钻井流体性能到适合某一种作业环节的范围，是非常必要的。根据钻井流体作业环节不同，钻井流体可分为钻进流体、洗井流体等14种。

根据钻井作业环节分类钻井流体，是普遍接受的钻井流体一种分类。但是，细分钻井流体时，又遇到按什么标准分类的问题。如按处理剂、体系，则又需要按前文的分类标准，反而增加了分类层次。当然，有人对钻井流体包括完井流体，还是完井流体包括钻井流体，争论不休。实际是不同的分类标准问题。

完井是油气井的完成方式，即根据储层的地质特性和开发开采的技术要求，在井底建立储层与油气井井筒之间的合理连通渠道或连通方式。从定义来看，完井流体一般是在完井作业过程中所使用的工作流体的统称，称为狭义完井流体。广义地讲，完井流体是指从打开储层到油气井枯竭为止的一切油井储层作业使用的流体。也即从打开储层开始，人为注入井下的所有工作流体都属于完井流体的范畴。这样，钻井流体与完井流体的关系就非常清楚了。

### 3.3.1 钻进流体

钻进流体（Drilling-in Fluids）是指完成钻开新地层的钻井流体。储层中的钻井流体又称钻开流体，也称为钻井完井流体，是储层钻井中所用的流体，其有效成分一般为生物高分子化合物或桥堵材料。

钻进流体是一个比较宽泛的概念。在较浅的表层，使用的钻进流体一般使用清水、盐以及膨润土降低钻井流体失水量，防止在表层垮塌、漏失。在表层之下的技术套管井段，地层较深，会经常遇到异常压力、漏失等难点问题，需要钻井流体耐温抗压性能较好。在目的层使用的钻进流体，为了储层伤害控制，一般要求钻进流体伤害储层程度低，环保性能好并具有良好的井壁稳定性。

### 3.3.2 洗井流体

洗井流体（Well Flushing Fluids）是指将井筒内的液相、固相和气相携带至地面改变井筒环境的循环流体，又称清洗流体，一般用于清洗套管和井眼。

洗井流体一般由表面活性剂、溶剂、增黏剂和降失水剂组成。通过循环，清除钻孔中的岩屑，净化井底，润滑和冷却钻头、钻具等，平衡地层压力，形成滤饼保护井壁，防止地层坍塌，防止井喷、井漏和控制储层伤害等。

### 3.3.3 固井前置流体

固井前置流体（Cementing Front Fluids）也称为隔离液，是指注入水泥浆前泵入流体将水泥浆与钻井流体隔开，提高水泥浆顶替效率，改善水泥浆胶结质量。

固井前置液是用在固井水泥浆注入之前清洗井壁油污和凝胶的钻井流体。通过添加表面活性剂改善固井二界面亲水性质，提高二界面与水泥石的胶结强度。添加聚合物处理剂，提高固井前置流体黏度，提高冲洗井壁效率。改善结构黏度，保证钻井流体悬浮能力，提高水泥浆顶替钻井流体的效率，提高固井质量。前置液一般要求较低的黏度、低临界返速、有一定悬浮性能以及清除滤饼性能等。

### 3.3.4 水泥浆

水泥浆（Cement Slurry）是指由套管注入，由井壁与套管或者套管与套管的环空上返至一定高度，随后变成水泥石将井壁与套管固结在一起的作业中使用的工作流体。

水泥浆密度对封隔过程以及封隔效果影响很大。高压储层固井，使用高密度水泥浆，避免固井时井喷；低压储层固井，使用较低密度的水泥浆，防止水泥浆漏入地层。水泥浆密度应符合设计要求，有较好的流动性和适宜的初始黏度，具有失水量低、低储层伤害等性能，水泥浆还必须能有效地置换环空内的钻井流体以及固化后有较高的水泥石强度。

### 3.3.5 水泥浆顶替流体

水泥浆顶替流体（Cement Slurry Displacement Fluids）是用于顶替固井用水泥浆的钻井流体。钻井过程中完井阶段，固井作业者要求调整钻井流体性能，以满足固井需要，主要是调整钻井流体的顶替能力。

不考虑机泵条件的前提下，增加水泥浆与钻井流体的密度差、增加水泥浆的稠度系数或钻井流体的流性指数、增加水泥浆的塑性黏度、增大水泥浆或钻井流体的动切力，都有利于提高顶替效率；反之，增加水泥浆的流性指数或钻井流体的稠度系数，或增加钻井流体的塑性黏度，会使水泥浆的顶替效率降低。

### 3.3.6 砾石充填流体

砾石充填流体（Rock Packing Fluids），在砾石填充作业中，用来携带砾石或砂砾片运送到井下预定位置的工作流体。

砾石充填是利用特定性能的携砂液，携带加工好的砾石，充填到筛套环空中，依靠绕丝筛管的阻挡，使流体通过筛管进入冲管，返出井口。砾石被阻挡在筛套环空内，形成一定厚度、高空隙、高渗透的砾石层，防止地层砂在生产过程中进入油井。砾石充填流体要求携砂能力强、固相颗粒少以及减少液相侵入伤害储层。

### 3.3.7 钻塞流体

钻塞流体（Drilling Plug Fluids）是指用于钻穿留在套管或井眼内凝固水泥塞、桥塞等井下不需要物体的流体。

钻塞流体携带能力差，钻磨碎屑难以返出井口，易出现憋泵、卡钻。钻塞流体应具有良好的碎屑携带和悬浮能力，以便清洗水平段/造斜段碎屑，预防下钻遇阻或卡钻。

### 3.3.8 射孔流体

射孔流体（Perforating Fluids）是指套管完井射孔前井筒内流体，控制射孔时地层与井内液柱压差，防止射孔时井喷、堵塞、储层伤害等。

射孔流体必须与储层兼容性好，固相含量少，固相颗粒小，高温性能稳定，失水量小，成本低，配制方便。通常，射孔流体按照地层孔隙压力，确定合适的密度，然后用无机盐配

— 31 —

制。无机盐包括氯化钠、氯化镁、氯化钙等；也可用烃基钻井流体作为射孔流体。

### 3.3.9 试井流体

试井流体（Well Test Fluids）是指用于确定油气井生产能力、研究储层参数及储层动态的流体，称为压井流体。

油气井试井过程中，控制生产层地层压力，防止井喷。泵入井内的流体，密度根据油藏压力和深度选择，一般为无固相流体。试井时针对可能出现井漏、井塌等问题，要求试井流体具有良好的抑制防塌性能、良好的稳定性、一定的悬浮能力以防井内掉块、沉砂掩埋测试管具和储层伤害控制能力。

### 3.3.10 破胶流体

破胶流体（Gel Breaking Fluids）是完井作业后期解除聚合物堵塞储层近井地带的流体。完井作业后期，采用破胶技术解除井壁上的滤饼，疏通油气流动通道。

聚合物分子团在岩心孔隙中的吸附和滞留可能会造成储层伤害，要求破胶流体能快速破胶，储层伤害程度低，与储层流体兼容性好。

### 3.3.11 套管封隔流体

套管封隔流体（Casing Packer Fluids）是指置于油管和套管环空内封隔器以上内的流体。根据连续相主要组分，套管封隔流体分为水基、油基和气基。气基套管封隔流体和油基套管封隔流体的应用较少，水基套管封隔流体应用较多。

套管封隔流体利用静水柱压力来减少地层与套管之间及封隔器上下压差，保护套管，保证封隔器密封，防止气井生成水合物。要求封隔流体中的成分不降解，无腐蚀性。

### 3.3.12 储层伤害解堵流体

储层伤害解堵流体（Formation Damage Removing Fluids）是用来清洗储层，解除堵塞控制储层伤害的流体。

钻井流体长时间浸泡储层、油层内部微粒运移以及注入水中杂质都会造成储层堵塞，降低储层渗透率，降低油气井产量。因此，需要针对不同堵塞类型，使用相应解堵流体，恢复地层渗透率。

### 3.3.13 修井流体

修井流体（Workover Fluids）是指在油气井投产以后，为恢复、保持和提高油气井产能作业所使用的工作流体。

修井流体用于井下设备修理、维护和重新完井，控制井下压力。修井流体应具备低固相或接近无固相、适当密度，控制储层伤害，清洁井眼，悬浮固相，控制失水，性能稳定等特性。大多为清水和地层水，特殊储层按照需要加入聚合物或功能性处理剂。

### 3.3.14 钻井废弃物处理流体

钻井废弃物处理流体（Drilling Waste Management Additives）是指用于处理废弃钻井流体时，所使用的非钻井用的处理剂或者材料配制而成的流体，确保钻井废弃物指标满足法律、法规和标准要求。

根据不同处理方式，可以使用固化处理所用的处理剂如水泥、膨润土等，分离废弃钻井流体还用到絮凝剂、沉降剂等。

## 3.4 按钻井作业需求分类

按作业对象对钻井流体的特殊要求，钻井流体可以分为溢流/井喷压井钻井流体、防卡解卡钻井流体等18类。

按照作业的需求分类方法普遍得到认可。但是，从钻井流体研究的角度，可能存在诸多交叉，特别是不适于研究钻井流体的组分和体系相关的科学问题。

### 3.4.1 溢流/井喷压井钻井流体

溢流/井喷压井钻井流体（Killing Well Drilling Fluids）是指溢流或者井喷发生后调整钻井流体密度平衡地层压力的钻井流体。

通常，在溢流或者井喷发生后，通过调节钻井流体密度，使井筒内静液柱压力大于或等于地层压力，防止地层流体进入井筒，造成更为严重的溢流井喷事故。在保证钻井流体密度较高的同时，还应具有良好的流变性能，防止沉砂卡钻。

### 3.4.2 防卡解卡钻井流体

防卡解卡钻井流体（Control Drill Pipe Sticking Drilling Fluids）是指用于防止或解除钻具在井内不能自由活动的钻井流体。

卡钻类型很多，根据卡钻类型，选择相应防卡解卡钻井流体。一般需要低固相钻井流体、适当的膨润土含量、良好的流变性、失水护壁性以及性能稳定。

### 3.4.3 打捞落物钻井流体

打捞落物钻井流体（Fishing Objects Fluids）是指用于打捞落入井内有形物体的钻井流体。

井下落物包括小件类井下落物、井下工具、不规则管类、杆类落物（如柱塞、拉杆、加重杆、油管及筛管）等。应及时清除井下落物，防止井下难题事故。使用具有冲洗井底沉砂能力的打捞落物钻井流体更能提高打捞效率。降低打捞落物钻井流体中的固相含量，可减少作业事故的诱发事故，减少套管磨损。

### 3.4.4 水平井钻井流体

水平井钻井流体（Horizontal Well Drilling Fluids）是指用于完成水平井的钻井流体。

为解决水平井钻井过程中的井壁失稳、摩阻和岩屑床等难题，水平井钻井流体应有良好的润滑性、较强的携岩能力以及优良的抑制性能。

### 3.4.5 深水钻井流体

深水钻井流体（Deep Water Drilling Fluids）是指用于海上作业地区钻井的水深超过900m的钻井流体。

深水钻井海底岩石稳定性差、钻井流体用量大、井眼清洗困难、安全密度窗口窄等。钻井流体应具有良好的低温高温性能差别不太大的特点，能够有效地抑制气体水合物，能有效稳定弱胶结地层防止浅层流危害，具有良好的悬浮和清除钻屑能力，保护海洋环境保护。

## 3.4.6 欠平衡钻井流体

欠平衡钻井流体（Underbalanced Drilling Fluids）是指用于钻井时井底压力小于地层压力控制地层流体进入井筒并且循环至地面的钻井流体。

欠平衡钻井流体可降低液柱压力，提高机械钻速，延长钻头使用寿命，控制储层伤害，安全钻穿易漏地层。

## 3.4.7 控压钻井流体

控压钻井流体（Pressure Controlled Drilling Fluids），是指用于精确控制整个井眼的环空压力，确定井底压力范围，控制环空压力的钻井流体。

控压钻井技术起于陆地，对海洋钻井的重视促进了控压钻井技术的快速发展。控压钻井流体，根据地层控压所需要的性能确定。一般调整钻井流体的密度和流变性能满足控压钻井作业要求。

## 3.4.8 小井眼钻井流体

小井眼钻井流体（Slim Hole Drilling Fluids）是指钻90%井眼直径小于7in或70%井眼直径小于6in的钻孔所用的钻井流体。

小井眼钻井环空间隙小，压耗大，易塌易漏。小井眼钻井流体要求固相含量低，润滑性能好，剪切稀释性、流动性、抑制性、护壁性、防塌、悬浮携带能力强。

## 3.4.9 大井眼钻井流体

大井眼钻井流体（Large Hole Drilling Fluids）是指钻直径为310mm及以大尺寸钻孔所用的钻井流体。

大井眼钻井井壁易水化分散造成钻井流体流变性变差，岩屑易黏附在井壁上引起缩径，井壁稳定困难。要求大井眼钻井流体有较好的悬浮携带固相、稳定井壁等性能。

## 3.4.10 套管钻井流体

套管钻井流体（Casing Drilling Fluids）是指用套管代替钻杆对钻头施加扭矩和钻压，实现钻头旋转钻进的钻井流体。

套管钻井作业时，环空间隙小，当量循环密度大，容易导致地层破裂、压差卡钻等。要求套管钻井流体固相含量低、抑制性能好、悬浮稳定性好。

## 3.4.11 连续管钻井流体

连续管钻井流体（Coiled Tubing Drilling Fluids）是用连续管完成钻孔的钻井流体。

使用连续管钻井流体可安全地实施欠平衡和小井眼钻井，确保井下始终处于欠平衡状态，减少钻井流体漏失，控制储层伤害，要求钻井流体固相含量低，携岩性能好。

## 3.4.12 提速钻井流体

提速钻井流体（Accelerate Drilling Fluids）是指加入提高机械钻速处理剂的钻井流体。

不改变钻井水力参数、钻具结构和不影响钻井流体应具有的携屑、悬浮和稳定井壁性能，加入处理剂减小压持效应、提高岩石可钻性、增强井壁稳定性、减小环空压力降、增大钻头水马力等，大幅度提高机械钻速。

## 3.4.13 大位移井钻井流体

大位移井钻井流体（Extended Reach Well Drilling Fluids）是指大位移井钻孔所用的钻井流体。

由于井斜较大，裸眼井段长，大位移井井壁更易垮塌失稳，海上大位移井作业还存在着污染环境问题。需要大位移井钻井流体具有良好的流变性能、润滑性能、稳定井壁性能，控制钻井流体固相含量以及良好的环境友好性能。

## 3.4.14 科学探索钻井流体

科学探索钻井是根据物探资料，依据地质设计的钻孔。为弄清地质构造，发现储层，落实油气储量参数的钻孔，称为科学探索钻井。用于此类钻井的循环介质称为科学探索钻井流体（Scientific Exploration Drilling Fluids）。科学探索钻井流体必须具备控制储层伤害性能。

## 3.4.15 气基钻井完井流体

气基钻井完井流体（Gas Based Drilling and Completion Fluids），是指气体钻井完成钻孔后，用于完成完井作业的钻井流体。

气基钻完井流体要求能够最大限度避免井壁吸附外来大量流体造成井壁失稳，如坍塌、缩径等。要求完井流体具有较低的失水量和良好的护壁能力。

## 3.4.16 取心钻井流体

为获取不受钻井流体伤害的岩心，获得较为准确的储层原始含油饱和度资料，合理制订油田开发方案，实施钻井，此类钻孔称为取心钻井。取心钻井所用的钻井流体称为取心钻井流体（Coring Drilling Fluids）。

要求取心钻井流体失水量低，性能稳定，流动性和润滑性好。取心过程中地层不发生吸水膨胀或剥落，也不易断裂或磨损，保证取出的岩心规矩、完整、成柱性好、收获率高。

## 3.4.17 反循环钻井流体

钻井流体从井眼环空流入，经钻头、钻具内孔返出的钻井方式称为反循环钻井。用于反循环钻井的流体称为反循环钻井流体（Reverse Circulation Drilling Fluids），可进一步分为气举反循环、空气反循环、泵吸反循环等。

反循环钻井技术减少地层漏失，控制储层伤害，岩样清晰。钻井流体要密度可调，控制储层伤害，抑制性好。

### 3.4.18 环境友好钻井流体

环境友好钻井流体（Environmental Friendly Drilling Fluids）是既满足工程需求，又具有环境友好性能的钻井流体。

环境要求钻井流体抑制性好、流变性好、固相含量低、毒性小、能生物降解等。环境友好流体由无毒无污染的无机盐和可降解的天然高分子材料或其改性产品为处理剂组成。

## 思考题

1. 如何理解基液、基浆和某基钻井流体？
2. 简述主要处理剂在连续相中呈分散状态的钻井流体类型。
3. 按应用地层特性分类的钻井流体主要有哪些类型？
4. 钻井作业过程中应用的钻井流体有哪些？
5. 论述按钻井作业需求分类的钻井流体类型的发展趋势。

# 4 钻井流体组分

钻井流体组分（Drilling Fluids Composition），是指配制、维护或者处理钻井流体使用的物质，是钻井流体处理剂的总称。处理剂是用于实现钻井流体性能的物质（Additives）。

组分是钻井流体的基础。没有性能优良的组分，就不可能有性能优良的体系。没有性能优良的体系，也难以预防井下难题和解决井下难题。

实现基本功能的组分，可以认为是基础组分（Based Additives）。一般来说，钻井流体最基本的功能是清洁井眼。因此，清洁井眼所需要的处理剂就是基础的组分，即增黏剂。增黏剂通过悬浮和携带岩屑，实现清洁井眼。因此，构建钻井流体时，首先选择合适的增黏剂，在满足悬浮、携带的前提下，通过添加其他处理剂实现其他性能。最简单、最便宜的增黏剂是钻井流体用黏土。当然，如果钻井流体的基本目标是提高抑制性，抑制剂就是构建钻井流体时最基本的处理剂。如抑制剂准备用氯化钾，氯化钾就是基础处理剂。

钻井流体类型不同，组分不同。水基钻井流体、烃基钻井流体以及气基钻井流体，所需要的组分也不同。根本原因是组分在不同的连续相中的作用机理不同。这就促使许多学者定义钻井流体处理剂，以方便研究作用机理。

钻井流体是用不同功能的处理剂配制而成。钻井流体处理剂的效能、质量，代表着钻井流体发展水平。随着配制钻井流体的材料和处理剂种类不断地增加，促进钻井流体不断更新。据不完全统计，世界上处理剂种类不少于3000种。

钻井流体组分的分类方法有多种。最常用的分类方法有按组分功能分类和按组分主要成分分类。按组分功能可分为36类，使用者按功能采购，适应性较强，多为钻井流体公司及生产厂家所采用。按组分主要成分可分为19类，掌握其主要组分和性质容易，一般常为钻井流体研制单位和专业技术人员所使用。按组分的物理化学性质分为4类，按组分的耐温能力分为5类。

但是，分类的界限越来越不明显，如有机盐类的加重材料，溶于水形成无固相高密度溶液，还具有抑制性，很难说是原材料或者处理剂。用于配制、维护和处理钻井流体的任何材料，都是钻井流体的组分，即处理剂。组分应该是多种多样的。此定义从某一角度看十分合适的，但是，不能囊括所有的组分，而且有些处理剂作用机理不一致，不宜分成一类。

钻井流体的组分尽管很多，但是，以材料的物理化学性质为依据，制造生产处理剂的方式归结起来只有三类，即化学合成法、物质复配法和粉碎筛分法。

## 4.1 按功能分类

依据组分功能，钻井流体处理剂可分为36类。分类利于组分作用规律研究，也利于现场简单直接地选择处理剂。但是，这种分类方法不利于研究者根据组分评价和改进处理剂。同样，也会给选择带来兼容性问题。

(1) 碱度控制剂（Alkalinity Control Agent），主要用于控制钻井流体酸度或碱度，即碱度或者 pH 值控制剂。通过提供某种离子控制钻井流体中水相 pH 值。钻井流体的 pH 值一般控制在弱碱性（8.0~11.0）。维持钻井流体碱性的无机离子主要来源于氢氧根离子、碳酸根离子、碳酸氢根离子等。常用的碱度控制剂有石灰、氢氧化钠、碳酸钠和碳酸氢钠，也有其他普通酸、碱或者有机处理剂。

（2）杀菌剂（Bactericide），用于防止钻井流体用淀粉、生物聚合物等多糖类聚合物及其衍生物被细菌降解。常用的杀菌剂有季铵盐类和醛类。

（3）除硫剂（Sulfur Remover），主要用于清除钻井流体中的硫化氢。常用的除硫剂有微孔碱式碳酸锌和氧化铁。

（4）除氧剂（Deoxidizer），主要用于除去钻井流体中的溶解氧，防止钻具腐蚀。常用的除氧剂有亚硫酸铵、亚硫酸钠等。

（5）高温稳定剂（High Temperature Stabilizer），主要用于稳定钻井流体在高温条件下的流变性能和失水性能，又称温度稳定剂。高温稳定剂可以提高钻井流体体系和聚合物处理剂的热稳定性，还可用作防腐剂。常用的稳定剂有磺化酚醛树脂及其改性物、铬酸盐类、磺化褐煤改性物、有机磺化聚合物类、含巯基的杂环化合物类以及能防止有机物在温度升高时发生氧化降解还原剂等。

（6）缓蚀剂（Corrosion Inhibitor），主要用于延缓钻具和套管等腐蚀。常用的缓蚀剂主要有含氮、硫的有机物和亚硝酸盐、铬酸盐、磷酸盐等含氧酸盐。

（7）除钙剂（Calcium Remover），主要用于清除钻井流体中的钙离子，满足钻井流体中处理剂发挥作用或者钻井流体恢复性能的要求。碳酸钠和碳酸氢钠等溶液碳酸根离子除钙剂简单易得，常用于钻井流体清除钙离子。

（8）水合物抑制剂（Hydrate Inhibitor），主要用于深水、寒冷水域、隔水导管等环境中阻止或抑制水合物生成。常用的水合物抑制剂有醇类、无机电解质、表面活性剂类和聚合物类等。

（9）盐析抑制剂（Salting Out Inhibitor），也称盐重结晶抑制剂，主要用于防止饱和盐水钻井流体中溶解于水的盐析出。常用的盐析抑制剂有亚铁氰化钾、氯化镉或有机表面剂的复配物。

（10）包被剂（Coating Agent），是指通过包裹劣质黏土抑制黏土颗粒分散的钻井流体处理剂。多数包被剂是非离子或者两性离子有机聚合物。

（11）絮凝剂（Flocculant），主要用于絮凝钻井流体中的有害固相。常用的絮凝剂是相对分子量较高的聚丙烯酰胺或者其衍生物。

（12）页岩抑制剂（Shale Inhibitor），用于减少泥页岩水化，抑制页岩水化。常用的页岩抑制剂有无机盐、有机盐和一些相对分子质量小阳离子表面活性剂、聚合物等。

（13）封堵防塌剂（Anti Sealaplugging Agent），用于封堵地层孔隙、裂缝，控制钻井流体失水过多引起水化分散膨胀造成井壁失稳的处理剂。常用的封堵防塌剂有沥青、石蜡等。

（14）解絮凝剂（Deflocculant），是指通过解除钻井流体中黏土的絮凝状态降低钻井流体黏度的处理剂。常用的解絮凝剂有磺化栲胶、单宁、部分分子量较低的乙烯基单元聚合物等。

（15）增黏剂（Viscositifier），是用来提高钻井流体黏度的处理剂。常用的增黏剂有配浆土、高黏钠羧甲基纤维素等。

（16）提切剂（Structural Viscosity Improver），是用来提高钻井流体胶体结构强度的处理剂。膨润土和黄原胶是目前较理想的处理剂。

（17）降黏剂（Viscosity Reducer），主要用于降低钻井流体黏度。常用的降黏剂主要有天然改性材料（如木质素、单宁等）和有机合成材料（如两性离子聚合物、有机膦等）。

（18）交联剂（Crosslinking Agent），主要用于聚合物类堵漏材料，促使高聚物形成高黏度凝胶体。常用的交联剂主要有两性含氧酸盐（如硼酸盐）、无机酸的两性金属盐（如硫酸铝）、无机酸酯（如双三乙醇胺双异丙基钛酸酯）和醛类（如乙二醛）等。

（19）固化剂（Curing Agent），主要用于固化废弃钻井流体。固化剂主要是一些无机盐类和胶凝类材料如水泥。

（20）破胶剂（Gel Breaker），主要用于氧化高分子钻井流体或者解除交联剂功能，协助钻井流体从地层中返排。常用的破胶剂有过硫酸铵、过氧化氢等。

（21）降失水剂（Fluid Loss Additive），用于降低钻井流体失水量。常用的降失水剂是人工合成或者改性的（如磺甲基酚醛树脂、预胶化淀粉等），或为天然物质（如超细碳酸钙、天然沥青等）。

（22）堵漏剂（Plugging Agent），用于封堵漏失层、阻止钻井流体向地层漏失。常用的堵漏剂有刚性材料如粒状、片状、纤维状等，还有柔性如溶胀聚合物、交联聚合物等。

（23）泡沫剂（Foamer），能够降低钻井流体的表面张力，并能包裹气体形成泡沫。常用的泡沫剂有醚类（如聚氧乙烯辛基酚醚、辛基酚聚氧乙烯醚等）及阴离子表面活性剂（如十二烷基苯磺酸钠、十二烷基硫酸钠等）。

（24）乳化剂（Emulsifier），用于使两种互不相溶的流体成为具有一定稳定性的新体系。常用的乳化剂有烷基苯磺酸钠盐、失水山梨醇脂肪酸酯、聚氧乙烯山梨醇酐单硬脂酸酯、山梨酸酯等。

（25）消泡剂（Defoamer），用于消除或削减钻井流体中不需要的泡沫。常用的消泡剂有醇类、有机硅油、脂肪酸衍生物等。

（26）增溶剂（Solubilizer），主要用于提高钻井流体的溶解能力。增溶剂有聚山梨酯类、聚氧乙烯脂肪酸酯类等具有增溶作用的表面活性剂。

（27）润湿反转剂（Wetting Reversal Agent）是用来改变固体与液体表面润湿性的处理剂。常用的润湿反转剂主要是阴离子表面活性剂或阳离子表面活性剂。

（28）防泥包剂（Cleaning Agent），也称钻井流体用清洁剂，是用于防止钻具泥包的处理剂。常用的清洁剂主要是阴离子表面活性剂。

（29）润滑剂（Lubricant），用于降低钻井流体摩阻、增强润滑性。常用的润滑剂有液体润滑剂（如植物油）、固体润滑剂（如玻璃微珠）等。

（30）解卡剂（Pipe Freeing Agents），主要用于解除井下发生的黏附卡钻。解卡剂通常是清洁剂、脂肪酸盐、油、表面活性剂和其他化工产品的复配物。

（31）防水锁剂（Waterproof Locking Agent），通过增大液相与岩石表面的接触角，降低滞留液面界面张力，加快排液速率来解决储层水锁伤害。常用的防水锁剂主要是表面活性剂和低级醇。

（32）示踪剂（Tracer），主要用于跟踪漏失地层或测定迟到时间。常用的示踪剂有同位素、显示光的高分子化合物等。

（33）荧光消除剂（Fluorescent Eliminator），主要用于消除钻井流体中的荧光。常用的荧光消除剂主要有阳离子型聚酰胺二羟基酸和漂白剂等。

(34) 分散剂（Dispersant），用于分散在连续相中不易分散的物质，促进溶解或者分散均匀。常用的分散剂主要有无机类分散剂（如有聚磷酸盐）、有机类分散剂（如烷基芳基磷酸盐、三甲基硬脂酰胺氯化物、聚氧乙烯烷基酚基醚）、高分子类分散剂（如聚羧酸盐等阴离子、阳离子及非离子物质）。

(35) 加重剂（Weighting Agent），用于调整钻井流体密度。常用的加重剂有惰性材料（如重晶石粉、铁矿粉）、活性材料（如无机盐、有机盐）等。同样，还有减轻钻井流体密度的减轻剂（如空心玻璃微珠）。因此，加重剂确切的名称为密度调节剂。

(36) 提速剂（Rapid Drilling Agent），也称为增速剂、快速钻井剂。通过改善钻井流体的抑制性、润滑性和流变性，提高钻井速度。一般由表面活性剂、胺类化学剂复配形成。

## 4.2 按主要成分分类

按照组分的主要成分，钻井流体组分可分为 20 类，并进一步细分若干小类。这种分类方法明确了钻井流体的处理剂组分，便于研究和优化钻井流体处理剂；但对于大多数使用者而言，根据钻井流体需要的功能，选择处理剂即可，知道处理剂组分选择时反而增加了约束条件，不利于快速选择。

(1) 配浆土类（Clay for Drilling Fluid），用于配制含有黏土的钻井流体，提高钻井流体切力，形成滤饼。常见的处理剂有有机土、钠基土、钙基土、改性土、抗盐土、增效土、凹凸棒石、海泡石等。

(2) 腐殖酸盐类（Humic Acid Salts），用于钻井流体降黏剂、降失水剂、高温稳定剂和防塌剂等生产。常见的处理剂有腐殖酸钠、硝化腐殖酸钠、磺化腐殖酸钠、硝化腐殖酸钾、磺化腐殖酸钾、硝化磺化腐殖酸钾、腐殖酸铁钾、腐殖酸铁、聚合腐殖酸、褐煤、磺甲基褐煤、铬褐煤、腐殖酸酰胺等。

(3) 沥青类（Asphalt），主要用于封堵地层微裂缝、防止剥落性页岩坍塌、抑制页岩水化，作为水基钻井流体的防塌剂、页岩抑制剂和降失水剂等。常见的处理剂有沥青、氧化沥青、磺化沥青、磺化妥尔油沥青、乳化沥青。

(4) 聚丙烯酰胺类（Polyacrylamide），主要起絮凝作用外，还兼有抑制、润滑减阻、交联堵漏、剪切稀释等作用，用于水基钻井流体。常见的处理剂有部分水解聚丙烯酰胺钙盐、部分水解聚丙烯酰胺铵盐、部分水解聚丙烯酰胺钠盐、部分水解聚丙烯酰胺钾盐、聚丙烯酸钠、磺化聚丙烯酰胺、聚丙烯酰胺等。

(5) 丙烯腈盐类（Acrylonitrile Salt），用作降失水剂、降黏剂等生产，常见的处理剂有水解聚丙烯腈钙盐、水解聚丙烯腈铵盐、水解聚丙烯腈钠盐、水解聚丙烯腈钾盐等。

(6) 淀粉类（Starch），用于钻井流体增黏、降失水。常见的处理剂有预胶化淀粉、糊化淀粉、羧甲基淀粉、羟乙基淀粉等。

(7) 纤维素类（Cellulose），用于钻井流体增黏、降失水。常见的处理剂有羧甲基纤维素钠盐、聚阴离子纤维素、羟乙基纤维素等。

(8) 木质素类（Lignin），用于制备高温高压降失水剂、抑制剂、分散剂、高温缓凝剂等。常见的处理剂有磺化木质素、木质素磺酸钠、木质素磺酸钙、木质素磺酸铁、木质素磺酸铬、铁铬木质素磺酸盐等。

(9) 酚/脲醛树脂类（Phenol/Urea Formaldehyde Resin），用于抑泡、降黏。常见的处理

剂有磺甲基酚醛树脂、磺化木质素酚醛树脂共聚物、脲醛树脂等。

（10）动/植物油类（Animal/Vegetable Oil），用于润滑。常见的处理剂有油酸、硬脂酸、油酸酰胺、硬脂酸酰胺、硬脂酸锌等。

（11）植物胶类（Vegetable Gum），用于增加黏度提高切力。常见的处理剂有田菁粉、瓜尔胶、植物蛋白等。

（12）醇类（Alcohol），主要用于页岩抑制剂、润滑剂、降失水剂、乳化剂、消泡剂、表面活性剂等生产。常见的处理剂有聚乙烯醇、聚乙二醇、聚醚等。

（13）有机硅类（Organosilicon），可用于抑制剂、稳定剂生产，还可用于润滑剂生产。常见的处理剂有烷基硅、腐殖酸硅等。

（14）可溶性盐类（Soluble Salt），包括无机盐类和有机盐类。无机盐类（Inorganic Salt），用于抑制剂、降黏剂等生产。常见的处理剂有氯化物、硫酸盐、碱、碳酸盐、磷酸盐、硅酸盐和重铬酸盐等。有机盐（Organic Salt）用于加重剂和抑制剂生产。常见的处理剂有甲酸钾、甲酸钠、甲酸铯、氯乙酸钠等。

（15）单宁类（Tannin），用于降黏剂、降失水剂生产。常见的处理剂有单宁酸钠、磺甲基单宁、磺甲基栲胶等。

（16）碱类（Alkali），用于碱度控制剂或 pH 值控制剂生产。常见的处理剂有氢氧化钠、氢氧化钾、碳酸钠、碳酸氢钠、氧化钙等。

（17）矿石粉类（Ore Powder），用于加重剂生产。常见的处理剂有重晶石粉、活化重晶石粉、石灰石粉、磁铁矿粉、赤铁矿粉、黄铁矿粉、钛铁矿粉、菱铁矿粉等。

（18）矿物油类（Mineral Oil），用于润滑剂、连续相等生产。常见的处理剂有原油、磺化妥尔油沥青、乳化沥青、柴油、白油、石蜡等。

（19）醚类（Ether），主要用于页岩抑制剂生产，同时可用于润滑剂、降失水剂、乳化剂、消泡剂、表面活性剂等生产。常见的处理剂有淀粉醚、聚醚等。

（20）混合矿物类，以混合金属氢氧化合物类（Mixed Metal Oxyhydrogen Compound）居多，用于页岩抑制剂、稳定井壁和保护油气的处理剂生产。常见的处理剂有正电胶、混合盐加重剂等。

## 4.3 按物理化学性质分类

按组分的物理化学性质，将钻井流体的组分分为 4 类，即原生材料、无机处理剂、有机处理剂和表面活性剂等。

这种分类方法的优点是与平时物质的分类相当，便于记忆和选择、研究，特别是加工、运输和储藏；缺点是类别太大，无法根据需要的物质特点，有针对性地寻找材料。

（1）原生材料（Material），是指用于钻井流体的组分基本上不需要改变其化学性质，或仅需要改变其物理性质的物质。这类钻井流体组分一般用量较大，如水、油、气等连续相以及膨润土、重晶石和碳酸钙等基础材料。原生材料一般对密度影响较大。

（2）无机处理剂（Inorganic Additives），是指钻井流体处理剂为无机盐类，如氯化物、硫酸盐、碱、碳酸盐、磷酸盐、硅酸盐和重铬酸盐以及混层金属氢氧化物等。无机处理剂的用量相对而言也比较大。

（3）有机处理剂（Organic Additives），是指用作钻井流体的处理剂为有机物类，如自然界天然产品及天然改性产品、有机合成化合物。一般用量相对较少,但不绝对,如有机盐用于提高钻井流体密度,用量比较大。一般对流变性和失水护壁性影响较大。

(4) 表面活性剂(Surfactant)是指在钻井流体中用于乳化、发泡和缓蚀等起辅助作用的处理剂,如阴离子表面活性剂、阳离子表面活性剂、两性表面活性剂、非离子型表面活性剂。

## 4.4 按耐温能力分类

依据钻井流体组分耐温能力,钻井流体组分分为低温、中温、中高温、高温和超高温5类。

这种分类是以井深每增加1000m、钻井流体处理剂的耐温能力增加30℃来确定的,与关于深井、超深井的界定相对应。由于不同地区的地温梯度不同,所需要的温度有一定差距,从这个角度上看,这类分法仍然是个相对量化的分类方法。

(1) 低温钻井流体处理剂(Low Temperature Drilling Fluids Additive),是指钻井流体处理剂在低于120℃条件下,不需要加入温度稳定剂即可实现所需性能稳定的钻井流体处理剂。非天然物直接应用的处理剂,基本都能达到这一温度。

(2) 中温钻井流体处理剂(Medium Temperature Drilling Fluids Additive),是指钻井流体在121~150℃条件下,所需性能稳定的钻井流体处理剂。

(3) 中高温钻井流体处理剂(Medium high Temperature Drilling Fluids Additive),是指钻井流体在151~180℃条件下,所需性能稳定的钻井流体处理剂。

(4) 高温钻井流体处理剂(High Temperature Drilling Fluids Additive),是指钻井流体在181~200℃条件下,所需各种性能稳定的钻井流体处理剂。

(5) 超高温钻井流体处理剂(Ultra High Temperature Drilling Fluids Additive),是指钻井流体在200℃以上条件下,所需各种性能稳定的钻井流体处理剂。

### 思考题

1. 什么是钻井流体组分?什么是处理剂?
2. 概述钻井流体组分不同的分类方法及组分的种类。
3. 简述钻井流体种类繁多的原因。

# 5 钻井流体选择

钻井行业把钻井流体比作为钻井工程的血液，可见钻井流体在钻井工程中作用的重要程度。针对地质和工程需要，选择适合的钻井流体，是保证完成钻井任务、达到钻井目的的基础。

钻井流体发挥需要的功能同时，也会带来一些负面影响。需要采取有力措施，强化需求功能，弱化不需要的功能。使用之前，针对不同的地层特点、工程要求和环境限制，选择适合的钻井流体，制订合理的钻井流体应用方案，是十分必要的。选择钻井流体时，不一定选择最贵的、最热门的钻井流体完成，适合的就是最好的。可以说，没有万能的钻井流体，只有不适合的钻井流体。

【思政内容：两害相形，则取其轻；两利相形，则取其重】

> 《墨子·大取》指出：断指以存腕，利之中取大，害之中取小也。
> 这句话的意思是说，比较两件有害的事情，选择害处小的去做；比较两件有利的事情，选择利益大的去做。
> 工作、生活中，只有懂得选择，才能处于优势地位。

## 5.1 钻井流体的功能

钻井流体的功能（Drilling Fluids Function），也称钻井流体的作用，也有人称钻井流体的用途，是指钻井流体能够满足钻井工程某种需求的特性。功能或者作用是性能作用的结果，一般不能定量，但性能可以定量。实际工作中，应该从工程需要、地质许可、环境接受和成本合理等方面描述钻井流体必须具备的功能，以实现安全、快速、优质、环保、高效的钻井目的。

钻井流体在钻井工程过程中发挥的作用，可能是积极的、正面的，也可能是消极的、负面的。也就是说，钻井流体有利于钻井工程的同时，也有可能造成一些不利影响。积极作用是必须具备的且需要加强的，消极作用是无法避免但需要控制的。钻井流体的功能通过钻井流体的性能来实现。钻井流体的性能未必和钻井流体的功能一一对应。

例如，钻井流体控制压力性能，与平衡井下压力、稳定井壁等功能有直接关系，还与悬浮功能、减轻井下钻具、储层伤害等诸多功能直接相关；钻井流体的流变性，与悬浮固相、携带固相、传递水动力和协助其他作业环节有直接关系，还与稳定井壁、封堵地层等诸多功能间接相关；钻井流体的失水护壁性，与稳定井壁、储层伤害、封堵地层等功能有直接关系，还与润滑钻具、润湿地层和钻具等诸多功能相关；钻井流体的酸碱度、矿化度，与钻井工程稳定井壁、污染环境等许多功能有直接关系，还是其他性能的基础。选择钻井流体时，还要考虑处理剂间的协同作用，为实现钻井流体功能寻找最合理的性能。

### 5.1.1 钻井流体有益功能

钻井流体的有益功能（Beneficial Function）即钻井流体的积极作用，是指钻井流体所特有的，能够在钻井过程中表现出有利于钻井工程目的的能力。钻井流体的主要功能有14项，包括悬浮固相、携带固相、平衡井下压力、稳定井壁、冷却地层和工具、传递水动力、反馈井下信息、润滑工具和地层、润湿工具和地层、减轻工具重量、封堵地层、兼容外来物质、保护套管和封隔器以及协助完成其他钻井作业。当然，随着科学技术发展，还会有新的种类发现因而增加功能，或者种类合并因而减少功能。

#### 5.1.1.1 悬浮固相

悬浮固相（Suspended Cuttings）是钻井流体首要和最基本的功能，也是顿钻钻井最初应用钻井流体的目的。钻井过程中，接单根、起下钻或因故停止作业，钻井流体停止流动，需要钻井流体将井内钻屑、岩屑和磨屑等无用固相和为改善钻井流体性能所使用的加重材料、膨润土等有用固相，稳定在井筒某一位置，防止沉降掩埋钻具。

#### 5.1.1.2 携带固相

携带固相（Carrying Cuttings）是钻井流体最基本的功能。钻进过程中，钻井流体通过循环，将钻头切削下来的钻屑运至地面，保持井眼清洁、起下钻畅通，保证钻头在井底始终接触，破碎新地层，不造成重复切削，实现快速钻进。同样的道理，钻井过程中如处理井下落鱼、开窗磨铣、完井等作业，钻头或者磨鞋磨铣的金属、水泥等碎屑、磨屑等无用固相也需要钻井流体清洗出井眼。

还有，需要清洗无法避免的固相，如地层由于应力释放造成的掉块、处理剂中一些不溶的杂质等。当然，钻井流体还应该能够彻底冲洗和驱替井筒中水泥浆或架桥材料这些人为加入的固相。

#### 5.1.1.3 平衡井下压力

平衡井下压力（Balance Downhole Pressure）是指钻井过程中需要不断加入加重材料和减轻材料，调节钻井流体密度，使液柱压力尽可能与地层压力相当，平衡地层流体压力，防止井喷和井漏。平衡破裂压力和坍塌压力防止井漏和井塌。平衡地层漏失压力，防止地层漏失。

如果钻井流体密度无法调低到能够平衡地层压力，或者不能低于破裂压力，需要添加提高地层承压能力的处理剂或材料来处理。也可以先封堵地层保证不发生漏失或者破裂，再调整钻井流体密度，保证钻井过程中不发生溢流或者井喷。

#### 5.1.1.4 稳定井壁

稳定井壁（Borehole Stability）有稳定井眼维持井壁不坍塌或者减少掉块，保持井壁不产生新的裂缝防止漏失两层含义。即井塌和井漏都是属于井壁失稳。

钻井流体首先满足地层稳定所需力，即调整钻井流体密度满足井壁的基础上，结合液相失水作用和化学抑制能力，在井壁上形成薄而韧的滤饼，或者进入地层内部黏接地层，稳固已钻开的地层并阻止液相侵入地层，减弱泥页岩水化膨胀和分散程度，实现钻井顺利。

同时，钻井流体在井壁上形成光滑且薄、韧的滤饼或者其他有效的封堵材料，封堵可能张开或者产生的裂缝，提高抵抗钻井流体的冲击力，防止钻井流体形成新的流动通道，漏失钻井流体。如下套管时，钻井流体的激动压力过大，诱导裂缝产生。此时通过封堵作用提高破裂压力，减少漏失概率。

### 5.1.1.5 冷却工具

冷却工具（Cooling Drilling Tools），是指降低钻井工具的温度。此处所说的工具是指钻头及其以上所有用于钻井的金属、橡胶器具。钻井过程中地层与钻具热交换，钻具温度升高。钻进过程中，钻头在地层高温环境中旋转，破碎岩层，也产生热量。钻具旋转或滑动摩擦井壁也产生热量。

钻井流体及时吸收热量，返出地面后释放热量，或者吸收摩擦产生的热量，减少直接作用于井下工具的热量，起到冷却钻头、钻具，延长使用寿命的作用。钻开地层瞬间，相对于地层温度较低的钻井流体进入近井筒地带，吸收一部分热量。在热交换充分之前，地层温度比原始地层低，相当于地层被钻井流体冷却，工具与之摩擦产生的热量也少一些。

### 5.1.1.6 润滑工具

润滑工具（Lubricate Drilling Tools）是指钻井流体充满整个井筒，避免钻具和钻头直接接触井壁，降低钻具、钻头与井壁间的摩擦阻力。

另外，钻井流体形成的滤饼或者处理剂吸附井壁，钻具钻头与井壁的直接硬接触，转换为钻具、钻头与滤饼的软接触，降低摩阻。

### 5.1.1.7 传递水动力

钻井流体传递水动力（Transmitting Hydrodynamic Force）的方式大致可以分为通过钻头喷嘴和通过井下工具两大类。有的直接作用于岩石，有的直接作用于工具。

钻井流体通过钻头喷嘴形成高速流动流体，冲击井底，破碎岩石。传递水动力作用在岩石上，实现钻头水动力，又称水马力、水功率。

螺杆钻具以钻井流体为动力，是把液体压力能转换为机械能的容积式的井下动力钻具。钻井流体流经旁通阀进入马达，在马达的进出口形成压力差，推动转子绕定子轴线旋转，将转速和扭矩通过万向轴和传动轴传递给钻头转速和扭矩，破碎岩石。

涡轮钻具靠流体流速来驱动，钻杆不转动。钻杆工作条件得到改善，也不消耗钻井功率旋转钻柱。

液力冲击器锤又称液动锤，高压钻井流体为动力介质实现冲击回转破碎岩石。间接传递水动力作用在岩石上，破碎岩石。

传递水动力还表现在打开井下工具，如固井附件的滑套、胶塞等，以及其他作业过程中送入堵球、煤层气造穴、挤入堵漏材料等。

### 5.1.1.8 反馈井下信息

反馈井下信息（Feedback Downhole Information）是指钻井流体能够传递井下压力、温度以及地层特征等传感器捕集到的井下信息。例如，旋转导向钻井，钻井流体通过脉冲传输方式传递定向钻井实时参数信息。钻井流体必须满足传递信息要求和限制，不能造成工艺中断。

反馈井下信息还有一种传统的方式——岩屑录井。钻井流体返回地面，带出岩屑。利用岩屑，建立地层剖面。利用安装在钻井流体罐体上传感器，监测全烃含量变化，监测钻井流体体积变化。

#### 5.1.1.9 润湿工具和地层

润湿工具和地层（Wetting Tools and Formations）防止钻屑吸附钻头和钻具，泥包钻头；改变岩石润湿性，减弱钻屑在钻头、钻具表面的吸附力。

润湿性转变使岩石与钻井流体的表面张力降低，岩石毛细管力降低，有利于钻井流体渗入钻头切削和冲击井底岩层所形成的微裂缝，利于提高钻井速度。润湿性还有助于吸附地层形成高质量的滤饼。

钻井流体润湿作用在控制储层伤害方面也有积极作用。外来流体中某些表面活性剂或原油中极性物质，可以使储层岩石表面发生从亲水变为亲油的润湿反转，油流通道减少、驱油阻力增加、油相渗透率降低，影响油气采收率。相反，通过钻井流体的润湿作用使储层岩石保持亲水性，有助于提高油气采收率。

#### 5.1.1.10 减轻工具重量

减轻工具重量（Reduce Tool Weight），是利用钻井流体悬浮作用，减小钻具受到的轴向拉力，减轻钻机负荷。在井斜段，作用于钻具表面的浮力切向分力可减小钻具对井壁的正压力，有助于减少井斜段起下钻摩阻和黏附卡钻。

同样，在下套管时，灌入钻井流体，增大管柱的重量，利于套管下入。减少灌入量，增加套管浮力，减少套管悬重，减轻钻机负荷。

#### 5.1.1.11 封堵地层

封堵地层（SealaPlugging Formation），是指钻井流体通过自身的黏度或者颗粒，增加了工作流体进入地层阻力，控制进入地层的流体，封堵地层渗流通道。

钻井流体与固相颗粒混合，封堵地层渗流通道，实现与其他材料结合封堵地层。当然，钻井流体中如果混入的颗粒是封堵材料颗粒，更有利于实现钻井流体封堵。

#### 5.1.1.12 兼容外来物质

钻井流体能够接受加入体系以外的处理剂并能够维持钻井流体的性能，称为钻井流体兼容性（Compatibility），也称配伍性。

钻井流体兼容性分为人为加入物质的兼容性和非人为加入物质的兼容性。人为加入的物质的兼容性主要是指处理剂之间相互兼容。

来自地层的物质（如地层中的油、气、水）与钻井流体间的兼容性主要体现在与地层岩石、地下流体等兼容性不好，会发生化学沉淀伤害、储层黏土矿物水化膨胀分散运移和骨架矿物转化等，使储层孔喉直径缩小、毛细管力增加、束缚水饱和度上升、渗透率下降。地层中的盐类以及盐膏层中盐类侵入钻井流体后，会影响钻井流体性能。此外，还有不是来自地层的物质如处理剂的杂质、固井水泥浆等。

钻井流体抵抗地下或者地面破坏性物质的能力，主要是指某种物质不能影响钻井流体性能的能力，即抗污染能力。但是，由于污染这个词经常给初学者带来误解，建议改成钻井流体抗侵害能力（Contamination Capacity），即钻井流体在工作过程中抵抗外来物质侵害的能力。与配伍性不同的是，抗侵害能力与侵害物质和原有物质有关，配伍性与流体中自身物质间的影响有关。

室内一般对钻井流体从膨润土、地层水、原油、盐和钙离子等侵害作抵抗能力评价。如果钻井流体在被上述物质侵害后，流变性变化不大，失水护壁性稳定性好，可以认为钻井流体具有较好的抗侵害能力。

### 5.1.1.13 保护套管和封隔器

保护套管和封隔器（Protective Casing and Packer）是保护套管不受腐蚀以及井下注水封隔器能够安全取出，需要在套管环空中注入保护液。套管环空保护液是充填于油管和油层套管之间的流体，其作用是减轻套管头或封隔器承受的油气藏压力，降低油管与环空之间的压差，抑制油管和套管的腐蚀。

套管环空保护液在生产井中，如果不修井就不会流动；在非投产井中，不投产也不会流动。因此，要求套管环空保护液具有良好的稳定性和防腐性，储层伤害控制能力强。在修井或投产时不伤害储层，无腐蚀性。

### 5.1.1.14 协助完成其他钻井作业

钻井流体除了完成自身的作业外，还要协助完井、中途测试等其他作业完成任务，称为协助完成其他钻井作业（Assist in Other Drilling Operations）。

1）协助完井作业

钻井作业完成后，如果实施套管完井，要顶替水泥。如果砾石充填完井，则要携带砾石。在注水泥固井时，绝大多数钻井流体与水泥浆不兼容。如果水泥浆和钻井流体直接接触，钻井流体可能发生水泥侵害，性能下降，影响顶替效率。水泥浆也会受到钻井流体侵害产生黏稠的团块状絮凝物质，影响水泥浆的性能，影响固井质量。所以，固井前要调整钻井流体性能，满足需求。

2）协助封堵漏失地层

发生井漏或预防漏失时，通过调节钻井流体的性能（如改变密度、黏度和切力等），可达到降低井筒液柱压力、激动压力和环空压耗的目的，也可以在钻井流体中加入堵漏材料，运送防漏、治漏材料到达指定位置。

3）协助地层测试

钻井流体要有利于地层测试，不影响地层评价。地层测试时，通过减少钻井流体液柱压力产生油气流动压差，油气流入井底。同时，在随钻测量过程中，最常用的传输方式是，利用钻井流体脉冲将信号传递到地面。

4）协助导电

利用钻井流体的导电能力传递电信号。在配制钻井流体时需要添加处理剂改善钻井流体的导电性能，保证钻井流体良好的导电性能。

相反，处理剂中的导电物质，增强了钻井流体的导电能力，影响对地层的评价，因此要对电信号处理和分析，以获取较准确的井下信息。

5）协助导热

水合物是在一定压力和温度下，天然气中的某些组分和液态水生成的一种不稳定、具有非化合物性质的晶体。水合物在井筒中形成，可能造成堵塞井筒、减少油气产量、损坏井筒内部的部件，甚至造成油气井停产。

利用钻井流体的导热能力来传递地层热量，可使井筒内的温度高于水合物的生成温度，防止气井水合物生成，保证气井安全稳产。

6) 协助防腐

加入防止腐蚀的处理剂,协助防止地层流体腐蚀金属而造成钻井工具腐蚀,提高钻具抵抗疲劳破坏的能力。

## 5.1.2 钻井流体负面功能

钻井流体负面功能(Negative Effects)与钻井流体有益功能或者正面功能(Positive Function)同时发生。负面影响主要包括伤害储层、污染环境、伤害人类和动物、腐蚀金属和橡胶、增加作业设备、增加钻井成本等。这些问题在钻井过程中都无法避免,但应该得到有效的控制。

### 5.1.2.1 伤害储层

伤害储层(Formation Damage)是指钻井流体的固相与储层渗透通道不配伍、流体与储层流体不配伍、流体与地层组分不配伍造成储层产能下降。因此,钻井流体需要与所钻遇的储层岩石、黏土矿物以及地下流体相兼容,防止因速敏、水敏、盐敏、碱敏、酸敏、应力敏感以及其固相颗粒堵塞、黏土水化膨胀、乳化堵塞、润湿反转、有机垢产生、无机垢产生、细菌堵塞和吸附气解吸能力下降等降低产能和产量。钻井流体需要控制储层伤害不受影响或者在可接受的影响范围内。

业内常说的钻井流体双保作用,其中的一保,就是指钻井流体要控制储层伤害,又称储层保护。

### 5.1.2.2 污染环境

污染环境(Environment Pollution),也称钻井流体环境不友好,是指钻井流体在使用过程环境造成的负面影响,如损伤设备、影响工作人员健康等。废弃物还会给环境造成负面影响,如降低水质、破坏生态等。因此,钻井流体应该尽量减少对环境的影响。随着油田开采程度不断提高,使用的特殊作用的钻井流体越来越多,化学处理剂的种类和数量大幅度增加,废弃钻井流体成分越来越复杂。钻井流体中有机化合物渗透到土壤中不易降解形成隔离膜,阻止土壤和植物吸水。另外,一些有机化合物有毒,危害水中生物。钻井流体中机油、柴油污染土壤、植物、水。钻井流体中盐和可交换的钠离子,造成土壤板结,植物吸收土壤水分难,不利于植物生长,影响地下水质。钻井流体中岩屑对土壤、植物、地下水、水中生物都会产生或多或少的影响。

业内常说的钻井流体双保作用,另一保,就是指钻井流体要保护环境和相关人员,指钻井工程中所使用的钻井流体不应该污染周围水体和自然环境,不应危及人类健康和生命,即保护环境。

### 5.1.2.3 伤害人类和动物

伤害人类和动物(Harm to Humans and Animals)是指钻井流体中添加的化学处理剂,一般都含有重金属、油类、碱和化合物等,其中的有些化合物等如铁铬盐、磺化沥青、磺化栲胶、磺化褐煤等都可能造成人、畜伤害。有毒有害的物质可能会伤害正在作业的人员,也可能因为处理废弃钻井流体对处理人员造成伤害。

还有,钻井过程中,钻井流体应该能够很好控制地下有毒有害流体(如酸气),并能够通过调整性能控制或者消除酸气。因此,要求钻井流体不能伤害工作人员。

#### 5.1.2.4 腐蚀金属和橡胶

腐蚀金属和橡胶（Corroding Metal and Rubber）是指钻井流体腐蚀井下工具及地面设备的金属、橡胶等。

除了钻井流体自身不影响金属、橡胶钻井设备及配件外，还要能够很好地控制地下腐蚀流体（如酸气），不腐蚀金属和橡胶。

#### 5.1.2.5 增加作业设备

增加作业设备（Add Operation Equipment）是指钻井流体增加附加操作设备或者特殊要求，才能实现钻井目的。随着钻井手段多样化，需要投入的设备越来越多，特别是一些特殊的钻井流体（如气体钻井）和特殊需要的作业（如配制无固相钻井流体），无形中增加了设备。增加操作设备往往导致钻井直接成本增加、操作环节增加。

因此，应尽可能不改变钻井流体作业习惯，以方便评价、调整和使用钻井流体。例如，提高机械钻速需要降低固相含量，钻井流体应该能够利用现有固控设备降低固相含量；气体侵害后，钻井流体需要脱气，也应尽量利用现有除气设备除气；钻井流体性能调整还要满足所有设备正常运转，如钻井吸入方便、配制容易等。

#### 5.1.2.6 增加钻井成本

增加钻井成本（Increase Drilling Cost）是指增加了原来钻井的成本。钻井流体成本是应用的关键因素之一。钻井流体自身成本比较合理，推广动力充足。随着勘探开发深入，需要特殊性能的处理剂或者体系，成本越来越高。尽管通过回收利用或重复利用可降低成本和减少环保处理费用，但更重要的是控制井下事故难题损失的钻井流体以及处理事故难题所需要费用。避免事故难题，减少非生产时间，是降低成本的关键。

钻井流体成本虽然仅占钻井综合成本的小部分，但是钻井流体如果发挥作用，会提高机械钻速、减少井下事故难题，进而缩短钻井周期，降低钻井综合成本。需要说明的是，钻井流体利于降低成本，但需要钻井设备、钻井操作等配套设备和工艺措施，仅靠钻井流体可能达不到预期目标。

## 5.2 钻井流体的选择原则

选择钻井流体时，在满足质量、健康、安全和环保的要求下，更重要的是满足钻遇地层、地层温度和地层压力等井下环境以及井身结构约束、油气储层伤害、录测井限制、钻井流体成本控制、井眼轨迹控制难度和相关作业环节的特殊要求等。

地质情况越复杂、钻井要求越高、涉及因素越多，要求钻井流体性能越好。从总体上看，选择钻井流体应遵循地质首要原则、工程协调原则、效益至上原则和风险可控原则。

这些原则表明，选择钻井流体时应该向着适合应用对象的方向发展。不是选择最好的，也不是选择最便宜的，而是选择最合适的，即适合为佳。

### 5.2.1 地质首要原则

地质目的是钻井的最初目的，也是最终目标。钻井流体必须保证实现地质任务，充分考虑录井、测井、中途测试、完井、试油和采油等需求。除了考虑正常地层环境外，还要重点考虑地下岩石、流体以及环境的特殊性。具体而言，主要考虑井别要求和井下难题要求。

#### 5.2.1.1 必须满足井别要求

按照钻井目的和开发要求，井分为探井、开发井、生产井、资料井、注水井、观察井、检查井、更新井、调整井、正注井、反注井。不同井有不同的需求。从井的需求入手，考虑钻井流体需要的性能，选择合适的钻井流体。

#### 5.2.1.2 必须满足克服井下难题需要

复杂地层主要是指容易坍塌地层、容易漏失地层、容易卡钻地层、含盐水地层、含盐膏地层等。选择钻井流体时，应重点考虑这些地层可能造成的钻井难题，如地层坍塌、钻完井流体漏失、卡钻、盐水层侵害钻井流体、盐膏层侵害钻井流体等。

### 5.2.2 工程协调原则

构建钻井流体时，应从地质要求出发，通过采取适用技术，投入适当成本，提高地质目的与工程服务的质量。在全方位考虑地质复杂这一客观因素的情况下，协调用户期望、井眼类型、流体能力、机械能力、井身结构和自然条件，实现钻井的目的。

#### 5.2.2.1 协调选择使用安全的钻井流体

安全钻井是协调的首要问题。不同地区在长期实践中积累了各自丰富的钻井流体使用经验，配套措施比较完善，钻井流体基本性能良好。用户根据自己的经验和实际情况，提出自己的选择意向，是选择钻井流体类型时优先考虑的重要因素之一。

#### 5.2.2.2 协调选择满足井眼轨迹的钻井流体

油气井按井型可分为直井和定向井两大类。直井钻井时，钻井流体的主要作用是控制地下压力、稳定井眼、保证井眼清洁、冷却钻头等。定向井钻井（包括水平井及其他非直井钻井）时，在满足直井应有的性能条件下，钻具与井壁接触面积较大，摩阻相对大，钻井流体需要形成滤饼降低摩阻并有效携岩。因此，流体选择难度较大。

选择钻井流体时，应充分考虑井眼轨迹引起的钻具摩阻难题，以及摩阻引发的其他难题；充分考虑井眼轨迹引起的当量循环密度增加引发的地层漏失；充分考虑井眼轨迹复杂钻井周期长造成储层伤害。

#### 5.2.2.3 协调选择钻井流体自身的能力

选择钻井流体要考虑环空返速、固相悬浮、井眼稳定和润滑性等能否满足钻井工作需要，这些是选择的前提。选择钻井流体的关键是需要钻井流体自身的性能满足钻井需要。

#### 5.2.2.4 协调选择机械设备能力

大型钻机设备齐全，如大功率钻井泵、高压循环系统和固控设备、完善的井控设施、齐全的钻井流体测试仪器及处理设备，除了气体钻井流体外，均能胜任。中小型钻机泵功率不足，固控设备不全，钻井流体处理设备简单。如果选用低固相、聚合物钻井流体或者一些特种体系（如油基钻井流体），还需要配备一些设备或部件（如更细密的筛布、配制胶液的小罐和表面活性剂的容器等）。

#### 5.2.2.5 协调选择井身结构要求

选择钻井流体应考虑井身结构问题，要针对特殊地层确定封隔目的。储层若采用先期完井，可选用完井流体；若是后期完井，打开储层时可选用改性钻井流体。

异常压力地层井，若采用套管封隔，井身结构封隔高压层后，可采用能获得较高机械钻速的低固相聚合物钻井流体。否则，只能选用适合加重的分散钻井流体或其他高密度钻井流体。若在较浅处存在漏失严重地层，采用便宜又省时的开钻，原钻井流体快速穿过漏层，然后套管封隔。

#### 5.2.2.6 协调选择钻井流体的约束条件

选择钻井流体应考虑的自然条件问题，主要是水源、水质及运输。海上及海滩地区钻井，离淡水源较远，故可选用盐水钻井流体。农田较多地区钻井，最好选用强抑制聚合物钻井流体，降低废钻井流体的排放数量，减轻农田污染。边远地区钻井，钻井流体的材料应选用高效、剂量少的品种及优质钠膨润土，以降低运输费用。

### 5.2.3 效益至上原则

效益主要包括社会效益和经济效益。钻井活动涉及安全与环境，又是安全环保的敏感因素，关系社会效益。钻井流体材料的运输、存放和使用都应满足安全环境保护的要求，在环境敏感地区应优先采用无毒、低毒钻井流体。同时，钻井流体的应用是为了高效快速完成任务，实现经济效益。

#### 5.2.3.1 注重社会效益

钻井流体所产生的社会效益，主要是指环境保护及生态恢复等经济活动在社会上产生的非经济性效果和利益。钻井流体是由多种化学处理剂组成的，其生物毒性主要来源于钻井流体组分。注重满足钻井流体性能，忽略钻井流体危害环境，会造成钻井流体成为油气田勘探开发过程中的污染源之一。

随着社会进步和经济发展，人们越来越重视保护人类的生存环境。因此，选择钻井流体时，应该将敏感地区和脆弱地区的环境保护作为重点考虑因素，控制钻井废液数量，合理处理钻屑，防止钻井材料和油料损失，保护地下水土，以获得最大的社会效益。

#### 5.2.3.2 注重经济效益

钻井流体经济效益，主要通过以尽量少的钻井流体耗费取得尽量多的经济成果，或者以同等的钻井流体耗费取得更多的经营成果。经济效益是资金占用、成本支出与有用生产成果之间的比较。涉及投入产出除了节约钻井成本外，储层伤害控制以获取较多油气，合理控制钻井流体成本以减少投入增加利益，都是效益体现。

### 5.2.4 风险可控原则

钻井的设计、地质和工程施工等环节都存在风险，关系钻井成败。识别风险，不但要识别共同风险，也要识别相关作业风险。因此，在选择钻井流体时，应该为不合理设计、意想不到的地质条件、无法抗拒的事故难题作好风险控制措施。

#### 5.2.4.1 共同作业风险可控

共同作业风险主要有井喷及井喷失控可能造成地层碳氢化合物的溢出、火灾及爆炸。地层碳氢化合物的溢出，特别是轻质油、硫化氢等可燃（剧毒）气体溢出，以及汽油、柴油、润滑油、机油等泄漏都会造成火灾爆炸危险事故。

此外，共同作业风险还包括营房火灾、电气火灾、现场易燃纤维或其他物品着火，高空作业人员坠落、高空物品坠落、起吊重物坠落；人员施工操作过程中造成物体打击危险；机械伤害；触电伤害；食物中毒和化学品中毒；噪声伤害；交通事故；恶劣天气或大自然灾害造成的危险；环境污染；海上钻井台风、洋流等风险；社会环境带来风险。

#### 5.2.4.2 相关作业风险可控

相关作业风险主要有测井作业风险、录井作业风险、定向井作业风险、固井作业风险和相关作业生产的废水、废渣、废气对环境的污染等风险。

钻井过程中，为稳定井壁、平衡高压层，需提高钻井流体密度，则可能带来压差卡钻的风险，还会带来诱导漏失的风险。

钻井流体低成本是钻井追求的目标，但低成本下的钻井处理剂造成的环境污染处理费用，以及处理剂质量差造成的井下事故难题处理费用可能比处理剂本身的成本还要高。这些都是相关作业的风险。

### 思考题

1. 钻井流体功能主要有哪些？
2. 钻井流体的选择原则是什么？
3. 如何利用选择原则为钻井工程服务？

# 6 钻井流体实施

理论上，所有的钻井流体都应只发挥正面作用，不产生负面影响。然而，实际钻井过程中，不存在任何情况下都适用的钻井流体组分配比及性能参数，也没有必要使用所有性能均为最好的钻井流体。

一般说来，某井或者某地区的钻井流体实施包括钻井前、钻井中和钻井后。首先应该根据地质情况确定理想或者是满足地质要求的钻井流体性能，然后根据性能要求从理论上选择满足条件的组分，实验评价这些在理论上满足要求的处理剂。如果达到理论要求就用这些处理剂配制钻井流体；否则，就考虑更换处理剂或开发新型处理剂。处理剂优选或者开发完成，器材、方案准备齐全后，着手配比实验优化，钻井流体评价，估算成本。最后，制订风险预案，形成文本文件，指导现场施工。

估算成本，也是成本优化环节。不仅要根据现场使用信息反复优化处理剂、体系及工艺，维护钻井流体性能，还要根据投资可接受的费用调整配方、工艺，实现钻井流体应用顺利。因此，优化体系不只是优化配比，是系统工程。

钻井流体应用，除了组分配比外，施工工艺也十分关键。故此，钻井流体配方优化(Optimization of Drilling Fluid Formulation) 或者称体系优化，是指根据应用对象，从理论、实验、室内、现场，组分、体系、处理剂、工艺乃至法律、法规、标准、规范等全面地整合，以达到钻井流体的成本和性能的最佳。

【思政内容：敏于事而慎于言】

> 《论语·学而》指出，子曰：君子食无求饱，居无求安，敏于事而慎于言，就有道而正焉，可谓好学也已。
>
> 这表达的是对待人与事的态度问题，强调在实际行动中的准则。对于君子而言，有事就要积极应对，有问题就要解决问题，而且是快速的。
>
> 这其实也是一种做人求学的态度，一种责任心所在。不管是对自己还是对他人，敏于事都是君子所为，合于礼，合于道。敏于事的同时，言语谨慎。

## 6.1 钻井流体实施前准备工作

钻井流体实施前要做好设计工作。首先弄清地质工程特点需要什么性能的钻井流体，然后调研哪些钻井流体在理论上能够满足这些性能，接着用室内实验评价在理论上能够满足性能的钻井流体，筛选出合适的钻井流体，再结合邻井的钻井经验、费用成本、材料供应、废弃流体处理等方面，确定钻井流体种类及备用钻井流体方案。最后，按照规范的文本编制钻井流体设计、维护处理方法，指导现场施工。因此，钻井流体设计过程中，一是必须遵守钻井流体选择的四个原则，二是选择必须依据基础数据，才能使选择的钻井流体更合理、更适用。

具体说，设计钻井流体应该依据钻井流体设计原则，结合待钻井的特殊要求进行。一般以收集钻探地质地理概况、钻探遇到地层、邻井钻井数据资料、相关钻井流体标准等资料为基础，根据地层情况，确定目标性能参数、优选钻井流体类型、优选钻井流体组分、优化钻井组分配比，确定各井段使用的钻井流体及配方。

### 6.1.1 确定钻井流体性能

确定钻井流体性能参数的基础是收集资料。在收集包括地质地理概况、井眼基本数据、钻探地层信息、邻井钻井数据和相关钻井流体标准的基础上，确定不发生井下难题、事故以及无机泵条件约束、无安全环保约束时，都可以用的钻井流体类型及其性能。再根据地层特点、机泵条件和工作条件，确定钻井流体适应的类型和性能参数。

#### 6.1.1.1 确定目标参数需要的基础数据

确定目标参数需要以地层为目标，以拟钻井井眼基本数据、钻遇地层资料、邻井实钻信息等为基础，根据钻井难点提出性能对策。

（1）收集井眼基本数据资料，主要包括井号、井别、井身结构、设计井深、井位、钻探目的与任务、完成钻探的原则等内容，可由钻井地质设计、工程设计资料得到。通过了解井别、设计井深、井位可以判断所选钻井流体需要达到的性能。

（2）收集钻探遇到的地层特点资料，重点在地层分层及特点、地层理化特性分析、储层敏感性分析等，包括钻遇地层资料和特殊地层资料。

（3）收集邻井钻井数据资料，主要包括实钻地层剖面、难题提示、钻井事故处理及分析、实测地层压力及破裂压力、实测地温梯度、实际井身结构及说明、现场水质分析，供水情况、实际钻井流体类型及使用情况、实际钻井流体性能及分析、井眼净化情况、实际钻井流体材料消耗量及成本、井眼质量、井径、井斜等。其他资料，如机械钻速、钻井流体泵排量、水力参数、环境要求、废弃钻井流体、废水处理等也可以从邻井钻井实践中获得。

#### 6.1.1.2 确定目标性能参数

分析得到的基础资料、地层情况，确定目标钻井流体性能。钻井流体的密度、流变性、失水护壁性、碱度、固相控制、抑制性和储层伤害性能等是钻井流体的关键性能，一般都需要优先考虑。具体数值与地层特点相关。

1）钻井流体密度确定

一般情况下，钻井流体密度要大于地层孔隙压力当量密度，而小于地层破裂压力当量密度。某井深的地层孔隙压力与地层破裂压力之差称为此井深的安全密度窗口。钻井流体实施过程中，钻井流体的最低密度根据地层孔隙压力并结合抽吸作用附加安全量来确定。

泥岩和油储层钻井，一般情况下，钻井流体密度安全附加量为 $0.05\sim0.10\text{g/cm}^3$。气层中，钻井流体密度安全附加量为 $0.07\sim0.15\text{g/cm}^3$。浅气层中，钻井流体密度安全附加量为 $0.05\sim0.10\text{g/cm}^3$。

钻井流体密度安全附加值也可以用压力来表示。一般储层中，钻井流体安全附加值为 $1.5\sim3.5\text{MPa}$。气层中，钻井流体安全附加值为 $3.0\sim3.5\text{MPa}$。浅气层中，钻井流体安全附加值为 $1.5\sim3.5\text{MPa}$。

钻井过程中，钻井流体需要的密度是变化的。为解释这一现象，在静态安全密度窗口的基础上，提出动态安全密度窗口。动态安全密度窗口与常说的安全密度窗口不同，其影响因素更多，有内在的，也有外在的。作用机理复杂，有钻井流体自身原因，也有施工工艺原因，封堵措施也不同[5]。此后，张明伟详细论述了动态安全密度窗口的含义[6]，从理论上指导钻完井流体实现近平衡作业，控制储层伤害。

2) 钻井流体流变性确定

要求钻井流体在保证携岩能力和井眼净化的前提下，防止冲刷孔壁，尽可能降低黏度，利于破岩、清除岩屑、提高机械钻速，也有利于降低环空压力、防止钻杆内壁堆积杂物。计算清洁井眼相关的流变参数时，常选择宾汉模式和幂律模式。

3) 钻井流体失水护壁确定

钻井流体的理想失水护壁性依据地层特点而定。要求钻井流体高温高压失水量控制在 15mL/30min 左右，但不能超过 20mL/30min。

4) 钻井流体碱度确定

钻井流体的 pH 值范围一般为 8~12，具体值取决于钻井流体的种类，以及流体控制钻井流体储备碱度的量和地层的敏感性，可以用实验获得。

5) 钻井流体固相含量确定

固相主要包括膨润土、加重材料及岩屑。固相含量影响钻井流体的基本性能，绝大多数情况下是有害的。即使是有用的膨润土，也不能含量过高。配浆时加入的膨润土含量一般不超过 5%。易发生压差卡钻的地层主要是高渗透地层，易形成较厚滤饼，常用降低压差防止卡钻。同时需要固相含量尽可能低，特别是无用的低密度固相不应超过 6%，以提高润滑性。

岩屑含量用岩屑与膨润土含量的比值衡量。一般认为，比值小于 2 比较合理；比值大于 3 则需要维护；比值大于 5 则应排放钻井流体，重新配制新的钻井流体。

6) 钻井流体抑制性确定

一般用相对膨胀率或相对膨胀降低率评价钻井流体抑制岩屑的水化膨胀能力，用岩屑回收率评价钻井流体抑制岩屑分散性能。此外，还可以用浸泡观察岩样变化、激光粒度仪测定颗粒变化等方法测定钻井流体的抑制性。

水敏、易塌和缩径等易发生井下事故、井下难题的地层，还需要在评价地层的前提下，对照评价钻井流体的抑制性。

7) 钻井流体储层伤害控制性能确定

发现储层和保护储层是钻井的首要任务。钻井流体理想性能必须以储层的类型和特征为依据，考虑可能导致储层伤害的各种因素，有针对性地采取有效措施防止或减轻伤害。钻达储层前，应调整好钻井流体性能，尽可能减轻对储层的伤害。

在保证井下安全条件下，钻井流体密度所形成的压力应尽量接近地层孔隙压力；尽可能使用酸溶性或油溶性钻井流体材料；钻井流体失水活度与储层水相活度尽可能相当，最好添加黏土稳定剂。

## 6.1.2 优选钻井流体类型

钻井流体必须与地层特性相适应，才能有效地发挥钻井流体的作用。优选钻井流体类型，主要是从宏观上对每种钻井流体能否适用某一特定地层，在理论上做原则性的把握。根据地层提出的性能要求，结合不同类型井的特征，选择符合性能要求的钻井流体。主要是指根据钻井目的分类，即根据不同井的要求选择钻井流体。

#### 6.1.2.1 井别对钻井流体的要求

钻井目的不同，决定了选择钻井流体的功能也不同。井别主要包括探井、生产井、调整井、超深井、定向井以及特殊储层钻井，对钻井流体的要求有所区别。

从定性的角度，即从经验的角度选择钻井流体，尚显操作性不强。利用全程原生信息定量选择钻井流体，是实现非人为控制选择钻井流体的重要方向。不管怎样，根据工程要求确定钻井流体，是必须坚持的原则。钻井作业过程中，钻井流体应尽可能满足保持近平衡的压差、具有良好的剪切稀释性、较强的洗井及携屑能力等要求，这是优选钻井流体的重要依据。

#### 6.1.2.2 相关标准对钻井流体的要求

技术标准是保障实现安全生产、清洁生产和集约生产的重要基础工作和技术规范，同时也是新形势下技术发展、生产管理、工作方式方法创新和发展的总结。通过多方努力，技术标准的地位和作用进一步提高，在钻井流体设计和现场施工中得到了更加广泛的认同和严格的执行，有力支撑了钻井技术进步。有关标准资料包括被有关部门认可的标准，也包括一些使用说明书、注意事项提示等。

国家、行业和企业颁发的钻井流体技术标准、规范中规定了钻井流体分类及应用范围；钻井流体处理剂种类、用途、价格、产地及保质期；固控设备能力标准；振动筛、除砂器、除泥器、钻井流体清洁器和离心机等的处理能力、运行状况、维护保养说明等；钻井流体作业人员配备标准，分工要求，仪器、药品配备标准。这些规章制度都约束了钻井流体的性能。因此，选择钻井流体类型时，要考虑这些约束，做好钻井流体的选择工作。

### 6.1.3 优选钻井流体组分

优选钻井流体组分即通过优选钻井流体的组分，使钻井流体具备特定性能，进而满足地层或油气井的工作需要。优选钻井流体组分包括对钻井流体组分理论优选以及钻井流体组分实验优选。

#### 6.1.3.1 钻井流体组分理论优选

理论优选钻井流体组分时要考虑环保性，同时也要在相应程度上考虑其他的如井眼的稳定、钻井流体性能的稳定性以及井眼安全等必要的、常规的问题，从而选出具有相应性能的钻井流体处理剂。

1）储层伤害适用性研究

考虑到钻遇地层的水敏、盐敏、碱敏、乳化堵塞伤害以及固相侵入造成的伤害等因素，钻井流体必须具有防止伤害的性能，以达到储层伤害控制的目的。

2）井别适用性研究

根据井别选择。这里所指的井别，主要是指那些对钻井流体有特殊要求的井。如探井，其主要目的是对地层的含油气情况进行探测，所以要选择不影响地质录井、易发现储层的钻井流体，需要钻井流体中的处理剂荧光度要低，加入处理剂的钻井流体密度适当。

3）井壁稳定适用性研究

考虑井眼稳定选择。井眼失稳的现象主要有井漏、井塌、缩径以及卡钻等情况。造成这些现象的因素主要是井壁岩石的黏土含量高、稳定性差、页岩层和石膏层及过大的地层渗透率使滤饼厚而松散。相应的钻井流体则可通过处理剂或其他方法处理此难题。

4）钻井流体稳定性研究

考虑钻井流体的稳定性选择。如在高温、高压、盐及盐水、钙及石膏等地层钻进会影响钻井流体的性能，进而影响钻井的正常进行。如在高温地层选择具有耐高温处理剂；在高压地层选择密度较大的加重材料，钻井流体具有较高密度，能够平衡高压地层压力；加入盐的盐水钻井流体可以很好地克服盐侵等。

5）环境影响适用性研究

考虑环境保护选择。社会进步使环境保护越来越受到重视，所以，要求钻井流体降低环境污染程度也是钻井流体组分优选的原则之一。因此，应选择对环境危害小，无毒性的钻井流体处理剂组分。

#### 6.1.3.2 钻井流体组分实验优选

人们很早就开始研究优化方法。钻井流体处理剂配比优化主要是针对处理剂设计实验，先优选出处理剂，然后将优化处理剂加入一个体系，配制出比较满意的性能，得出处理剂间的最佳加量。即先设计单因素实验优选出处理剂，然后设计多因素实验优化处理剂加量。

处理剂优选方法，即单因素实验方法可分为黄金分割法（0.618法）、分数法和对分法等。黄金分割法和分数法有一个共同的特点，就是根据前面实验结果安排后面的实验，优点是总的实验次数较少，缺点是实验周期累加，可能用很多时间。分数法的优点是可以把所有可能的实验同时都安排下去，实验总时间短，缺点是总的实验比较多，如果每个实验代价不大，又有足够的设备，则该方法是可以采用的。对分法一方面取点较方便，另一方面在某些情况下效果比黄金分割法和分数法的效果更好。

1）黄金分割法

黄金分割法是按照该方法的选点办法，先把实验范围定为1，然后在实验范围0.618处做第一次实验。

2）分数法

分数法又称斐波那契数列（Fibonacci Sequence）法。分数法是利用斐波那契数列优化单因素实验设计的一种方法。

3）对分法

对分法根据经验确定实验范围。设实验范围在 $a\sim b$ 之间。第一次在 $a\sim b$ 的中点 $x_1$ 处做实验，如实验表明 $x_1$ 取大了，则去掉大于 $x_1$ 的一半，第二次实验在 $a\sim x_1$ 的中点 $x_2$ 处做。反之，如果第一次实验结果表明 $x_1$ 取小了，则去掉小于 $x_1$ 的一半，则第二次实验 $x_1\sim b$ 的中点处做。

### 6.1.4 优化钻井组分配比

按照配比和配制方法，把配制某种钻井流体所需要的组分混合成钻井流体，或维持钻井流体性能，以满足钻井工程和地质目的需要。这种配制钻井流体组分、配比以及配制或维护方法，称为钻井流体配方（Drilling Fluids Formulation）。用配方配制而成的钻井流体，一般称为钻井流体体系（Drilling Fluids System）。钻井流体本身实际上已经包含了组分混合一起的意思，不需要再称为钻井液体系或钻井流体体系。钻井流体配方包括组分、配比、配制、维护、处理等5个方面内容。

钻井流体所用的组分是钻井流体配方的核心，处理剂在流体中的比例称为钻井流体处理剂浓度，通俗的说法是加量，即处理剂的加入量。钻井流体用处理剂，作用机理不同，配制方法也不同，甚至顺序颠倒都会产生不同的结果。钻井流体使用过程中，由于地层吸收、钻屑黏附、大气蒸发或井眼加深等造成性能下降或不能满足工程需要，需要添加处理剂或连续相，调整性能满足作业需要。钻井过程中地下可能出现井涌、井塌等事故或难题前兆，根据预判应指出紧急情况下的处理预案。钻井结束，应该提出配合完井作业的措施，以及废弃钻井流体处理方案。最优化是钻井流体成本合理、效益最好的基础。

钻井流体优化方法，即多因素多水平实验设计的方法，通常有全面实验设计法、正交实验设计法和均匀实验设计法。在实际生产中遇到的问题，一般都比较复杂，影响实验结果的因素并不是单一的，而是诸因素共同作用，各个因素又有不同的状态，它们互相交织在一起，或单独对实验起作用，称为无交互作用；或因素间有时会联合起来起作用，称为有交互作用。

全面实验法是让每个因素的每个水平都有配合的机会，并且配合的次数一样多。一般地，全面实验的次数至少是各因素水平数的乘积。优点是可以分析事物变化的内在规律，结论较精确，但由于实验次数较多，在多因素、多水平的情况下实验次数是不可想象的，在实际工作中很难做到。因此，也就出现了为多因素实验而设计的正交实验法、均匀设计法等，以及现场习惯的经验法。

无论是全面实验法、正交实验法、均匀设计法中的任何一种方法都难以避免较大量的实验次数和因为采取处理措施而可能造成的最优条件损失。因此，钻井流体组分配比应根据由地质部门提供的地质资料、地质要求，以及钻井工程提出的理想性能，在正确地选择钻井流体的基础上，提供钻井流体各处理剂的配比。迄今为止，还不存在任何情况下均适用的钻井流体，必须根据作业井的类别和岩性、工程和产能等情况，综合考虑各方面因素之后，通过实验结合现场试验获得适用的处理剂加量。

钻井流体应用现场前，应针对不同井段的钻井流体，在理想性能参数和工艺参数的基础上，开展有效的室内实验，验证其适用性和可行性。因此，钻井流体的配比优化，可以分成根据室内实验数据和现场数据优化两类方法。

室内可采用给定条件实验法、正交实验设计法等传统方法，在给定的配比中选择合适的配比，也可用数据挖掘或多元回归等方法选择合适的配比。配比是优化的前提，配比优化后，才能对体系和工艺优化。配比优化主要有经验法、正交实验设计法、均匀实验设计法、自择优化法、数据挖掘法、范例推理法、规则推理法和支持向量机法优化钻井流体处理剂配比等8种比较受认可的数学方法。

### 6.1.4.1 经验设计法优化组分配比

经验设计法（Empirical Method）优化组分配比，是指根据指定的处理剂和理想性能参数，通过调整剂量达到需要的性能指标。这种方法适用于现场钻井流体维护和某地区常用钻井流体性能调整。

经验法是以钻井流体在某一地区应用比较成熟为基础，只是针对某一井眼工程或地质特殊要求，做特殊调整而实施的优化。其原理是，充分了解所用钻井流体，并确定此钻井流体能够适用于此区块工程和地质需求，针对某种需要调整的性能，调整能够使此性能发生变化的处理剂剂量，最终达到某种性能指标。经验法的实质是全面实验法的特例。

经验法是依据处理剂、性能在一定范围内选择的实验方法。经验法简单，对特定地区实用性强。但由于这种方法偏重在规定的范围内优选优化，所以，普遍应用于有一定基础的钻井流体优化，很难优化出较普遍适用的钻井流体组分配比。同样，应用此法获得的配比，由于不考虑处理剂间的协同作用，未必是最优的配比。

### 6.1.4.2　正交实验设计方法优化钻井流体组分配比

正交实验设计方法（Orthogonal Experimental Design），简称正交法或正交实验法，是研究多因素、多水平实验的一种设计方法，是统计数学的重要分支，是根据正交性从全面试验中挑选出部分有代表性的点试验，以概率论数理统计、专业技术知识和实践经验为基础，充分利用标准化的正交实验表来安排实验方案，并对试验结果进行分析，最终达到减少试验次数，缩短实验周期，迅速找到优化方案的目的一种科学计算方法。

在科学研究和工业化生产过程中往往有众多因素影响目标产品的生产，需要研究多个因素对产品指标的效应。多因素完全试验方案的次数，为因素水平数的因素数量的次方。虽然多因素完全试验方案可以综合研究各因素的简单效应、主效应和因素间的交互效应，但是从试验次数的计算式可以发现，随着因素数量和因素水平的增多，试验的次数将急剧增多，不仅会给研究带来极大的工作量，而且也会浪费大量的原料和时间。

### 6.1.4.3　均匀实验设计方法优化钻井流体组分配比

均匀实验设计方法（Uniform Experimental Design）是将数论与多元统计相结合引入到实验设计中，适用于多因素多水平多指标实验，试验次数等于因素水平数，可有效减少实验数量。同时又采用多元逐步回归法对实验结果数据分析，建立回归方程，从中优化所需要的参数或目标值，寻找到最优配比，得到试验目标要求的实验结果。利用有限的数据结果获得最多的实验信息，便于分析各种因素的影响规律。

均匀实验设计方法与正交实验设计类似，均匀设计也是通过一套设计好的均匀表来安排试验。最大不同之处是，均匀设计只考虑试验点的均匀散布，而不考虑整齐可比，因而可以大大减少试验次数。例如，因素数量为2，各因素水平数为20的试验中，若采用正交设计安排试验，不考虑交互作用情况下，至少要做 $20^2 = 400$ 次试验。这是难以实现的。但若采用均匀设计，则只需安排20次试验。因此，均匀设计在试验因素变化范围比较大，需要取多水平时，可以极大地减少试验次数，比正交实验更具可行性。由于试验次数较少，试验精度较差，为了提高其精度可采用试验次数较多的均匀设计表来重复安排因素各水平的试验。

### 6.1.4.4　自择优化法优化钻井流体组分配比

郑力会等通过多元回归，建立两种处理剂下的数学模型并反算出最优化配比，以此创立了 Lihuilab 法[7]。即针对单目标函数方程，利用多元回归方程精度控制反算方法优化钻井流体组分配比，解决以往方法不能优化多目标函数配比的问题。提出自择优化理论，即先对比不同拟合方法得出的结果优选拟合方法，再对比相同方法拟合计算的结果优化配比。

单一目标函数自择优化方法是利用回归分析方法确定两种或两种以上变量间相互依赖的定量关系，从而确定回归方程，再通过控制精度迭代算法，计算出满足目标和精度各因素剂量。

自择优化方法一般是建立在大量的实验数据基础之上进行的，通过处理大量数据，找出其中规律的方法。所以，在工程应用中往往结合前文介绍的正交实验设计法、均匀实验设计法等方法得到的大量实验数据进行进一步的精确分析。应用这种科学的方法，可以大大提高优化配比的精度，并且可减少实验次数。

但是，值得注意的是，由于实验数据量有限、数据本身就有误差存在，而且自择优化方法是一种本身就会有误差存在的方法。后来，郑力会等进一步优化了实验的流程，形成了完整的优化流程[8]，成为石油工程大数据剥茧算法的雏形。

#### 6.1.4.5　数据挖掘技术优化钻井流体组分配比

数据挖掘（Data Mining），又译为资料探勘、数据采矿，是从大量的、模糊的随机数据中提取出隐含在其中的潜在有用信息和知识的过程。数据挖掘应用于关联分析、分类分析、预测分析、聚类分析、趋势分析和偏差分析等八大类。实现数据挖掘的主要方法有统计分析方法、决策树方法、神经网络法、遗传法、覆盖正例排斥反例法、粗集、模糊集法、概念树法及可视化技术等。用于钻井流体组分配比优化的主要有聚类分析和预测分析，并以神经网络法为主。神经网络法模仿生物神经网络，建立分布式并行信息处理的算法数学模型，通过采掘训练数据逐步计算网络连接的权值。由于数据挖掘需要大量数据，有时难以得到大量数据，同时，需要的数学方法比较高深，影响了其应用广泛性。

将数据挖掘引入钻井流体学中，以神经网络法和遗传法等方法训练数据，不断提高精度，建立密度和黏度等钻井流体性能指标和钻井流体组分配比间的数学模型，实现配比优化。

在工程中应用数据挖掘工具对钻井流体优化配比进行挖掘后，能快速给出符合性能要求的钻井流体组分配比，指导用户有针对性地进行配比实验，缩短实验时间，降低实验成本，同时极大地提高实验成功率。数据挖掘是在已建立的大数据库上进行的。因此，为了科学地得到优化配比，合理地应用到工程中，首先必须确保建立的数据库足够庞大、足够可靠，其次是选择最合适的算法。

#### 6.1.4.6　范例推理技术优化钻井流体组分配比

计算机作为主要工具引入钻井流体设计中，系统有效地运用了钻井流体专家经验和钻井流体设计资料，实现了钻井流体组分配比设计、钻井流体数据管理、钻井流体信息查询等功能，为钻井流体的优化设计提供了一个有效途径。钻井流体设计人员在构思方案的过程中，往往是搜寻以往类似的成功配比的例子，对其稍做修改，以满足实际需要，在钻井流体设计方面，大多都采用范例推理（Case-based Reasoning，CBR）。

首先，根据钻井流体设计原则和一般过程，建立相关计算机模型。然后，运用数据库管理钻井流体设计范例，通过模糊相似理论与最邻近法计算相似度，考虑特征量之间的联系和特征量的部分匹配等实际情况。最后，将配比设计模块、数据管理模块和其他辅助模块有机组合，共同完成钻井流体的设计。

范例推理技术优化法更为简单，也更省时间。值得注意的是在这些系统中，存在两点不足。一是范例特征的描述不够准确，由于所钻地层多样，没有将地层岩性这一关键特征考虑进来；二是相似度的计算只是考虑了完全匹配和完全非匹配两种特殊情形，而忽视了范例特征的部分匹配。

#### 6.1.4.7　规则推理技术优化钻井流体组分配比

案例推理是类比推理的一个独立的子类，最早由 Kolodner1991 年在知识难以表达或因果关系难以把握，但已积累丰富经验的领域（如医疗诊断、法律咨询、工程规划和设计以及故障诊断等）提出，后得到了广泛的应用。研究钻井流体设计系统时使用这一方法。

规则推理技术是范例和规则（Rule-Based Reasoning，RBR）混合推理方式的智能诊断技术。建立在规则基础上，通过人机对话问答方式输入问题，与机器的一系列规则库连接，为新问题求解。即输入问题→追踪规则1→规则2→规则3→求解问题。以范例推理和规则推理为基础的钻井流体组分配比设计系统的开发，可以有效保存和利用原有的设计资料，在遇到新的工程实例时利用已有经验，快速有效地得出设计方案。它的指导思想与许多工程设计研究人员的思路一样，即建立一个大的数据库，将以范例记录和配比记录形式的各种知识包含在内，然后主要通过范例推理并辅之以规则推理来实现求解。在范例设计过程中，相似度计算模型和加权系数的取值都非常关键。应该采用最近邻法与模糊相似度法相结合的方法，避免根据一些无关紧要因素搜索出一堆范例的情况，提高搜索效率。

运用规则推理的方法的优势是开发出的设计软件适用范围广，既可用于地质钻探，也可以在石油钻井中使用。运用规则推理的方法开展钻井流体设计的缺点是需要有较强的专业知识，设计系统比较复杂，难度大。

### 6.1.4.8 支持向量机方法优化组分配比

统计学习理论在20世纪90年代中才成熟，是在经验风险的有关研究基础上发展起来的，专门针对小样本的统计理论。统计学习理论为研究有限样本情况下的模式识别、函数拟合和概率密度估计等三种类型的机器学习问题提供了理论框架，同时也为模式识别发展了一种新的分类方法——支持向量机（Support Vector Machine，SVM）。

简单来说，就是支持或者支撑平面上把类别划分开来的超平面的向量点，支持向量机本身就是一个向量，而这些向量起着很重要的作用。分界面靠这些向量确定和支撑。这里的"机"是"机器（Machine）"，即是一个算法。在机器学习领域，常把一些算法看成是一个机器，如分类机，也称分类器，而支持向量机本身便是一种监督式学习的方法，它广泛地应用于统计分类以及回归分析中。

支持向量机通过寻求结构化风险最小来提高学习机泛化能力。泛化能力即是机器学习算法对新鲜样本的适应能力，实现经验风险和置信范围的最小化，即支持向量机的学习测量便是间隔最大化。达到在统计样本量较少的情况下，也能获得良好统计规律的目的。

支持向量机方法可以解决小样本情况下的机器学习问题，可以提高泛化性能，可以解决高维问题、非线性问题，可以避免神经网络结构选择和局部极小点问题。但支持向量机方法对缺失数据敏感及非线性问题没有通用解决方案。

## 6.2 钻井流体实施前评估工作

根据钻井流体应用的环境评价钻井流体的观点，称为依据应用环境评价理论。钻井流体应用前评价对于钻井流体应用必不可少，钻井流体的评价包括性能评价和成本估算两部分。而应用环境评价，则要附加风险评估和预案制定。随着对技术的精细化要求，引入了越来越多的数学方法，并贯穿整个组分、体系和评价各个环节，已经形成用数学方法优化钻井流体，也就是配制方法的定量化问题。

## 6.2.1 钻井流体性能评价

钻井流体的性能与钻井流体的功能息息相关，钻井流体依靠钻井流体的性能实现其功能。如钻井流体的密度，与平衡井下压力、稳定井壁等功能有直接关系，还与悬浮功能、减轻井下钻具等诸多功能相关。钻井流体组分配比优化完成以后，要根据优化配比及现场特殊需求，全面评价钻井流体性能，因而，根据现场具体要求，全面测试钻井流体的性能，这对钻井流体现场应用非常重要。

评价从配制到性能测试，是室内研究现场施工工艺的重要环节，除了测试密度、流变性、失水护壁性、酸碱度、固相容纳性能、抑制性能和储层伤害性能等外，其过程结合现场就可以得到现场基本施工过程。不仅仅是性能指标，还有工艺措施、井下难题和事故预案，都应列入其中。

## 6.2.2 钻井流体成本估算

钻井流体成本包括钻井流体直接成本和综合成本两大类。估算钻井流体的成本时，钻井流体应用者一般只关心直接成本，而整个油田管理者则需要关心综合成本。

钻井流体直接成本（Drilling Fluids Direct Costs），是指配制钻井流体所需的费用。钻井流体中油田化学处理剂的剂量及价格决定了油气井钻井流体的成本[9]。

钻井流体综合成本（Drilling Fluids Compositive Cost），是指对某个井综合考虑到突发事故的情况下，所有可能用到的钻井流体的材料成本、人工成本（包括配制、运输）的总和。

估算是指确定项目开发时间和开发成本的过程。值得一提的是，在谈及估算的时候，常会联想到众多量值，例如成本、工作量、资源、进度、规模、风险等，来定量表征估算结果。

成本估算是指制订项目计划时，估算项目需要的人力及其他资源、项目持续时间和项目成本。钻井流体成本估算是指通过科学方法，利用前期取得的资料预测钻井工程作业过程中需要的钻井流体成本，在满足钻井流体性能要求的前提下优化钻井流体组分配比，降低钻井作业的成本。

1994年，蔡利山等认为钻井流体组分配比优化，除性能优化外，还要优化使用环节。各地区成本不同，影响成本的主导因素也不一样。因此，首先从资料收集出发，通过对比、分析某地区实际钻井的固相控制数据，合理制订固相控制标准，然后预测与制订钻井流体剂量和费用。

可以通过查阅井位所在地区已完成井井史、了解钻机型号、固相控制设备种类和使用情况，提出普通井钻井流体剂量的预测、初探井钻井流体剂量，预测后估计钻井流体成本。

从钻井流体工作报表，采集较详细的固相控制数据，包括各井段的钻井流体密度、相对应的总固相体积分数（总固相含量）、相对应的膨润土体积分数、旋流器底流密度等。

与钻井流体固相控制及费用预测相关的其他资料和数据，主要有钻井流体类型、地层岩性、地层流体矿化度、泥页岩的阳离子交换容量、地层压力、滤液分析数据、井径扩大系数、井身结构、处理剂种类和剂量、钻井流体消耗量和成本、施工时的水源供应情况及当地水矿化度。

合理制订设计钻井工程中钻井流体的固相控制标准，确定投入施工钻机的固相控制设备种类、数量和效率，进而预测、制订钻井流体的剂量和费用。

#### 6.2.2.1 浅井钻井流体用量预测

浅井钻进因耗时短一般不用旋流固控设备，只配备振动筛作固控设备，部分浅井钻进不使用振动筛，直接采用地面循环。因此，进入钻井流体中的钻屑大多靠自然沉淀清除，通常认为这种方式能清除掉30%的钻屑，剩余的70%以冲稀或替换的方式降低至设计水平。这种情况应该根据是否加重分开计算，即分别计算非加重钻井流体的钻井流体消耗量、加重钻井流体的钻井流体消耗量。根据配备固控装置的钻机可以调整计算的消耗量，这样也就可以计算出钻井流体的费用。

#### 6.2.2.2 普通井钻井流体用量预测

普通井包括生产井、评价井和开发性预探井。由已完成井的钻井流体工作报告中可以得到全井段钻井流体密度、全井段的固相体积分数、膨润土体积分数、高密度固相体积分数、低密度固相体积分数、氯离子含量、含油量、井径扩大系数、固相控制设备废弃物中的低密度固相分数等。由测井报告，还可以得到各井段岩石的平均孔隙度。这样，就可以计算出各井段平均固相含量、待施工井对应井段平均固相含量、钻进过程中进入钻井流体钻屑量、完成设计井段钻井所需要的钻井流体量、固控设备消耗钻井流体量、各井段所用钻井流体成本和全井钻井流体费用。

#### 6.2.2.3 初探井钻井流体用量预测

设计初探井钻井流体用量可供参考的钻井流体资料很少，只能定性地给出钻井流体的总固相含量和膨润土含量指标。

根据加重钻井流体，给出加重剂含量指标，得到钻井流体的低密度固相含量；钻屑量可以由设计的井身结构确定；固控设备除去的钻屑的体积分数一般为0.5%，固控设备废弃物中低密度固相的体积分数一般为0.5%~0.6%，由此可求出钻井流体的消耗量。

在确定与固控设备效率有关的总固相含量、固控设备除去的固相含量等参数时，应同时考虑与投入施工钻机的固控设备在以往的使用情况、人员操作水平等因素，做出符合实际的调整。通过消耗量，可计算出钻井流体的费用。

### 6.2.3 风险预案制订及评估

应急预案是在地理条件比较差的环境中作业的必须考虑的内容。在一些极端的情况下，如果没有充分的思想准备和有效措施，可能造成无法挽回的重大损失。如堵漏材料不足，可能会发生井喷；控制硫化氢材料不足，可能会造成人员伤亡等。因此，应急措施的重点应放在打开储层前的准备措施中。

施工单位应本着人员安全优先、防止事故扩展优先、保护环境优先的原则，按照相关标准和要求制订与当地政府有关政策法规相衔接的应急救援体系和应急救援措施计划。

与钻井流体相关的污染应该坚持局部利益服从全局利益，先减灾、后抢险，先控制、后消灭，先重点、后一般，一般工作服从应急工作的基本原则。应急预案包括硫化氢泄漏应急救援预案、溢流与井喷应急救援预案、环境污染事故应急预案、钻井流体材料中毒应急措施。

钻井工程存在大量不确定因素，具有很大的风险性。在钻井作业的不同阶段、不同环节均存在不同程度和不同形式的风险。因此需要在对单因素分析的基础上综合评价各种因素。

针对石油天然气钻井作业的特殊性，运用风险评估的基本原理，查找、分析和预测钻井作业过程中存在的风险因素以及可能导致的危险、危害后果和严重程度，合理选择石油天然气钻井作业的定性定量风险评估方法，有利于提出合理可行的安全对策措施，以便于指导钻井作业过程中的风险监控和事故预防，达到降低事故率、减少事故损失的目的。

综合风险评估方法主要的有层次分析法、决策树法、蒙特卡罗法、敏感性分析法、模糊综合评价法等。此外，风险评估方法还有安全检查表法、危险及可操作性研究、故障树分析、神经网络法等。

#### 6.2.3.1 层次分析法评估风险

层次分析法（Analytic Hierarchy Process，AHP）是将与决策有关的元素分解成目标、准则、方案等层次，在此基础之上定性和定量分析的决策方法。层次分析法由美国运筹学家匹茨堡大学萨蒂（T. L. Saaty）于20世纪70年代初最先提出。层次分析法从本质来讲是一种思维方式。

层次分析法将定量分析与定性分析结合起来，用决策者的经验判断各衡量目标能否实现的标准之间的相对重要程度，并合理地给出每个决策方案的每个标准的权数。利用权数求出各方案的优劣次序，比较有效地应用于那些难以用定量方法解决的课题。

层次分析法的优点是定性与定量相结合，能处理许多用传统的最优化技术无法着手的实际问题，应用范围很广；计算简便，结果明确，具有中等文化程度的人即可以了解层次分析法的基本原理并掌握该法的基本步骤，容易被决策者了解和掌握。缺点是只能从原有的方案中优选一个出来，没有办法得出更好的新方案；不适用于精度较高的问题；人的主观因素对整个过程的影响很大，这就使得结果难以让所有的决策者接受。

#### 6.2.3.2 决策树法评估风险

决策树（Decision Tree）一般都是自上而下生成的。每个决策或事件（即自然状态）都可能引出两个或多个事件，导致不同的结果，把这种决策分支画成图形很像一棵树的枝干，故称决策树。

决策树一般由方块节点、圆形节点、方案枝、概率枝等组成。方块节点称为决策节点，由决策节点引出若干条细支，每条细支代表一个方案，称为方案枝；圆形节点称为状态节点，由状态节点引出若干条细支，表示不同的自然状态，称为概率枝。每条概率枝代表一种自然状态。在每条细枝上标明客观状态的内容和其出现概率。在概率枝的最末梢标明该方案在该自然状态下所达到的结果（收益值或损失值）。这样树形图由左向右，由简到繁展开，组成一个树状网络图。

决策树法的优点是可以生成可以理解的规则；计算量相对来说不是很大；可以处理连续和种类字段，且可以清晰地显示哪些字段比较重要。决策树的缺点是对连续性的字段比较难预测；对有时间顺序的数据，需要很多预处理的工作；当类别太多时，错误可能就会增加得比较快；一般的算法分类的时候，只是根据一个字段来分类。

#### 6.2.3.3 蒙特·卡罗法评估风险

蒙特·卡罗方法（Monte Carlo Method），也称统计模拟方法，是20世纪40年代中期由于科学技术的发展和电子计算机的发明，提出的一种以概率统计理论为指导的一类非常重要的数值计算方法。它是使用随机数（或更常见的伪随机数）来解决很多计算问题的方法。

与它对应的是确定性算法。

当所求问题的解是某个事件的概率，或者是某个随机变量的期望，或与概率和数学期望有关的量时，通过某种试验的方法，得出该事件发生的频率，或该随机变量若干个观察值的算术平均值，根据大数定律得到问题的解。大数定律是在随机事件中大量重复出现，往往能呈现几乎必然的规律。

借助计算机技术，蒙特·卡罗方法的特点：一是简单，省却了繁复的数学推导和演算过程，使得一般人也能够理解和掌握。二是快速，整个方法可以很快地得到问题的结果。简单和快速，是蒙特卡罗方法在现代项目管理中获得应用的技术基础。虽然随机模拟算法简单，但计算量大。模拟结果具有随机性，精度较低。

#### 6.2.3.4 敏感性分析法评估风险

敏感性分析是分析各种不确定性因素变化一定幅度时（或者变化到何种幅度），对方案效果的影响程度（或者改变对方案的选择）。把不确定性因素中对方案效果影响程度较大的因素，称为敏感性因素。通过敏感性分析，决策者可以知道决策对哪些因素十分敏感，对哪些因素则不大敏感。敏感性分析也有助于决策者对长期方案做出正确决策，能降低投资风险。

敏感性分析对不确定因素的变动对工程方案的效果影响作了定量描述分析。这有助于决策者了解投资方案的风险情况，有利于投资者或决策者做出最后的投资项目选择。同时也有助于在决策过程和实施过程中重点把握和控制风险因素。敏感性分析法的缺点是没有考虑到各种不确定因素在未来发生变动的概率，这可能会影响到分析结论的准确度。

#### 6.2.3.5 模糊集合评价法评估风险

模糊集合理论（Fuzzy Sets）的概念于1965年由美国自动控制专家扎德（L. A. Zadeh）提出，用以表达事物的不确定性。模糊综合评价法是一种模糊数学的综合评标方法。

首先确定被评价对象的因素（指标）集合评价（等级）集；再分别确定各个因素的权重及它们的隶属度矢量，获得模糊评判矩阵；最后把模糊评判矩阵与因素的权矢量进行模糊运算并进行归一化，得到模糊综合评价结果。

模糊评价通过精确的数字手段处理模糊的评价对象，能对蕴藏信息呈现模糊性的资料做出比较科学、合理、贴近实际的量化评价。评价结果是一个向量，而不是一个点值，包含的信息比较丰富，既可以比较准确地刻画被评价对象，并可以进一步加工，得出参考信息。但模糊综合评价法计算复杂，对指标权重向量的确定主观性较强。当指标集较大时，即指标集个数较大时，在权向量和为1的条件约束下，相对隶属度权系数往往偏小，权向量与模糊矩阵不匹配，结果会出现超模糊现象。分配率很差，无法区别谁的隶属度更高，甚至造成评价失败。

#### 6.2.3.6 神经网络法评估风险

神经网络法是从神经心理学和认知科学研究成果出发，应用数学方法发展起来的一种具有高度并行计算能力、自学能力和容错能力的处理方法。

神经网络技术在模式识别与分类、识别滤波、自动控制和预测等方面已展示了其非凡的优越性。神经网络的结构由一个输入层、若干个中间隐含层和一个输出层组成。神经网络法通过不断学习，能够从未知模式的大量的复杂数据中发现其规律。神经网络法克服了传统分析过程的复杂性及选择适当模型函数形式的困难,是一种自然的非线性建模过程,无须分清存在何种非线性关系,给建模与分析带来极大的方便。

神经网络法的优点在于其无严格的假设限制,且具有处理非线性问题的能力。它能有效解决非正态分布和非线性的信用评估问题。神经网络法的最大缺点是其工作的随机性较强。因此使该模型的应用受到了限制。一个较好的神经网络结构,需要人为随机调试,需要耗费大量人力和时间,加之该方法结论没有统计理论基础,解释性不强,所以应用受到很大限制。

### 6.2.4 构建作业施工方案

钻井流体工艺是油气钻井工程的重要组成部分,是实现健康、安全、快速、高效钻井及控制储层伤害、提高油气产量的重要保证。做好钻井流体设计是实施钻井流体工艺的前提。钻井流体设计是钻井工程设计的重要组成部分,也是钻井流体现场施工的依据。合理的钻井流体设计是钻井成功和降低钻井成本的关键。应根据地质设计中地层孔隙压力、破裂压力、井温以及井下难题提示等资料,按照钻井和地质工程提出的要求,做好钻井流体设计。

与一般钻井相比,复杂地质条件下钻井所用的钻井流体受到的限制更多,需要解决问题的难度更大。如果地层地质条件不清,缺少经验可以参考,则设计准确度差。受成本和井身结构限制,同一裸眼井段,钻井流体可能需要同时防涌、防漏、防塌,确定合理的钻井流体密度十分困难。钻井流体流变性、护壁性、抑制性、封堵性和润滑性等的协调统一,至今仍然未能很好地解决。

钻井设计应从提示分层与分井段井下难题、明确分段组分配比及性能范围、指出钻井流体配制与维护的处理方法、调整钻开储层时钻井流体性能、要求固控设备类型及使用时间、评估钻井流体材料计划及成本评估、明确钻井流体材料储存要求以及制订复杂情况处理措施8个方面考虑。

#### 6.2.4.1 提示分层与分井段井下难题

在地质设计中,可以发现相关分层与分井段的井下难题提示,即提示性信息。同时,地质设计还提示邻井地层实测压力,并建议钻井流体的类型、性能及使用原则。

#### 6.2.4.2 明确分段组分配比及性能范围

钻井流体设计应综合考虑地质情况、钻井施工的难易程度以及钻井成本、环境保护等多方面因素,实现因地制宜。依据地层的地质情况及井下的温度和压力,每个井段设计选择的钻井流体必须满足减少储层伤害及环境污染、抑制泥岩水化膨胀、防止井壁坍塌、防止卡钻、提高钻速、良好润滑性以利于减少扭矩和摩阻等条件,同时必须满足成本合理。设计要明确,在不同井段采用不同的钻井流体、钻井流体组分配比以及不同配比下钻井流体性能。

#### 6.2.4.3 指出钻井流体配制维护与处理的方法

钻井作业前按配比混合处理剂及钻井流体材料的过程称为钻井流体配制。钻井过程中,钻井流体因井下、地面消耗需要补充钻井流体。正常地补充钻井流体以满足钻井需要称为钻井流体维护。钻井遇到特殊地层前或钻井遇到特殊地层,控制钻井流体满足钻井需要,为实现特殊目的而改变钻井流体的某些性能满足钻井需要则称为钻井流体处理。

这些性能通过仪器设备测定数据，确定是否维护处理。因此，钻井流体设计中首先要明确现场测试仪器配套及监测要求，一些特殊的钻井流体，其测试仪更要重点提示。根据已有配浆设备情况、钻井流体处理剂特性，特别是维护处理剂小样测试，然后提出考虑钻井流体配制方法及维护措施，并提出建议或要求。制订钻井流体地面管理要求、制订钻井流体资料录取要求。

#### 6.2.4.4 调整钻开储层时钻井流体性能

钻开储层过程中，储层钻进流体与储层可以发生物理的、化学的或生物的相互作用而破坏储层原有的平衡状态，增大油气流入井底的阻力，造成储层伤害。因此，钻开储层时，应对钻井流体性能进行控制与调整。调整内容主要有钻井流体兼容性调整、组分及性能应与储层特性相匹配、改造或改性进入储层的钻井流体。

#### 6.2.4.5 要求固控设备类型及使用时间

钻井流体固相控制是保持钻井流体性能、实现优化钻井的重要手段。在钻井现场，利用固控设备对钻井流体进行固相控制是钻井流体维护和管理工作中的重要环节。固控设备需要按照有关要求合理使用，满足控制钻井流体中含砂量、使用振动筛、使用清洁器、使用离心机、净化钻井流体等要求。

#### 6.2.4.6 评估钻井流体材料计划及成本

设计中要表明钻井流体所需要的材料是基础材料还是专用材料，并标明材料类型、材料代号、材料用途以及剂量，再结合地层特性、井眼尺寸、井深及施工经验，估算钻井流体日消耗量，计算全井剂量。根据材料单价，计算材料费用。这些材料一般是认为正常情况所消耗的材料。

#### 6.2.4.7 明确钻井流体材料储备要求

钻井流体由钻井流体基础材料及化学处理剂两部分组成。钻井流体基础材料是指在配浆中剂量较大的基本组分，如膨润土、水、油和重晶石等。处理剂是指用于改善和稳定钻井流体性能，或为满足钻井流体某些性能要求需要加入的化学处理剂，满足钻井流体原材料及处理剂选择与数量要求、现场钻井流体原材料及处理剂使用要求。

#### 6.2.4.8 制订复杂情况处理措施

钻井过程中由于遇到复杂地层、钻井流体的类型与性能选择不当等原因，造成不能维持正常钻井和其他作业的现象，称为井下难题。发生井下难题后，需要了解难题发生的原因和过程，针对具体情况，及时采取有效的措施防止情况恶化，保证钻井工作的安全顺利进行，保证井漏处理措施、卡钻处理措施、井喷处理措施的顺利实施。

## 6.3 钻井流体实施前现场准备工作

钻井流体工作过程中，需要配套设备，才能完成地质、工程和油藏任务。钻井流体的工作设备是钻机的重要组成部分。钻机是全套钻井设备的总称。最常见的钻机是转盘旋转钻机。

钻机由柴油机、传动轴、钻井泵、绞车、井架、天车、游车、大钩、水龙头和转盘等组成,能够完成钻进、洗井、起下钻具等各项工序。一套钻机必须具备起升系统、旋转系统、循环系统、动力系统、传动系统、控制系统、钻机底座和辅助系统等八大系统。

钻井流体利用钻机循环系统,流经各种管件、设备以及井眼环空,构成钻井流体通道。水基和油基等液体型钻井流体,通过钻井泵输送动力,实现从地面到井下,再从井下到地面的循环。

## 6.3.1 液体型钻井流体循环流程

液体型钻井流体从钻井泵排出的高压钻井流体经过地面高压管汇、水龙带、立管、水龙头、方钻杆、钻杆和钻铤流动到钻头。钻头喷嘴喷出流体后,流体清洗井底,然后沿钻柱与井壁或套管形成的环形空间向上流动,并携带岩屑到达井口,最后经出口管和钻井流体槽流向振动筛以及固控设备,维护后进入钻井流体吸入罐。钻井泵再次吸入钻井流体,从钻井泵排出,重复循环过程。

这种方式是常用的钻井流体循环方式,称为全井正循环,也称正循环,是钻井过程中常用的循环方式,一般不特别指明,都是正循环。正循环时,钻井流体由地面的钻井泵或者压风机泵入地面高压胶管,经钻杆内孔到井底,由钻头喷嘴返出,经由钻杆与孔壁的环状空间上返至井口,流入地面循环槽,净化系统或者注入除尘器中,再由钻井泵或者压风机泵入井中,不断循环。正循环循环系统简单,井口不需要密封装置,这种循环方式应用广泛。钻井流体从地面到井下,再到地面所经过的主要环节,主要通过钻井泵、管线等实现连续作业,如图 6.1 所示。

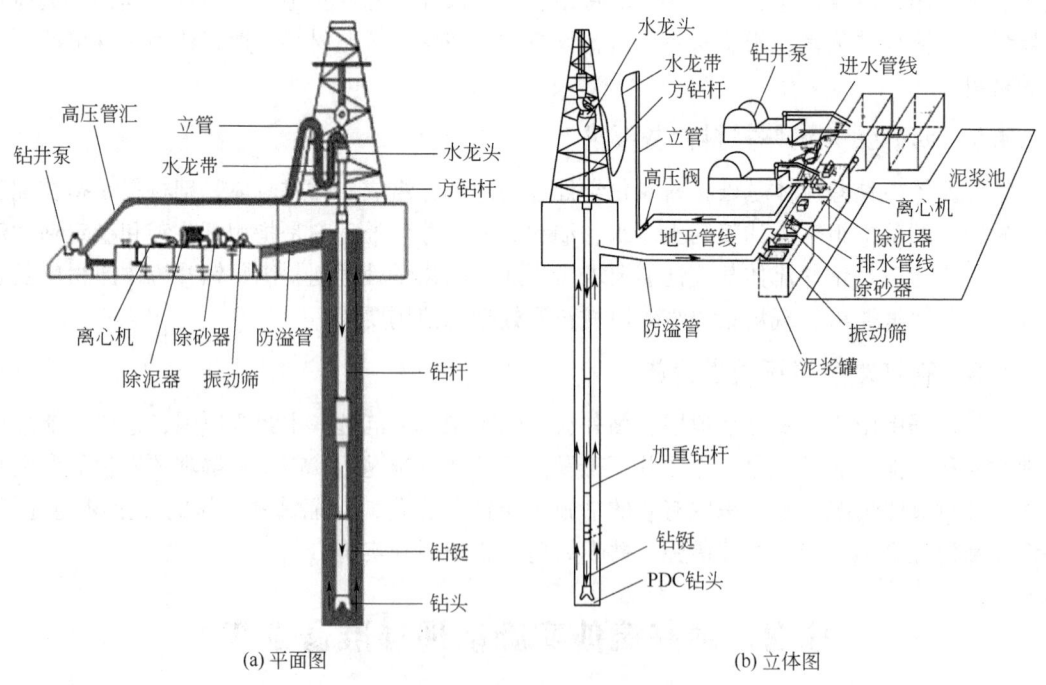

图 6.1 钻井流体循环系统示意图

与之相对应的是反循环,也称全井反循环。全井反循环时,钻井介质的流经方向正好与正循环相反。钻井流体经井口进入钻杆与孔壁的环状空间,沿此通道流经井底,然后沿钻杆内孔返至地表,经地面管路流入地表循环槽和净化系统中,再行循环。反循环又具体分为压注式和泵吸式两种方式。

这样看来，钻井流体循环主要有3种方式，即全孔正循环、全孔反循环和孔内局部反循环。不管是液体型还是气体型，不管正循环还是反循环，都是力图实现钻井流体中清除其中的无用固相，实现钻井流体作用的高效发挥。这种钻井流体工作设备和参数配套时关于清除其中的无用固相相关的论述，称为钻井流体流动系统净化配套理论（Matching Theory for Purification of Drilling Fluids Flow System）。液体型需要循环的观点，称为循环流程理论。气体型钻井流体的不可循环的观点，称为不可循环理论。

钻井流体的设备，按用途可分为注入系统、井筒系统、配制维护系统和废弃物处理系统。所以，研究钻井流体的工作流程，一般也以此为主线。

钻井系统配套的钻井流体地面循环系统属于机械固控钻井流体循环系统。效果较好，成本较低，得到广泛使用。但该固控系统复杂，牵涉的设备多，工况差，不少设备寿命短，故障多，且现场使用时往往仅能使用部分设备，导致达不到固控要求。因此，有必要对普遍使用的钻井流体地面循环系统流程和设备加以改进。

#### 6.3.1.1 注入系统

注入系统包括提供井筒动力的所有设备，主要有钻井泵、空气包、高压管汇、水龙头和方钻杆。

#### 6.3.1.2 井筒作业系统

井筒作业系统是钻井作业发挥钻井流体作用的主要场所，由钻井管柱和钻井工具以及地层环境组成，包括井下钻柱、钻头、环形空间。

#### 6.3.1.3 钻井流体配制维护装置

钻井流体配制维护装置是生产补充钻井流体的主要装置，指从井口流出的钻井流体通过这些装置使钻井流体性能满足钻井要求，包括钻井流体导流槽、脱气器、振动筛、沉砂池、旋流器、离心机和钻井流体罐体。

#### 6.3.1.4 废弃物处理系统

废弃物是指钻井过程中产生的岩屑、废弃钻井流体和废液等。处理钻井流体废弃物的废液池和岩屑处理设备等，构成了废弃物处理系统。

1) 废液池

废液池（Liquid Waste Disposal Basin）是指为防止废弃钻井流体渗漏地层造成地下水和地表土壤污染的盛装废弃钻井流体的天然坑池或人造坑池。废弃池有天然坑池和人造坑池两种，主要用于盛装废弃的钻井流体及废弃流体，防止废弃液渗漏地层。

废弃池选址要避开地下蓄水层，避开居民区、风景区，避开动植物和古迹保护区，远离泛洪区。废弃池内设有衬里，即先在储存池底部和周围铺垫一层有机土，压实后再铺一层加厚塑料膜衬层，最后再盖一层有机土压实。填埋废弃液时将废弃钻井流体充填到池内，待其中的水分基本蒸发完后，再盖上一层有机土顶层，填埋处理，最上部封上普通土壤，用于植被生长。废液池所用的有机土有两类。

2) 钻屑处理设备

钻屑处理设备（Drilling Cutting Disposal Equipment）是将钻井流体净化设备产生的岩屑进一步分离、甩干等所用到的一系列装置。钻屑处理最复杂的油基钻屑处理装置，主要由预处理罐、回收和清洗罐、调配及存储罐、螺旋输送装置、管线、电缆和集成控制系统等组成。

## 6.3.2 气体型钻井流体不可循环流程

气体型钻井流体，需要气体压缩机提供动力，大多数情况下无法建立循环，但发挥钻井流体作用的原理和液体型钻井流体一样，需要供气设备实现气体从地面到地下，然后从地下到地面的循环，只是返上来的气体不循环利用而已。空气及其他气体用作钻井流体工作介质时，井下通道与液体型钻井流体基本相同，不同之处是地面设备有所增加。

气体型钻井流体工作系统，是一类因工作气体不同而有所差异的操作设备。因此，气体型钻井流体的工作流程比较复杂，不同的流体有不同的处理方法。

泡沫流体不需要循环。充气流体需要加入井下伴生管。天然气钻井，可以加上气源管线将分离后的气体直接回收，回注利用。有时氮气钻井需要循环。不管怎样，其根本目的是有效分离出从井内循环出的气、液、固相。经过分离、过滤、净化后的气体再次进入压缩机、增压机，循环利用。岩屑和流体进一步处理，回收或废弃。

一般气体钻井，高压气体先后混入惰性气体、雾化液、泡沫后进入井筒。气基钻井流体通过钻柱，再到环空。返回地面后，通过液体、气体处理装置，要么重新利用，要么废弃。完成从地面到井下，再到地面的重复工作。气体钻井流体循环系统，如图6.2所示。

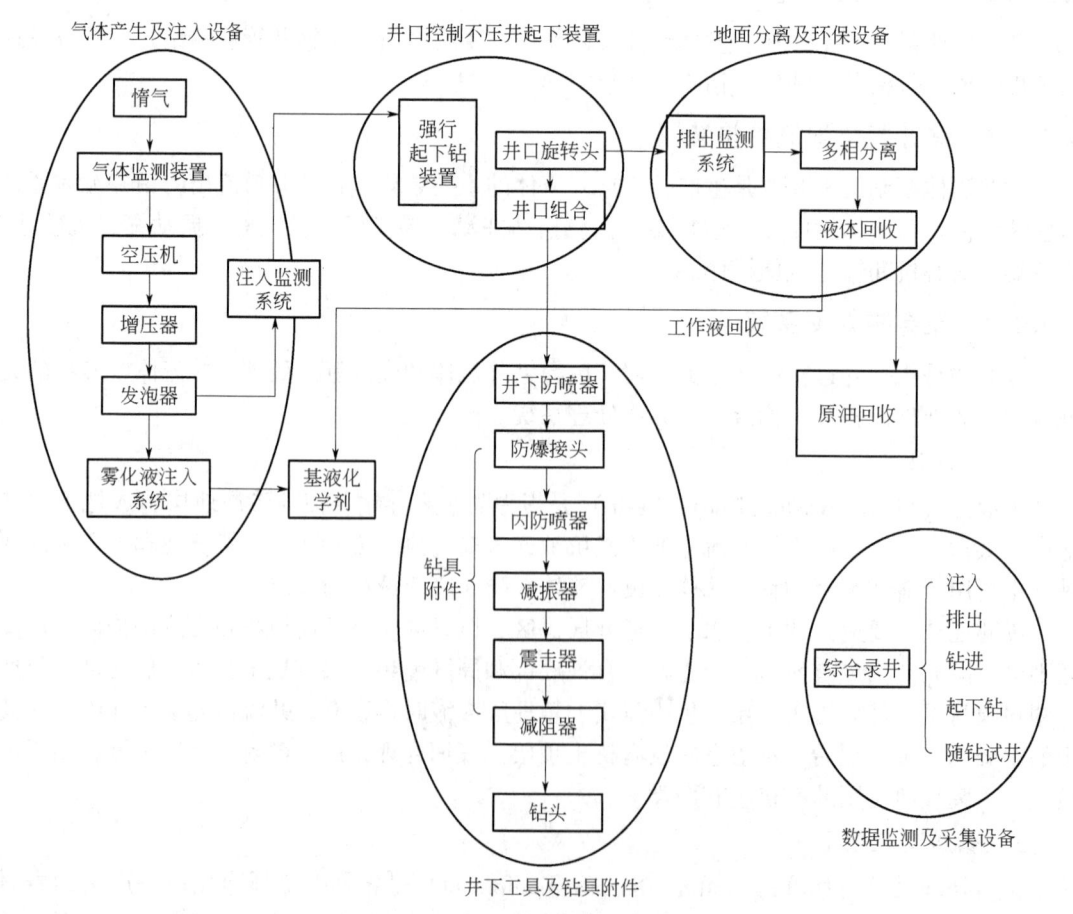

图 6.2 气体钻井流体循环系统

从图 6.2 中可以看出，实施气体钻井，需要一系列的装备和工具。按设备的作用方式，气体钻井流体工作系统可分成气体产生及注入设备、井口控制及不压井起下装置、井下工具及钻具附件、地面分离及环保设备、数据监测及采集设备等五大系统。

### 6.3.2.1 气体产生及注入设备

气体产生及注入设备即钻井流体生成和强制进入井筒的系统，包括惰性气体容器、气体监测系统、空气压缩机、增压机、雾化液注入系统、泡沫发生器、基液化学剂存储罐和注入监测系统。

### 6.3.2.2 井口控制及不压井起下装置

井口控制及不压井起下装置由井口旋转头、井口组合和强行起下钻装置组成，是钻进中途接单根、起下钻的关键装备。

### 6.3.2.3 井下工具及钻具附件

井下工具及钻具附件是空气钻井作业的主要井下工具，主要包括钻头、井下空气锤、减阻器、震击器、减振器、内防喷器、防爆接头、井下防喷器等。空气钻井作业机械速度较快，可能导致井斜。故常使用刚性或满眼钻具组合，通过下入带有可换硬质合金齿组件的扶正器来防止井斜。有的还将方钻铤直接加在钻头上部防斜。

空气钻井中没有流体来缓冲钻柱受到的冲击，易造成钻柱特别是下部钻具组合及其接头的疲劳损坏。与钻井流体钻井要求钻柱中和点始终保持在钻铤上不同，气体钻井作业中和点应位于钻杆和钻铤的连接部位。为防止强烈振动引起的交变应力影响钻柱强度，可使用空气震击器（空气锤）钻井，在钻铤和钻杆之间接加重钻杆，减少应力集中。

### 6.3.2.4 地面分离及环保设备

地面分离及环保设备主要是为防止井筒内的气体及尘土污染环境，所采用的方法是先监测，后清除。地面分离及环保设备主要包括井筒排出物监测系统、多相分离装置和排放系统。

### 6.3.2.5 信息监测及采集系统

信息监测及采集系统是为达到发现储层、评价储层和实时钻井监控目的而安装在钻台上、钻井流体循环通道上、钻具等相关部位能获取信息的设备，以及安全监测毒性气体的仪器。地面监测及采集系统主要有工程信息监测系统、安全信息监测系统。

【视频 S2 液体型钻井流体工作流程】

钻井流体如何携带钻屑从井下到地面？液体型钻井流体工作流程如视频 S2 所示。

【视频 S3 气体钻井技术】

钻井流体如何携带钻屑从井下到地面？气体钻井技术如视频 S3 所示。

视频 S2 液体型钻井流体工作流程    视频 S3 气体钻井技术

# 6.4 钻井流体实施中的操作工作

钻井流体的配制、维护与处理，是决定钻井流体正常工作最重要的环节。按照一体化的思想管理钻井流体的观点，称为钻井流体配制维护处理一体化理论。配制符合要求的钻井流体是钻井工作正常进行的基础，维护是保障，处理是措施。

## 6.4.1 钻井流体配制

钻井流体配制（Drilling Fluid Preparation）是指把钻井流体处理剂按设计的比例和方法合在一起用于钻井工作的过程。钻井流体配制过程中配量不准确、操作不规范、方法不得当、人员不定位，均会影响钻井流体性能指标，进而不能满足钻井需要，造成不必要的损失。钻井流体的配制主要有4个步骤。

### 6.4.1.1 了解处理剂性能特征

了解处理剂性能特征是配制良好钻井流体性能的前提，准确了解处理剂的性能指标、作用机理、使用方法、配制情况，是配制工艺中重要的环节。根据处理剂物理或化学特性调整配制程序，使它在配制过程中充分展现应有的性能。例如，天然植物胶要充分浸泡，低速搅拌。聚丙烯酰胺和聚丙烯酸钾等采用先溶解后稀释的方法做配制前的准备。这主要是由处理剂自身特点决定的。这样有利于处理剂性能的充分发挥。

### 6.4.1.2 确定钻井流体的性能指标

根据钻井流体方案和配制及性能指标，室内配制实验和优化调整。确认性能达标和配量准确，并做好详细的配制实验记录。可为后续施工配制确立准确的方法，杜绝盲目性。

### 6.4.1.3 严格按照配制程序和方法操作

配制程序和方法包括严格计量、依次加入、精细调整、充分搅拌等4个方面。

1) 严格计量

在配制钻井流体时，各种处理剂的配量要准确，特别是加量较少的处理剂，更要做到十分精细。这样可防止因加量不足或过多，造成钻井流体性能指标达不到设定值，致使井内事故。如聚丙烯酰胺加量过小，有害固相不能及时絮凝沉淀清除，导致钻井流体密度增大，有害固相增多，浮力减小，造成沉砂卡钻。加量过大，钻井流体高度絮凝，浮力小，有害固相快速沉淀，也会造成沉砂卡钻。

应特别注意处理剂的物理与化学特性，配制过程采用分别溶解的方法，避免相互制约而造成溶解缓慢或不溶解。如多效天然植物胶、共聚物等具有一定的包被功能的处理剂与膨润土混配溶解时，如果包被功能大于分散功能，膨润土颗粒被包被而难以分散，造成滤饼过厚，失水量大，泥包钻头、吸附、缩径、坍塌卡钻。

2) 依次加入

钻井流体是由处理剂与溶解介质混合而成。多功能由多个单功能组成，即多种处理剂混合组成。在配制过程中，应按照分散、增稠、增黏的方式依次加入。

3) 精细调整

性能调整是钻井流体配制过程中的一个调制程序，主要由于环境、条件、人为等因素，造成按剂量配制的钻井流体达不到所要求的性能指标，必须通过调制调整性能，满足功能要求。

4）充分搅拌

充分搅拌是促使各个单功能处理剂快速、均匀地溶入整个功能体系中的重要手段，通过充分剪切完成整个配制过程。

#### 6.4.1.4 使用过程中详细记录

使用过程中，做好记录有利于加强当时的记忆，可以在以后忘记而又需用时查找，可以为其他人提供方便。同时，便于提高管理水平和科学技术进步。

生产作业记录是生产工艺和操作指导书的延续，是生产工艺和操作指导书的细化；生产作业记录作为可追溯性依据，分析生产操作中存在的问题，确定某一件产品的质量问题或某一设备存在问题；生产作业记录对某一批产品在一定时期内的生产记录进行综合分析，掌握产品质量情况、设备运行情况，为采取纠正和预防措施、完善工艺提供依据。

1）记录存在的问题

在实际的生产过程中，由于对生产作业记录的作用认识不够，仅仅将其用于作业或安全管理事件的记载，以及出现问题后查证事情的依据。因此，在记录管理方面出现了很多问题。例如，重理论，轻实践；重运行，轻检查；重结果，轻过程；重作业，轻填写；重执行，轻参与。

2）做好记录的方法

存在的问题越多，越需要对作业记录的作用进行重新认识并进行有效的管理，从而最大限度地发挥其对管理的作用，包括对作业人员的业务培训作用，包括对作业人员的监督指导作用、对作业人员的激励作用、促进作业环节及人员持续改进。

3）做好记录的管理

作业记录对管理的作用，某种程度上属于隐性的，而非显性的，这就是说，这些作用如果不靠一定的系统管理方法，就达不到它的作用。

4）做好统计分析

统计分析作业记录是对管理过程的评价，是发现问题和隐患的主要来源，是创新管理的基础。可以说，作业记录是管理中不可缺失的重要环节。做好作业记录管理工作对管理有极大的促进作用，也是钻井流体进步的有力支撑。

### 6.4.2 钻井流体维护

钻井流体维护（Drilling Fluid Maintenance）是指为保持或恢复钻井流体处于完成要求功能的状态而进行的所有技术和管理活动的组合。从钻井流体配制到废弃的整个过程中，无论是正常钻进还是停钻，钻井流体都需要不断地进行性能测定，维护处理，以保证钻井流体性能保持在正常范围内。维护好钻井流体有利于后续钻进工作顺利开展。在施工当中如何保障钻井流体性能稳定，就需要严格按照维护程序认真操作，并需定人、定时进行检测、配制、补充、维护。

（1）测定好返出钻井流体性能。定时、定人测定返浆性能，保持钻井流体的性能在最佳值。掌握钻井流体性能的细微变化对钻井影响，并能及时地维护和处理。

（2）及时调整钻井流体性能和新配制钻井流体的补充。发现钻井流体或施工地层发生变化，应根据变化情况及时调整钻井流体性能或重新配制钻井流体替换或者补充，以满足钻进施工的需要。

（3）预防地层侵害钻井流体。预防、解决地层特性对钻井流体的侵害，是钻井流体维护的一个重要措施。对地层中的钙、镁、盐等对钻井流体的侵害，采取相应的预防措施和解决方法。如果有过多的钙和镁侵入，将会使黏土的水化和分散能力下降，造成过度絮凝而使造浆性能减退。此时需要加入适量的纯碱，减少钙离子，增加水化能力强的钠离子，达到提高黏土的造浆率。

（4）防止自然因素和人为因素伤害钻井流体。自然因素（如地表含泥沙水流、室外温度等）和人为因素（如意外加入、无知加入等），都有可能造成钻井流体性能失控。

（5）认真、及时清除有害固相。认真、及时清除有害固相，是保障钻井流体性能稳定的积极措施。认真、及时清除有害固相可使钻井流体保持较低固相和设计密度，防止因固相偏高造成施工困难和井下事故。

## 6.4.3 钻井流体处理

钻井过程中，由于地层的复杂性，经常会发生钻井流体性能发生较大变化的情况，给施工造成困难。如发生钙侵，使钻井流体失水、黏度和切力上升，滤饼变厚，导致钻井泵开泵困难、循环压耗增大等难题，称为钻井流体性能失控。通过调整使钻井流体恢复性能的过程，称为钻井流体处理（Drilling Fluid Treatment）。因此，当钻井流体的性能变化时，及时调整钻井流体性能，使其恢复正常性能满足该井段的钻井要求，对于钻井施工以及后续的油气田开采具有十分重要的意义。一般情况下，改变钻井流体性能，按以下五步处理。

### 6.4.3.1 测量钻井流体性能

现场取样，测量钻井流体的密度、黏度、切力、固相含量、pH 值，具体测量方法参照相关标准规范操作方法。测量结果与钻井流体设计要求的性能对比，发现不当之处以便修改。

### 6.4.3.2 寻找钻井流体性能失控主控因素

根据现场生产资料和钻井流体取样资料，利用定量定性方法导致钻井流体性能发生变化的主要原因。钻井流体的同一种性能受到多方面因素的影响。如地层水侵入钻井流体、钻井流体中的无用固相含量、温度、压力和井身结构等因素都会影响钻井流体性能。因此，只有找到引起某一性能发生改变的真正原因，对症下药，才能达到恢复钻井流体性能的目的。只有在拥有大量的现场实际数据的基础上，运用合理的分析方法才能提高实验结果的精确性。

### 6.4.3.3 确定处理性能失控钻井流体方案

根据性能改变的程度、原因及地层理化特性确定经济合适的处理剂类型及用量。分析确定钻井流体某一性能的改变程度，结合之前分析得出的导致钻井流体性能改变的原因，并根据地层特点、处理剂的成本选择合适经济的处理剂类型和用量。

### 6.4.3.4 处理钻井流体获得合适性能

加入处理剂后，须及时监测钻井流体性能的变化，直至钻井流体性能恢复至正常水平。随着勘探领域逐渐向深部地层中发展，需要钻探的地层也越来越复杂。为了能够满足钻探对钻井流体技术的标准和要求，必须探索性能稳定、耐温能力强、抗污染性能好和密度大的钻井流体技术。

钻井深度越深，井下温度和压力越来越高，地质情况越加复杂，遇到的技术困难就越多。而高温高压盐膏层钻井的技术难度就更大。因此，高温高压盐膏层钻井流体的性能稳定与否直接关系到钻井的成败。

#### 6.4.3.5 处理技术完善推广

同一区块，由于地层的相似性，钻井过程中常会遇到相似的问题，因此，即时保存资料，对于新井的施工具有十分重要的意义。同样，对于同一类钻井流体，处理的经验以及失控钻井流体的教训，更应该总结。因为预防钻井流体失控比处理钻井流体更容易、更廉价。

【思政内容：需求推动科学技术进步】

> 需求推动科学技术进步，满足民计民生需求的同时，也满足科学技术进步的创造者自我发展的个人需求。社会需求的种类很多，如生活需求、教育需求等，会自觉不自觉地引导人们提供这些需求以获得回报。为了获取更多回报，就会主动去寻找省时省力降低成本的方法。这些方法在实践中不断改进，形成了理论、方法和工艺，即科学技术，使得人们的生活、工作等更便捷、更高效。突出表现在社会需求对科学技术有导向作用、选择作用和调控作用，与之相对应是科学技术对社会具有响应作用。当然，科学技术和社会需求之间的关系是复杂的、多样的，需要站在已有科学技术的基础上，才能发展得更快更好。

### 思考题

1. 什么是钻井流体配方？配方优化的方法有哪些？
2. 简要描述钻井流体实施过程。
3. 简要介绍钻井流体配制、维护和处理的要点。

# 7 钻井流体控制压力性能测定及调整方法

钻井流体的压力控制性能（Pressure Control Performance）是指利用钻井流体密度或者流体进入地层后形成的新的岩石强度，控制井壁坍塌或者地层压力的性质和功能。一般情况下，所需钻井流体密度越高，则密度调整前钻井流体的固相含量及黏度、切力应控制得越低。

许多论文和著作中把钻井流体的密度作为钻井流体的一种性能，是不完全合适的。钻井流体的密度是流体的物理属性即性质，而不是性能。要想利用性质满足钻井流体的在工程上的需要，则要结合工艺实现。利用钻井流体密度的性质结合分散剂和施工工艺，获得钻井流体井下压力控制的性能，达到稳定井壁、防止井喷等目的。即钻井流体的密度是钻井流体自身的一种性质。这一性质通过性能来实现钻井流体的功能。

固体密度需要关注实际密度、表观密度和堆积密度三种，都与钻井流体的处理剂和体系相关。流体的密度是指气体或液体的密度，大多与温度和压力有关，其测量方法较多，一般都用密度计来完成。

钻井流体密度（Drilling Fluid Density），是指钻井流体在一定温度和压力下单位体积的质量。水基和油基等液体型钻井流体密度，即非气基钻井流体的密度，是指单位体积钻井流体在规定温度（21℃）下的质量。气基钻井流体密度，是指单位体积的气体质量，用百分比表示。通常，钻井流体密度通常是指地面密度（Surface Density），与之相对的是井下密度（Downhole Density）。

钻井流体密度的度量用国际单位制（International System of Units）和英制单位均可。国际单位制为克/立方厘米（Grams per Cubic Centimeter，$g/cm^3$）或者千克/立方米（Kilograms per Cubic Meter，$kg/m^3$）。一般情况下，可以使用毫升（Milliliter，mL）来表达立方厘米。英制单位为通常为磅/加仑（lb/gal，Pounds per Gallon，即 ppg）或者磅/立方英尺（Pounds per Cubic Foot，$lb/ft^3$）。

国际标准化组织（International Organization for Standardization，ISO）给出了钻井流体密度单位 $g/cm^3$、$kg/m^3$、$lb/gal$ 和 $lb/ft^3$ 间的换算关系（如 $1g/cm = 8.345lb/gal$），其中 $g/cm^3$ 的值与相对密度的数学值相同。

密度作为钻井流体的一种性质，比较复杂。钻井流体是功能性流体，同一类钻井流体，甚至同一钻井流体，在组分不同或者同一组分但剂量不同的情况下，钻井流体的密度也可能不相同。钻井流体密度是钻井流体各组分密度及相互作用程度的综合表现。

水基钻井流体密度为 $1.0 \sim 2.2g/cm^3$，其中，清水钻井流体密度最低，为 $1.0g/cm^3$，高密度盐水钻井流体密度可达 $2.2g/cm^3$。

油基钻井流体密度为 $0.83 \sim 2.30g/cm^3$，其中，柴油全油基钻井流体的密度最低，为 $0.83g/cm^3$，应用中曾出现初始密度为 $1.30g/cm^3$ 的油基钻井流体。油品不同如沥青油做基油的加重钻井流体的密度较高可以达到 $2.0g/cm^3$ 以上。

气基钻井流体的密度一般小于 $0.9g/cm^3$。其中，空气密度 $0.00117g/cm^3$ 为最低。充气钻井流体密度最高，能达到 0.83g/cm³。充气钻井流体是一种密度 0.47~0.83g/cm³ 的气液混合物。有的充气钻井流体的密度最高可达 1.05g/cm³。

加重钻井流体的密度变化较大，范围在 1.25~2.5g/cm³。使用可溶性有机盐、无机盐，不溶性惰性加重剂以及复合加重的钻井流体密度可达 2.5g/cm³ 或者更高。

钻井流体除了连续相、可溶性盐以及惰性加重材料等能提高钻井流体密度的组分外，还有降失水剂和增黏剂等其他处理剂。这些处理剂在调节钻井流体性能方面可以发挥巨大作用，但如果它们的剂量相对较小，对钻井流体的密度影响可以忽略，特别是对加重钻井流体，这些处理剂对密度的贡献更是微乎其微，所以在计算密度时，一般不考虑。

钻井流体控制压力性能关系到井下安全、机械钻速和储层伤害等。此外，还能通过自身的密度悬浮井内物质。

（1）钻井流体控制压力性能与井下安全的关系。钻井流体的首要作用是保证井下安全。井下安全主要体现在平衡地层孔隙压力和构造应力，即井下压力。井下压力是指作用在井下某一位置的各种压力总和。钻井作业不同，井下压力也不同。实际钻井过程中，井下压力不仅是钻井流体静止或者循环时的压力，还有许多作业会产生附加压力。这些压力都可以用钻井流体的密度平衡并表征。

钻井流体静止是指钻井流体停止循环，如接单根作业、测井作业等。此时，钻井流体处于静止状态，钻井流体静液柱压力（Hydrostatic Pressure）是平衡井底压力和维持井壁稳定的唯一手段，即一级井控。钻井流体在井内处于不流动状态。

钻井流体循环时，如正常钻进、地质循环等过程，环空流动阻力使井底压力增加，井底压力为钻井流体静液柱压力与环空流动阻力（Flow Resistance）之和。

起钻时，钻柱沿井筒向上运动，井筒内压力降低，称为抽吸现象。引起抽吸现象的原因，称为抽吸作用（Suction Effect）。此时，井筒内钻井流体短时间内向下流动，充填钻柱起出后留下的体积。流体作用于井底压力因为抽吸作用和钻井流体未来得及灌满井筒而产生的静液压力减小。抽吸作用使钻井流体作用于井下压力减小，这个压力称为抽吸波动压力（Swab Surge Pressure）。钻井流体未来得及灌满井筒而减少的静液压力，称为井筒掏空压力（Hollow Hole Pressure）。一般地，中国作业的钻井流体密度附加值，油层可选择 1.5~3.5MPa 或 0.05~0.1g/cm³，气层可选择 3.0~5.0MPa 或 0.07~0.15g/cm³。国际上，认为正常压力以 0.433psi/ft 为标准，高于此值为异常高压，低于此值则为异常低压。以此为依据，可分为过平衡钻井、近平衡钻井和欠平衡钻井。大多数钻井属于过平衡钻井，附加值通常高于地层压力 100psi 到 500psi。

下钻时，钻柱沿井筒向下运动，造成井筒内压力增大，称为挤注现象。引起挤注现象的原因，称为挤注作用。此时，井筒内钻井流体短时间内向上流动，挤占钻井流体原有空间迫使流体向上运动，流体作用于井底的压力因为挤注作用突然增大。挤注作用使钻井流体作用于井下压力增加。这个压力称为挤注波动压力，也称激动压力（Surge Pressure）。下钻或者下套管时，激动压力过大会增加地层破裂的概率，进而诱发井漏。因此，下钻时要防止激动压力过大压漏地层。

划眼时，为将已完钻井眼由于井眼质量不好或者局部井眼质量不好，或者发现井壁附着杂物可能造成起下钻柱阻卡，修理井眼。用与井径相同直径的钻头，在井眼内上下移动旋转、刮削井壁，使井眼规则、井径上下一致、井壁平滑完整的作业，称为划眼（Reaming Redressing）。下钻遇阻时、下套管前摩阻较大或在容易发生井斜的井段，都需要划眼。划眼分正划眼和倒划眼。边循环、边向下钻已完成的井眼，称为正划眼（Ream Down），此时井内压差为正值。边循环、边向上钻已完成的井眼，则称为倒划眼（Back Reaming），此时井内压差为负值。

（2）钻井流体控制压力性能与机械钻速的关系。钻井过程中，钻井流体密度偏高或地层压力偏低，或者因钻井流体循环当量循环密度增加，或者钻屑引起的循环当量密度增加，致使井底承受较大的附加压力。这种井底附加压力增大的现象，即为井底压持效应。井底压持效应的存在会造成钻头重复破碎和切削，降低钻进速度。降低密度提高机械钻速的主要原因是加大井内推力和增大压力强度。

① 加大井内推力提高钻速。岩石处于受拉状态下最易破坏。钻井流体密度降低，改变井底应力状态，使地层孔隙压力在负压差条件下产生向井内的推力。推力有促使井底岩石破碎的趋势，利于钻头和井底岩石的接触，提高切削效率。

② 增大压入强度提高钻速。钻井流体密度降低，井底围压随之降低，即相当于岩石的抗钻强度降低；钻井流体密度提高，在围压较高时会增大岩石的各向压缩效应，导致岩石压入强度（即岩石硬度）增加和塑性增大。钻进过程中齿坑减小，会造成破碎岩石体积减小，从而降低机械速度。这种影响在岩石硬度较小的地层尤其明显。

（3）钻井流体控制压力性能与储层伤害的关系。钻井流体密度高、当量循环密度大，液柱压力和地层压力差增加，导致固相颗粒进入地层数量增多或者颗粒间距离增大，无法封堵稳定，失水量增大，造成储层伤害。

通常，失水或者固相颗粒进入储层的深度和储层伤害的严重程度，随着正压差的增加而增大，即随着密度的增加而增大。此外，当钻井流体有效液柱压力超过地层破裂压力或钻井流体在储层裂缝中的流动阻力时，钻井流体就有可能漏失至储层深部，加剧储层伤害。

准确地测量钻井流体的密度，是调控钻井流体密度的前提。钻井流体作为流体的一种，测量手段多种多样。大多数情况下，钻井流体是相对稳定的多相流体，且在流体测量体积较小的情况下，钻井流体在容器上部和下部的密度相差不大。通过测量单位体积的钻井流体质量以获得钻井流体的平均密度作为钻井流体的密度，是可接受的。

钻井流体的密度，不仅能够稳定井壁，防止井壁的张性破裂（井漏）和剪切垮塌（井塌），还要能够维持井内压力平衡，避免地层流体大量流入井内，造成地层流体侵害钻井流体以及井漏、井喷、压差卡钻等工程事故。这就涉及地层的三个压力，即地层孔隙压力、地层破裂压力和地层坍塌压力。

三个压力在纵向上的连续变化称为压力剖面。剖面间的压力差值被称为钻井流体安全密度窗口（Safety Drilling Fluids Window）。为实现井下安全，钻井流体的密度应该大于地层孔隙压力、地层坍塌压力，但小于地层破裂压力。为了安全钻井流体的密度在平衡地层压力的基础上再附加安全值。

实际上，这是用密度平衡压力思想的体现，如果钻井流体能够进入地层一定深度，提高了油气向井筒内流动的启动压力或者流动梯度，密度附加值或许不需要这么高。

【思政内容：人无压力轻飘飘，井无压力不出油】

"人无压力轻飘飘，井无压力不出油。"

这是铁人王进喜格言，是石油人强烈的社会使命感和自律意识的突出表现。工作的责任心不强，没有压力，一天轻飘飘地就过去了。压力不是哪个领导给的压力，是自觉

> 自愿的压力,要有责任心,对党负责,对国家负责,对自己负责,自然有压力。没有油,国家有压力,大家自觉分担这个压力。当今时代要担当,担当就意味着压力。虽说人无压力轻飘飘,但是压力过大就会随波逐流,可能就会像扁舟被淹没,所以压力需要重视和正视。做一个敢于实践的人,在实践中承担压力。

## 7.1 钻井流体控制压力测定方法

钻井流体控制井下压力的方法可以分为钻井流体密度法和增强地层强度法。密度法是常用的控制方法,通过压力平衡实现。增强地层强度法主要是通过改变地层的强度实现坍塌压力、破裂压力或者漏失压力、孔隙压力,达到钻井流体平衡井下压力。

### 7.1.1 钻井流体密度测定方法

钻井流体的密度测定方法主要是针对地面的密度和地下工作时的密度而言,即地面密度测量方法和地下密度测量方法。

#### 7.1.1.1 钻井流体地面密度测定方法

钻井流体的配制工作通常在常温常压的环境中进行,因此在地面环境中使用各种方法测量钻井流体的密度是可以接受的。

1) 利用体积质量减少测量钻井流体地面密度

体积质量减少法是利用钻井流体减少的质量除以减少的体积,获得钻井流体近似密度的一种方法。流体减少和流体增加都可以获得钻井流体的密度,原理相同。

2) 利用等体积清水测量钻井流体地面密度

等体积清水法用于没有量筒或者液体体积无法直接测量的情况,需要借助等体积配浆用的清水(Preparation Water)测量钻井流体。利用清水的密度,在体积相等时,两种物质的质量比等于密度比,来获得钻井流体近似密度的一种方法。

3) 利用液体密度计测量钻井流体地面密度

使用密度计测量钻井流体的密度,是利用固定的体积,获得钻井流体的相对质量,来获得钻井流体近似密度的一种方法。

大约在 1936 年,加利福尼亚的 Union Oil 公司发明了操作简单、耐用的钻井流体比重秤(Mud-Weight Balance)。测量臂可以使用 lb/ft$^3$ 或者 lb/gal 两种单位。API 把两种仪器都作为标准仪器。现在这种钻井流体比重秤在现场已经普及,在量程扩大的同时,在测量臂上刻有国际单位和英制单位,方便单位换算。钻井流体密度计主要有普通和加压两种。

不同的仪器,不同的钻井流体,不同的测量目的,测试的步骤不同。但测试之前均需对仪器进行校正。一般使用清水校正。这也是钻井流体密度是近似密度的原因,也是密度等同于相对密度的原因。尤其在扩大量程使用时,更应做适当的校正。

(1) 普通钻井流体密度计测量钻井流体地面密度。

钻井流体专用钻井流体比重秤,现在多称为钻井流体密度计(Mud Balance)。

钻井流体密度在 0.5~3.1g/cm$^3$ 范围内时,均可采用钻井流体液体密度计直接测量。使用密度计前,应该根据钻井流体的密度选择合适的密度计。钻井流体液体密度计的测量精度为 0.01g/cm³，待测钻井流体的量应大于 140cm³ 或 210cm³，测量温度范围为 0~105℃ 或者 32~220℉。

国际上的密度计与中国的密度计测量原理相同，都符合 API 标准。测量精度为 0.01g/mL 或者 10kg/m³，即 0.1lb/gal 或者 0.5lb/ft³。21℃或者70℉下，1g/cm³ = 8.33lb/gal = 62.3lb/ft³；1Pa/m = 9.81g/cm³ = 22.6psi/ft，1psi/ft = 0.0520lb/gal/ft = 0.00694lb/ft³/ft。这样，密度和压力梯度的关系就建立起来了。

（2）加压钻井流体密度计测量钻井流体地面密度。

钻井过程中，钻井流体受气侵或有意混入一些表面活性剂产生气体，如可循环泡沫钻井流体、微泡钻井流体以及绒囊钻井流体等水基或油基钻井流体，以及泡沫钻井流体、充气钻井流体等气基钻井流体。此时，需要了解钻井流体的密度和在一定压力下的密度，即在循环温度比较恒定时，入井后钻井流体的密度变化，可用一种特殊的密度计，即加压钻井流体密度计（Pressurized Mud Balance）测量。

测量含有气体的或空气的钻井流体加压密度计与常规密度计相似，不同的是钻井流体测试杯和杯盖有螺纹，可将杯盖旋拧在杯盖上。杯盖上装有一个单向阀，加压柱塞筒将一部分钻井流体注入杯中时，不至于返出钻井流体。

大多数钻井流体在实验前除去其中的气体，并不需要特殊的设备。通常加几滴适合的消泡剂再稍加搅拌即可。多数情况下，用刮勺搅拌或来回倾倒就能满足需要。若采用了前面的做法，钻井流体仍含气时，就需采用能抽真空的装置和消泡剂脱气设备。选择真空设备时要注意其真空度。真空度是抽真空程度的量度，通常以大气压减去容器内残压来表示。真空度越高，则抽空程度越大，容器内残压越低。

（3）压力传感器钻井流体密度计测量钻井流体地面密度。

由于压敏元件的快速发展和精度提高，压敏元件在测量钻井流体密度时也得以广泛应用，测量原理是利用液柱压力与密度的相关性。在钻井流体容器内取一定的高度，通过测量两处位置的压力差在已知当地重力加速度的条件下，求出对应钻井流体的密度。

4）利用质量法测量泡沫钻井流体地面密度

气基钻井流体的密度测量比较复杂，有的采用其密度计量，如充气钻井流体；有的采用体积百分比计量，称为流体质量。气/雾钻井流体的地面密度可以采用常规测量方法。其测量可以根据空气的测量方法，如浮力法、声学法和温湿压法。

（1）浮力法测量泡沫钻井流体地面密度。通过精确测量比较质量相等但体积相差较大的两物体的浮力差确定空气密度。利用浮力法测量空气密度装置成本高，过程复杂，常用于测量精度要求较高的测试环境中。

（2）声学法测量泡沫钻井流体地面密度。利用声场的改变引起空气压力的改变从而测定空气密度的方法，测量精度低。

（3）温湿压法测量泡沫钻井流体地面密度。通过测量空气的成分和温度、湿度和压力，并通过查表或计算得出空气密度的方法。高精度的测试系统，采用温湿压法可以得到有和浮力法相同的测量精度。

气体钻井流体可以根据测量空气的方法，得到比较满意的结果。泡沫钻井流体、充气钻井流体地面密度可以通过液体计的方法直接测量，也可用计算的方法预测。

### 7.1.1.2 钻井流体井下密度测量方法

不同作业过程，井下压力不同，作用在地层上的压力也不同。井下压差是井下压力与地层压力的差。井下压差也称井底压差,但井底压差不能体现钻井流体作用在任意井深处的压力。所以,某井深处的井下压力是指液柱压力与该井深处的地层压力之差。

井底压力远大于地层压力时,井底压差远大于0,这时的钻井为过平衡钻井。井底压力稍大于地层压力时,井底压差稍大于0,这时的钻井为近平衡钻井。井底压力等于地层压力时,井底压差为0,这时的钻井为平衡钻井。井底压力小于地层压力时,井底压差小于0,这时的钻井为欠平衡钻井。控制一定的井下压差,这时的钻井则为控压钻井。

钻井流体静止时,作用于井下的压力可以折算成钻井流体密度,称为当量静态密度。当量静态密度(Equivalent Static Density,ESD),是指钻井流体停止循环时,井底的实际静液柱压力根据垂深所折算的密度。

与地面密度不同,钻井流体的当量静态密度受压力和温度的影响,井深不同,密度不同。钻井流体具有热膨胀性,井越深,温度越高,密度越低。钻井流体具有可压缩性,井越深,压力越高,密度越大。温度和压力的双重作用,使得预测当量静态密度十分困难。

一般情况下,井越深,井底温度越高,钻井流体当量静态密度会随之变小。同时,井越深,井底静液柱压力越大,当量静态密度会变大。这就引发出温度和压力协同作用下的井内钻井流体的密度问题,与之相对应的是液柱压力问题。还有,流体中的固相含量也是影响钻井流体当量静态密度一个重要因素,特别是钻井流体作为悬浮体,上部与下部密度可能差距较大。

更复杂的是,钻井流体流动时,作用于井底的力也可以折算成密度,称为当量循环密度。当量循环密度(Equivalent Circulating Density,ECD)是指钻井流体循环时井下所有的压力变化都归一到流体流动时的沿程损失,造成实际液柱产生的压力比钻井流体静止时的压力大,根据垂深折算成的密度。当量循环密度是假想的流体密度,是钻井流体在动态条件下产生的对给定井深压力的折算值。钻井流体的当量循环密度是钻井流体的当量静态密度与钻井流体流动造成的环空压降折算的密度之和。

1) 井下当量静态密度预测方法

准确地预测当量静态密度和当量循环密度关系钻井作业安全、快速钻进以及控制储层伤害。但钻井流体当量循环密度的影响因素很多,如温度、压力、钻井流体的流变性、钻井流体流速、井身结构、钻具组合等,计算比较困难。尽管许多学者对此做了大量研究,但有说服力的成果也不多见。当量静态密度的研究方法归纳起来有两类:一类是组分模型法;另一类是体系模型法。

(1) 组分模型法预测井下当量静态密度。

组分模型,也就是钻井流体的组分模型,是研究钻井流体的组分,特别是研究连续相在温度与压力协同作用下的变化规律,来预测钻井流体密度的变化规律。比较经典的组分模型是 L. L. Hoberock 模型。L. L. Hoberock 模型是1982年 L. L. Hoberock 提出的,以液柱压力、钻井流体密度与垂深的积为基础,通过引入一定温度与压力下柴油、水和盐水密度变化,预测当量静态密度。

由于物质具有压缩性和膨胀性,在配制钻井流体时,必须考虑这种性质来确定各组分的体积变化以及对密度的影响。在这个模型中,假设钻井流体中的固相都是不可压缩的,对于实际情况,则需考虑固相的压缩性和膨胀性。

(2) 经验模型法预测井下当量密度。

经验模型也称为复合模型,即利用钻井流体在不同温度压力下实际测量体积,根据质量守恒定律，利用数学方法寻找温度和压力的规律。比较经典的是 W. C. Mcmordie 模型。

1982 年，W. C. Mcmordie 等利用温度压力实验，研究 21~204℃，0~95MPa，1.32~2.16g/m³ 的油基和水基钻井流体密度变化，发现相同质量的钻井流体，高温高压影响油基钻井流体的较水基钻井流体大，从而推导出密度和压力温度的公式。公式的特点是钻井流体密度的改变量可以看作是压力的函数。

体系模型预测钻井流体的井下密度，比较直观，容易理解。但是不同的方法，回归出的公式差距较大。除了很多人用有公式的多元回归，得到许多方程外，王金凤等还用 BP 神经网络预测了绒囊钻井流体的井下密度变化规律[10]。事实上，如何得到温度和压力是一个十分困难的事情。现场无法得到或得到会投入大量时间和设备，效益不好。王金凤等引入可以转换为地温和压力的井深，预测不同井深下的密度，更有效预测井下密度[11]。

由此，通过某地区地温梯度以及钻井流体的地面密度，即可得到井筒内液柱压力沿井深的分布规律，进而得到绒囊钻井流体静态密度沿井深分布规律。

当然，还有很多学者通过各种手段提高预测精度，但是给出的模型都是，给定温度和压力来计算出当量密度。由于现场无法测量实际的井下温度和压力，这些模型的使用价值并没有实际发挥作用。

2) 井下当量循环密度预测方法

钻井流体循环时，附加的压力可以转化为密度。即钻井流体的当量循环密度可定义为钻井流体的当量静态密度（Equivalent Static Density，ESD）与钻井流体流动造成的环空压力损失之和。

当量循环密度（Equivalent Circulating Density，ECD）是指钻井流体循环时井下所有的压力变化都归一到流体流动时沿程损失，造成实际液柱产生的压力比钻井流体静止时的压力大，根据垂深折算成的密度，计算当量循环密度。

Peters 等在 1991 年提出的多组分物质平衡模型。Harris 等利用宾汉塑性流体模型和 Crank Nicolson 离散模型预测当量循环密度。

了解了钻井流体井下密度，就可以在地面调整钻井流体的密度，满足井下需求。不同钻井流体采取不同的调整钻井流体密度方法。非气基钻井流体提高钻井流体密度，通过添加加重剂；降低钻井流体密度通过化学方法、机械方法、加入密度减轻剂，也可以加水或油等连续相，充入气体，增加表面活性剂剂量等物理方法。总体来看，可以把调整非水基钻井流体密度方法分成惰性调整、连续相调整、活性加重剂调整、可溶性盐调整、表面活性剂调整、复合调整剂调整等一系列的密度调整方法。因此，调整钻井流体密度的主要方法有准确计算处理剂用量和按照处理剂的特点合理配制钻井流体两种。前者为原理问题，后者为技术问题。

降低钻井流体密度的化学和机械方法主要是通过固相控制来实现，将在固相控制部分来研究。

纯气钻井流体调整钻井流体密度的方法较少，主要是清除气体钻井流体中的钻屑。

## 7.1.2 钻井流体增强地层强度以控压能力测定方法

增强地层强度以控制井下压力的测定方法还没有形成统一的认识，主要采用注入钻井流体前后测定岩心柱塞强度变化来评价。也可通过测定岩心柱塞注入钻井流体前后的启动压力梯度评价地层压力突破钻井流体的能力，界定是否能够控制地下流体进入井筒。

## 7.2 钻井流体控制压力调整方法

钻井流体控制井下压力调整方法可以分为钻井流体密度调整法和增强地层强度调整法。

### 7.2.1 钻井流体密度调整方法

钻井流体在控制压力方面主要还是依靠钻井流体的密度，控压钻井和欠平衡钻井也是通过调节钻井流体的密度来实现的，而且这些控制方式是依据钻井静态的压力实现的。未来可能要根据实钻井的具体情况，不断调整才能更好控制井下压力，特别是在油田调整井的钻井过程中，井下压力的变化比较复杂。

随着钻井流体密度控制的发展，控制压力钻井已经成为普遍认可的钻井技术，可以解决复杂地层钻井中出现的压力控制复杂问题，提高钻井效率，降低钻井成本。控压钻井技术的应用范围应包括过平衡钻井、近平衡钻井、欠平衡钻井、精细控压钻井及自动（闭环）控压钻井，这也是压力控制技术发展的一个很重要的方向。

#### 7.2.1.1 用惰性加重剂调整钻井流体密度

用惰性加重剂调整钻井流体密度，是指材料加入后除处理剂自身体积增加钻井流体的体积外，不会因加重剂与原钻井流体发生物理或者化学反应，造成体积增加。用惰性加重剂调整钻井流体密度，是钻井流体加重最常用的方法。大多数情况下是提高钻井流体密度，即加重。

顾名思义，加重就是向钻井流体中加入更重的物质。然而，如果钻井现场没有更重的物质，或者没有那么多容器盛装，该怎么办呢？因此，要比较准确地计算加重需要的各种物质的用量。根据作业需要不同，加重可以分成不限定体积加重和限定体积加重两种情况。加重后钻井流体的固相百分比，经验认为是 8 倍钻井流体密度减去 6 乘以 3.2。

提高钻井流体密度（也称加重），是指在钻井流体中加入加重剂，获得高于钻井流体连续相的密度的过程。

常见的加重剂有重晶石粉、石灰石粉、氧化铁矿粉、钛铁矿粉和方铅矿粉等以及空心玻璃微珠，其视密度可以在相关资料中查找。

原钻井流体性能对钻井流体密度调整前后的性能影响很大，需要考虑可能出现的情况合理调整。密度调整后钻井流体的密度越高，原钻井流体的膨润土含量应越低，悬浮性应越好。原钻井流体应具有恰当的黏度、动切力、静切力和较低的失水量、良好质量的滤饼。密度调整前应做好小型试验，优选出原钻井流体处理的最合理方案，保证钻井流体在密度调整后能满足要求，并检查使用材料是否满足调整需求。

调整前应将井内油气侵入的钻井流体循环出至地面，并尽可能排放。调整良好原钻井流体，性能调整稳定后，可用一台钻井流体泵在地面循环密度调整，另一台钻井流体泵往井内泵浆和循环。密度调整时必须使用混合漏斗和钻井流体枪。密度调整应按循环周进行，钻井流体密度一般每循环一周提高 $0.05 \sim 0.10 \mathrm{g/cm}^3$，不能过快。加到预定密度值后，循环一至两周并同时测量其密度、黏度和切力。

为维持调整钻井流体的性能，可以添加连续相或化学处理剂，但必须做好小型试验。维护时，加入速度要适当。要防止其他流体进钻井流体，防止加重剂沉淀。应认真做好固相控制工作，使用细目的振动筛和双离心机及时清除钻屑。用一台1600~1800r/min的离心机回收底流的加重剂，其溢流泵入下一台2800~3500r/min的高速离心机，清除其底流的细钻屑。其溢流可稀释回收的重晶石，一起返回循环系统。

1) 不限定体积调整钻井流体密度

不限定体积调整钻井流体密度，是指钻井流体配制完成后，无须考虑钻井流体体积增加的钻井流体调整方法。

钻井流体加重前，可以测量钻井流体的密度和体积，也可以得到加重剂的密度。假定加重剂与流体间不发生化学反应，则调整前、调整后的体积等于流体与加重剂体积之和，即前后的体积总体不变。钻井流体调整密度前后，原钻井流体和加重剂不发生物理化学反应，所以总质量不变。

惰性加重剂一般呈颗粒状，粒径200目以上，比表面积很大。加入钻井流体后，吸附钻井流体中自由水的能力很强，致使钻井流体增稠。实践中调整钻井流体密度时，同时加入连续相与加重剂，可以较好地解决由于吸附造成的鱼眼、分散不均匀等问题。但是，加入连续相会降低钻井流体密度，增加钻井流体成本。所以，加入连续相的剂量能润湿加重剂即可，不必太多。国际上大都认为，100lbm钻井流体加重剂加入1gal水即可满足润湿条件。因此，调整前后的总体积不变，即每单位质量的加重剂和所需水体积在内的全部钻井流体总体积在调整前后是相等的。

同样，根据加重前后的质量相等，也可以得到密度调整前后钻井流体的质量相等方程。联立两个方程可以求出，所需要的加重剂用量和调整完成后钻井流体体积。

实际作业中，由于润湿水的混入方式比较困难，一般不采取先润湿或者边加入边润湿的方式，除非有合适的设备，如混合装置等。

2) 限定体积调整钻井流体密度

一般情况下，限定体积调整钻井流体密度，是指钻井流体受容器限制或者不需要太多钻井流体，如井眼直径变小，要求密度调整后的钻井流体体积不能超过一定的量。或者认为原钻井流体使用时间过长，低密度固相含量较高，需要放弃一部分原钻井流体，补充一些新浆。限定调整完成后，钻井流体控制在此体积，超过此量，没有容器盛装或者浪费。

由于调整后，固相增加，钻井流体固相含量过高，影响许多性能，因此，调整钻井流体密度前必须废弃部分钻井流体，废弃的都是原钻井流体。才能满足需要。同时，密度调整前废弃部分钻井流体，相对于密度调整后再放掉钻井流体，所需要的费用相对少些。

限定体积调整钻井流体密度，要根据调整后要求的体积，反推出应保留的原钻井流体体积，再计算应放弃的体积。放弃一部分钻井流体后，还要补充一定的连续相。这是因为钻井流体密度越高，要求低密度固相越低，才能保证钻井流体的流变性合适。

计算时，仍然根据调整前后的钻井流体体积不变，建立第一个方程。但多了一项连续相。根据钻井流体密度调整前后处理剂各自的体积不变，密度调整前后处理剂各自的总质量也不变，建立第二个方程。

保留的原钻井流体中，尽管加入新的加重剂增加了新配制的钻井流体体积，但膨润土和钻屑等低密度固相的质量并未减少，只是由于加入新材料和连续相，固相含量质量/体积的浓度数值上变低，或者体积/体积的体积分数降低，即钻井流体密度调整前后的低密度固相总量不变，只是所占的体积分数或浓度分数由于加入加重剂和连续相而降低。这样有利于控制调整后的黏度和切力，也降低了低密度固相含量，一举两得。利用调整后低密度固相的总体积不变得到第三个方程。联立，可得保留的原钻井流体体积，加入连续相的体积和需要密度调节剂的用量。

这样，就可以得到钻井流体密度调整前，原钻井流体用于调整钻井流体密度的用量，也知道了钻井流体调整需要多少连续相和加重剂。

现场调整钻井流体密度前，保留的钻井流体体积，一般是通过排放某罐中的流体来实现的。因此，更希望知道排放量便于现场操作。通过原钻井流体的量，减去剩余需要用于调整的量，即得排放的量。

**【例 7.1】** 某井二开完井后准备三开。开钻前，需要将钻井流体密度由 $1.20\text{g/cm}^3$ 提高到 $1.70\text{g/cm}^3$。同时，为降低成本和降低低密度固相体积分数（固相含量），需要排放钻井流体和加入清水将钻井流体的低密度固相的体积分数由 0.05 降低到 0.03。原有钻井流体 $160\text{m}^3$，加重后的钻井流体体积不能超过 $130\text{m}^3$。试计算应排放的原钻井流体的体积、加入清水（密度 $1.0\text{g/cm}^3$）的体积以及需要重晶石（密度 $4.2\text{g/cm}^3$）的质量。

### 7.2.1.2 用活性材料调整钻井流体密度

活性材料主要是指膨润土、有机土、耐盐土等一类不会大幅度提高钻井流体密度，但又能引起钻井流体密度变化的处理剂。这类处理剂的共同特点是，在连续相中剂量相对于加重剂少，吸附连续相充分分散，应该说与连续相发生了物理作用。但加量小，体积不会发生变化。故此，加重前后的总体积不变。

钻井实践中，膨润土和机土等活性加重剂是水化充分后，再混入钻井流体中，补充膨润土含量，达到提切、降低失水等作用。这样，混入后的钻井流体密度，可以按照两种钻井流体相混的方法来计算，求几何平均即可，相对简单。

活性材料选用膨润土，用于改善钻井流体性能，则体系中总固相和膨润土含量均不宜过高，以防止在配制过程中出现黏度、切力过高的情况。膨润土一般控制在 $50\text{kg/m}^3$ 左右。体系由井浆转化而成，应该在加盐前先将固相含量及黏度、切力降下来。膨润土钻井流体选择淡水配制，水化时间不少于 6h，每柱钻进完，根据钻速快速倒划 1~2 次，有利于黏土的分散和钻屑的携带。充分利用固控设备清除有害固相，实时监测和调 pH 值大于 10，让岩屑中的黏土充分分散、避免黏结成团和泥球，也可避免密度上涨过快、导致发生井漏的风险。

钻井流体黏土、固相含量的合理控制很重要。特别是保持体系的强抑制、低膨润土含特性，一般要求膨润土含量小于 3%，这样体系才具有较好的流变性能。为润滑防卡提供条件。现场施工过程中，必须使用好固控设备，合理控制振动筛筛布和除砂器筛布的目数，并使用好除泥器和离心机。

加重前原钻井流体和活性加重剂的质量等于加重后的质量，加重前原钻井流体的体积和活性加重剂的体积等于加重后的体积。

配制一定密度膨润土基液，所需的膨润土及水量，即加重前是清水。这样，就可以得到，加入膨润土的量和清水的需要量。

方程中，如果用油品代替水，也可以计算油基土的用量或油的用量，这样，可以用于计算配制土浆的密度。由于活性加重剂剂量是用连续相的质量浓度计算的，其用量还可以进一步简化计算。

1) 不限定调整钻井流体密度

活性材料不限定体积加重，一般不考虑活性材料加入后的体积变化。

2) 限定体积调整钻井流体密度

活性材料限定体积加重,同样不考虑活性材料加入后的体积变化,直接按控制体积计算加入材料的质量。

### 7.2.1.3　用可溶性盐调整钻井流体密度

可溶性盐是指溶解在水中,所以用水计算水溶液的质量和溶解前水的质量以及可溶性盐的质量,没有发生变化,即加重前后的质量相等。

高密度盐水钻井流体主要用于高压盐膏层,钻井过程中可能遇到盐或石膏侵害、井眼缩径和卡钻等情况,盐水钻井流体自身具有体系固相含量高、固相比表面积大、固相稳定性差和自由液相含量较少等特点,这些性质使盐水钻井流体的维护具有一定难度和特殊性。

工业用盐配制,在搅拌条件下,向预水化的膨润土浆中依次加入降失水剂、辅助降失水剂、分散剂、防塌剂,以及pH调节剂、高温稳定剂、氯化钠(盐水钻井流体),搅拌均匀后,缓慢加入适量的加重剂,在10000r/min下高速搅拌20min,完成配制工作。

在钻进过程中,控制适当的含盐量是非常重要的,如果含盐量过小,起不到抑制效果;如含盐量过高,则钻井流体性能难以控制,费用上升,所以应控制好钻井流体中的氯离子,保证能够形成规则井眼和确保钻井作业顺利。根据地层情况,钻井流体中的氯离子的浓度一般应控制在10000~25000mg/L。

1) 不限定体积调整钻井流体密度的计算方法

加重后,盐充分溶解,晶体盐变成了钠离子和氯离子,离子进入水分子之间的间隙,使得体积小于两种物质的体积和。但由于空隙的体积不能完全容纳所有的离子,所以,会比水的体积大。这样,就会产生体积增加的多少问题。不同种类可溶性盐,不同的盐溶液密度,体积的增加量不同,即体积膨胀系数不同。这样,可以得到另外一个方程。

如果给定水的体积而不限定加重后的体积,就可以通过清水的密度得到水的质量、体积膨胀系数及加重后的密度得到加重后的质量,算出需要的加重可溶性盐的质量。

2) 限定体积调整钻井流体密度的计算方法

事实上,现场很少在不限定加重后获得多少体积的要求下,配制加重流体。一是成本需要控制,二是现场也没有盛放钻井流体的容器,供不限定体积加重。此时,应先用目标体积换算出清水用量。再用质量相等方程求出需用的可溶性盐的量,即配制盐溶液密度和体积是一致的。通过膨胀系数即可求得。

通过利用可溶性盐增加水相的密度除提高钻井流体的密度外,还可以减少固相体积分数,增加钻井流体的抑制性。常用的可溶性盐有无机盐和有机盐两种。

如果现场水基钻井流体配浆中需要通过加入可溶性盐,配制一定密度的"清水",应先计算出在罐中加入的清水的体积,再计算出可溶性盐的用量。

如果配制的盐水是用于补充或者混入原盐水钻井流体中,需要进一步计算钻井流体的密度,则要通过质量不变和体积不变两大原则针对具体情况实施计算。

### 7.2.1.4　用复合加重剂调整钻井流体密度

复合加重剂是指用不同性质、不同能力的加重材料。用复合加重剂调整钻井流体密度,主要是指利用可溶性盐加重后,再用与之相兼容的惰性加重剂加重。这样,可以获得高密度钻井流体的同时,还提高了钻井流体的抑制性,降低了固相含量,钻井流体的其他性能也容易控制。一般可以按照现场操作顺序，先计算可溶性盐的用量，然后再计算惰性加重剂的用量。而同一类钻井流体加重材料（如重晶石和铁矿粉），则可以根据惰性材料加重的方法，计算和调整。

加入复合加重剂的钻井流体主要用于异常高压地层。异常高压地层由于地层压力高，需对钻井流体进行加重，单一加重材料不能满足对钻井流体加重要求时，需使用复合加重剂对钻井流体进行加重，用于平衡地层高压。由于固相含量较高，造成钻井流体流变性能和稳定性不易控制。

1) 不限定体积调整钻井流体密度

先根据连续相体积和预期密度建立带有体积膨胀系数的加重前后质量不变的可溶性盐方程。方程要含有可溶性盐和惰性加重剂。

可溶性盐加重后，溶液的体积在加重前后是变化的。大多数可溶性盐加重后溶液体积增加。不同可溶性盐溶于水后，体积增加的幅度不同，可根据前文的方法计算加重后的溶液体积。加重前后各自的体积不变，建立体积不变方程。联立得到可溶性盐的质量和惰性材料的质量。

复合加重剂调整钻井流体密度可以认为是连续相体积增加后的惰性材料加重。计算相对简单，但需要思路清楚。

2) 限定体积调整钻井流体密度

用复合加重剂限定体积调整钻井流体密度，比较复杂。假定，加入可溶性盐后，盐不会对原钻井流体中的处理剂造成影响，且不会因为可溶性盐混合后的体积增加，影响了加重剂的浓度。这样，仍然可以建立三个方程。加入所有处理剂前后，质量不变。

加入所有处理剂前后，水溶液体积变化，但确定密度下，体积在加重时不变。再加入钻井流体中，体积不变。联立得到，可溶性盐的质量和惰性材料的质量。

加入可溶性盐水溶液后，相当于原钻井流体中加入了连续相，降低了质量低密度固相的质量分数。但低密度固相的总量仍然不变。也可以得到一个方程，前文已述。与上方两个方程联立即可。

复合加重剂加重钻井流体，一般用甲酸钠或者甲酸钾作为可溶性盐，然后再用重晶石粉加重，这样既提高了钻井流体的密度，又减少了固相含量，同时提高了钻井流体的抑制性。甲酸钠理论上可以将钻井流体加重至 $1.32g/cm^3$，并且可作为抑制剂，抑制泥页岩水化膨胀。一般不用氯化钠，因为氯化钠对其他处理剂的影响较大，且氯化钠的溶解度较小，地层中的其他盐进入钻井流体仍然可以溶解。利用可溶性盐和惰性加重材料钻盐膏层早在 2005 年郑力会等在塔里木羊塔克地层应用过[12]。这种既能抑制黏土膨胀分散，又能抑制盐类进一步溶解的特性，称为泛抑制性（All Inhibitive Ability）。具备这种性质的钻井流体，称为泛抑制性钻井流体（All Inhibitive Ability Drilling Fluids）。

## 7.2.1.5 用连续相调整钻井流体密度

一般来说，连续相密度低于钻井流体其他组分密度，且剂量大，对钻井流体密度影响大。所以，加入连续相，会降低钻井流体密度。同时，加入相同的连续相后，钻井流体的其他性能如流变性、失水护壁性等都会发生变化，又称为稀释。

钻井过程中，为了提高钻井流体的润滑性，常在水基钻井流体中混入油类流体。为了提高油基钻井流体的密度和降低成本，也经常增加水的用量。因此，钻井流体的密度也会因此发生变化。

加入连续相调节钻井流体的密度,也可以按不限定体积和限定体积两种情况考虑。不同的是,加入的连续相不需要再考虑与原有的连续相润湿问题。水基钻井流体混油前后,或者油基钻井流体加入盐水前后,在不考虑发生乳化的前提下,油或者水的体积和钻井流体的体积总量没有发生变化。加入连续相调整钻井流体的密度,是比较简单的方法。直接加入连续相即可。加入前计算时,根据加入前后的体积相等、质量相等,联立方程求解即可。

1) 不限定体积调整钻井流体密度

加入连续相后,调整前连续相与原钻井流体体积之和等于调整后的体积,即加入连续相前后的钻井流体体积总体不变。

钻井流体调整密度前后,原钻井流体和连续相因为不发生物理化学反应,所以总质量不变。因此,可以得到另外一个方程。联立两式,求解得到密度调整后钻井流体的体积。然后,连续相用量通过配制完成后钻井流体增加的体积求出。

2) 限定体积调整钻井流体密度

限定体积调整钻井流体密度,要根据调整后要求的体积,反推出应保留的原钻井流体体积,再计算应放弃的体积。放弃一部分钻井流体后,还要补充一定的连续相。这是因为钻井流体密度越高,低密度固相越低,才能保证钻井流体的流变性合适。计算时,仍然根据调整前后的钻井流体体积不变,建立第一个方程。但多了一项连续相。

钻井流体密度调整前后体积不变,密度调整前后的总质量也不变。建立第二个方程。联立,可得保留的原钻井流体体积,加入连续相的体积和需要密度调节剂的用量。

这样,就可以得到钻井流体密度调整前,原钻井流体用于调整钻井流体密度的用量,也知道了钻井流体调整需要多少连续相。

现场调整钻井流体密度前,保留的钻井流体体积,一般通过排放某一罐中的流体来实现的。因此,更需要知道排放多少。通过原钻井流体的量,减去剩余需要用于调整的量,即得废弃的量。

油基钻井流体是应用较广泛的钻井流体之一,具有良好的热稳定性、润滑性、防塌抑制性和储层保护性,但也存在切应力小、悬浮性弱、岩屑携带较差及残留钻井流体不易清除等缺陷。调节黏度时通常用乳化来实现。

#### 7.2.1.6 用表面活性剂调整钻井流体密度方法

表面活性剂特别是发泡剂和消泡剂,自身质量对钻井流体密度影响较小,但其活性作用会引起密度变化幅度较大,因此,液体计算方法无法适用。用多元回归的方法效果较为满意[13]。

任意选取各处理剂的推荐剂量范围,设计若干套配方进行室内实验,并测得各配方工作液密度,拟合出密度与表面活性剂剂量之间的代数关系。这样就可以正反计算表面活性剂剂量和密度的关系。

表面活性剂的加入,降低了溶液的表面张力,提高了泡沫钻井流体中泡沫的稳定性。作业过程中,按照配方配制钻井流体,测量钻井流体性能变化。

根据井口返出泡沫钻井流体的密度、黏度、切力及泡沫大小,及时维护处理泡沫钻井流体。通过现场小型试验及时补充发泡剂和稳泡剂,以维持各处理剂在泡沫钻井流体中的有效含量。充分利用各循环罐中的搅拌器以及混合漏斗,将泡沫钻井流体中的大泡变成小泡,维持钻井流体泵较好的上水效率，保证了钻井工程顺利。

## 7.2.2 用增强地层强度调整钻井流体密度

增强地层强度调整方法主要是通过改变钻井流体中的黏结处理剂，来改变地层的胶结强度，从而调整坍塌压力、破裂压力或者漏失压力，达到通过钻井流体平衡井下岩石坍塌和破裂的目的。也有通过注入具有结构强度的聚合物，使得地层流体流入井筒的阻力增加实现平衡地层压力。

### 思考题

1. 简述钻井流体的压力控制性能与钻井流体密度的区别与联系。
2. 钻井流体密度的类型及计量方法有哪些？
3. 详细说明不同性质的密度调节材料在调节钻井流体密度时的计算方法。

# 8 钻井流体流变性能测定及调整方法

钻井流体流变性（Rheological Properties of Drilling Fluids）是指钻井流体在流动变形过程中所表现出来的性质和功能。

钻井流体的流变性是钻井流体的重要性能之一。钻井流体的流变性，在钻井作业中特别是在复杂井身结构井作业中越来越受到作业者的重视。良好的流变性是实现钻井悬浮、携带等基本功能的保证。尽管钻井流体的流变性早已被许多学者所研究，但井下环境的复杂性使其仍然是热点和难点。从已有的研究成果看，钻井流体流变性与悬浮固相、清洁井眼、稳定井壁和提高机械钻井速度等方面紧密相关。同样，钻井流体自身的性能也会影响流变性，如固相类型、固相浓度、固相形状等都是研究和应用流变特性时必须考虑的内容。不同的钻井流体，关注的钻井流体的流变性不同，但都关注黏度。

钻井流体流变性主要研究钻井流体组分形成的悬浮液流变性和利用组分配制出钻井流体流变性。在钻井施工设计和现场几乎都是用宾汉模式和幂律模式，其他流变模式在现场未见使用，只是用在研究中。现场用来评价调整钻井流体性能和计算水力学参数的钻井流体流变性参数与实际钻井流体流变性参数之间存在很大误差。因此，给钻井施工留下了安全隐患，钻井流体性能的不合理和不必要调整会增加钻井成本、提高井下事故的发生率和造成储层伤害。因此，钻井过程中必须测量和调整其流变性，为确定钻井流体类型、组分优选和维护处理钻井流体方案，提供理论依据。

(1) 关系固相悬浮。起下钻柱、接单根或者其他作业，如测井、中途测试以及设备故障、井下事故等，需要钻井流体在应该停止或者被迫停止循环时，控制钻井流体中的岩屑或加重材料，不沉降或者下沉速率很慢。确保再次循环前，岩屑和加重材料不沉积于井筒内，掩埋钻具。特别是，水平井、大位移井作业，更需要重视固相沉降问题。就某一固相而言，如果不能沉降，需要钻井流体浮力和承托力不小于岩屑或者加重材料的重力。

钻井流体触变性（Thixotropy），是指外力接触钻井流体后，钻井流体变形的特性。钻井流体的触变性，关系钻井流体停止流动后迅速形成结构强度承托固相以及钻井流体开始流动时启动泵所需要的力。在一定程度上，触变性表征钻井流体悬浮固相的能力，剪切稀释性表征不同流动区域钻井流体的流动阻力。

气体钻井停止时，气体无法悬浮钻屑。接单根过程中或其他原因停止注气，岩屑沉积在井底。恢复钻井时，岩屑在气体作用下重新随气体流动。因此，气体不考虑其流变性能。

(2) 关系井眼清洁。清洁井眼（Clean Hole）是指钻井流体流动时携带固相返至地面的现象或者过程。钻井流体清洁井眼所能达到的程度，称为运送能力（Carrying Capacity）。

岩屑大小不一，携带时需要的力不同。但作业者希望钻井流体尽快基本清除钻头破碎的岩屑。这是因为，岩屑在井筒中循环时间过长，颗粒受到井壁、钻具等多种方式研磨、碾压，颗粒变小，塑性黏度增加，钻井流体摩阻增大，滤饼质量变差，失水量增加，引发井下难题或者事故。因此，钻井流体应用前需要评估钻井流体的运送能力。钻井流体运送能力强弱与含有固相的钻井流体在环空中流动状态有关。钻井流体中的固相，可能随钻井流体返出地面，也可能在重力作用下滑向井底。循环过程中希望固相向地面移动的速度大于向下滑落的速度，即钻井流体携带的固相向地面运动的速度与向下滑落的速度之和大于零，或者认为向上净速度为正。提高井眼清洁效率有两个途径。一是提高钻井流体环形空间上返速度，即环空返速；二是降低固相的滑落速度。

岩屑翻转的主要动力来源于层流过水断面的尖峰形流速分布。过水断面是某一研究时刻的水面线与水底线包围的面积。过水断面是与元流或总流所有流线正交的横断面。过水断面不一定是平面，其形状与流线的分布情况有关。只有当流线相互平行时，过水断面才为平面，否则为曲面。消除钻井流体尖峰形流速，就可避免岩屑翻转滑落。所以，解决翻转需要控制作用在岩屑上的力不产生力矩，不产生力矩的方法则是改变流速分布，改变流速分布的方法是改变流动状态。平板层流因钻井流体需求而被重视。

动塑比越大或流性指数越小，平板化程度越强。塑性流体平板层流的流核尺寸与钻井流体动塑比呈正相关，幂律流体平板化程度与流性指数呈负相关。因此，如果确认钻井流体符合塑性流体模式，增大动塑比，可以增大钻井流体流核尺寸，提高携带能力；如果确认钻井流体符合假塑性流体的幂律模式，减小流性指数，可以使钻井流体返出井口的速度分布平缓，提高携带能力。

环空上返速度越大，平板化程度越小。钻井流体上返速度越大，流核降低，井壁失稳风险加大。平板化钻井流体的出现，使得钻井流体在较低的环空流速和较低的表观黏度下，实现了清洁井眼，避免钻井流体依靠加大排量，紊流状态清洁井眼，降低了钻井流体冲蚀井壁的风险，有利于井壁稳定。

与液体钻井流体不同，气体钻井通过地面设备注入空体或氮气，依靠注入量携带岩屑，保持井眼清洁。气体钻井过程中，只有井底产生的岩屑足够小，才能冲离井底并带至环空，然后带至井口；如果岩屑太大，则不能进入被带至环空或者在环空中不能被带出井口，最终又落回井底。在井底大块岩屑被重复破碎成为小岩屑，不断重复此过程，直到尺寸小至能被气流带出井口。

（3）关系井壁稳定。钻井速度越快，钻井流体的悬浮和携带岩屑能力相对越差，井内液柱压力产生激动压力的概率越高。

紊流时的高流速对井壁具有很强的冲蚀作用。功率较小的钻井流体泵，不可能达到紊流状态。层流可以使岩屑发生翻转，并将其推向井壁，有的在井壁上形成"假滤饼"，有的直接掉落在井底埋钻。因此，提高钻井流体的动塑比，使紊流变为平板型层流，可保持环空返速在 0.5~0.6m/s。这样不但达到了携带岩屑的目的，还避免了紊流破坏井壁。

压力激动与钻井流体黏度、切力和触变性成正比。压力激动易引起井漏井塌。因此，在钻遇易漏易塌地层时，一定要控制好钻井流体的流变性，起下钻和开泵不宜过猛，开泵之前最好先活动钻具，防止因为压力激动引起的各种井下难题。

气体钻井的井壁稳定除了与气体的流动状态有关系外，还受诸多因素影响，后续气体钻井一章将进行具体介绍。

实际上，钻井流体冲刷井壁，造成井壁失稳外，作业过程中造成井内压力波动，也是井壁失稳的重要因素。井内液柱压力波动，是指井筒内液柱压力突然升高或降低的现象。这些现象主要是钻柱上下运动、钻井流体泵开启等原因，引起的钻井流体的变化，是非牛顿流体自身的特点造成的。

（4）关系机械钻速。钻井流体在钻头喷嘴处需要流速极高且黏度极低才能很好地完成水力破岩，在环空中接近静止时则需要较大黏度以悬浮钻屑。这就需要钻井流体具备流动时稀（黏度低）、静止时稠（黏度高）的特性，即剪切稀释性。钻井流体剪切稀释性（Shear Thinning Behavior），是指钻井流体表观黏度随着剪切速率增加而降低的特性，是表征钻井流体流过不同尺寸的通道时表观黏度变化的程度。

钻井流体泵功率一定，黏度减少，泵压降低，排量增加，钻头水马力增加，喷射能力增强。喷嘴紊流黏度降低，钻井流体的清洗和排屑作用增强。低黏度钻井流体易渗入井底的微裂隙，从而降低岩屑的压持力和岩石的可钻强度。

剪切稀释性强的钻井流体，在钻头水眼处的剪切速率较高，紊流流动阻力变得很小，液流冲击井底的力增强。通过对钻头水马力和循环压降优化，达到水马力最优，提高机械钻速。液流更容易渗入钻头冲击井底岩石时所形成的微裂缝中，减小岩屑的压持效应，提高井底岩石的可钻性。

测量钻井流体流变性能的方法有两种：一种是用旋转黏度计测量钻井流体的动力黏度参数；另一种是用漏斗黏度计测量相对黏度参数。

旋转黏度计只能测试流体在一定条件下的黏度，如低级的六速黏度计只能测试6个固定转速下的黏度，再好一些的有更多的转速可供选择。流变仪可以给出连续的转速（或剪切速率）测量过程，给出完整的流变曲线。高级旋转流变仪还具备动态振荡测试模式，除了黏度以外，还可以给出许多流变信息，如储能模量、损耗模量、复数模量、损耗因子、零剪切黏度、动力黏度、复数黏度、剪切速率、剪切应力、应变、屈服应力、松弛时间、松弛模量、法向应力差、熔体拉伸黏度等，可获得的流体行为信息：非牛顿性、触变性、流凝性、可膨胀性、假塑性等。漏斗黏度计是用将一定量（946mL和500mL）钻井流体在重力作用下从一个固定型漏斗中自由流出所需的时间来表示钻井流体的密度。

## 8.1 钻井流体流变性测定方法

测量钻井流体的方法主要有动力黏度测量和相对黏度测量。动力黏度测量采用旋转黏度计，原理是流体力转化为机械力。相对黏度测量采用漏斗黏度计，原理是黏度大阻力大流动时间长。

钻井现场普遍使用的旋转黏度计，一般是多种转动速度的流变测量仪，也有两速型黏度计。工程上，为了方便应用，把内外筒长度、内外筒间隙以及弹簧被扭转时每增加1°扭转角负荷的扭簧系数调整成特殊关系，使刻度盘读数❶与剪切应力间的计算简单。为实现这一目的，把旋转黏度计测量系统中的计算部件制造固定尺寸。黏度计读出外筒转动时，转子转动的角度后，口算即可得到流变性。显然，内外筒的几何结构决定了旋转黏度计的剪切速率与剪切力间的关系。

外筒内径36.83mm，内筒外径34.49mm，柱体长度38.0mm，内筒底部为平面，顶部为锥形，密闭空心容器；总长度87.0mm（1.496in），底部到刻度线处的高度58.4mm。转筒刻度线下的小孔，角度差120°、直径为3.18mm；内外筒环空间隙约1mm。扭力弹簧扭簧系数调整为$368×10^{-7}$N·m。

通过对仪器尺寸的特别处理，外筒转速及剪切速率、内筒转动角度间的关系可以确定。剪切速率与外筒转速数学关系，剪切应力与内筒刻度盘读数数学关系。

---

❶ 如果不特别指明，读数的单位按惯例省略。

外筒转速 1r/min 相当于 $1.703s^{-1}$ 的剪切速率，内筒每转过一定角度，所受到的力 $\tau$ 相当于 $0.511\theta$。如果用英制单位，每转过一个单位角度，刚好受到的力是 $1lb/100ft^2$（$1Pa = 0.511lb/100ft^2$）。

不同流变模式，表征其规律的参数不同。但任何流变模式的钻井流体，都可以用在某一剪切速率下，剪切应力与剪切速率的比值来表达在某一剪切速率下的流体黏度。也就是说，流体的黏度是多个。

非牛顿流体，没有恒定黏度，不同剪切速率有不同表观黏度。即剪切应力和剪切速率的比值不是一个常数，不能用同一黏度值来描述它在不同剪切速率下的流动特性。在需要说明其表观黏度大小时，一定要注明对应的剪切速率如转速、流量等，还要表明剪切应力条件，如温度、压力等。在流变曲线上，表观黏度为曲线上某一点与原点所连直线的斜率，不是流变曲线在该点的切线的斜率。用直读式黏度计测定钻井流体表观黏度，见式（8.1）。

$$\mu_a = \frac{\tau}{\gamma} = \frac{0.511\theta_N}{1.703N} \times 1000 = \frac{300\theta_N}{N} \tag{8.1}$$

式中　$\theta_N$——转速为 $N$ 时的刻度盘读数；

　　　$N$——转速，r/min；

　　　$\tau$——剪切应力，Pa；

　　　$\gamma$——剪切速率，$s^{-1}$。

其中，式（8.1）中的 1000 是为了将黏度的单位 Pa·s 换算为 mPa·s，所变换的系数。

若外筒 300r/min，刻度盘读数（$R_{300}$）为 10，则：

$$\mu_a = \frac{\tau}{\gamma} = \frac{300R_{300}}{N} = \frac{300 \times 10}{300} = 10 mPa \cdot s$$

即外筒为 300r/min 时，刻度盘的读数在数值上等于表观黏度。

若外筒 600r/min，刻度盘读数（$R_{600}$）为 10，则：

$$\mu_a = \frac{\tau}{\gamma} = \frac{300R_{600}}{N} = \frac{300 \times 10}{600} = 5 mPa \cdot s$$

若外筒 100r/min，刻度盘读数（$R_{100}$）为 10，则：

$$\mu_a = \frac{\tau}{\gamma} = \frac{300R_{100}}{N} = \frac{100 \times 10}{300} = \frac{10}{3} mPa \cdot s$$

如果刻度盘为英制单位刻度，刻度盘上每转一个角弧度的读数刚好为剪切力值。在这种固定的数学关系下，外筒转速为 600r/min、300r/min、200r/min、100r/min、6r/min 和 3r/min 时，转速和与剪切速率间的对应关系就可以确定，见表 8.1。这样，任意剪切速率或外筒转速下，测得的刻度盘读数都可以换算成表观黏度。

**表 8.1　钻井流体直读式旋转黏度计转速与剪切速率关系**

| 外筒转速，r/min | 600 | 300 | 200 | 100 | 6 | 3 |
|---|---|---|---|---|---|---|
| 剪切速率，$s^{-1}$ | 1022 | 511 | 341 | 170 | 10.22 | 5.11 |
| 相同转速下表观黏度的比值 | 0.5 | 1 | 1.5 | 3 | 50 | 100 |

从表 8.1 中可以看出，外筒转速为 300r/min 时，如果测得刻度盘读数为 1，则表观黏度为 1.0mPa·s。同样的钻井流体，6r/min 时，测得刻度盘读数是 1，则 300r/min 的表观黏度 50.0mPa·s。因此，在表述钻井流体的表观黏度时，必须对剪切速率做明确说明。

但是，实际工作中，如此表达表观黏度太复杂。所以规定，钻井流体如果没有特别注明某剪切速率下的表观黏度，一般是指600r/min时的表观黏度，见式(8.2)。

$$\mu_a = \frac{1}{2}\theta_{600} \tag{8.2}$$

式中　$\theta_{600}$——直读黏度计600r/min时的读数。

即钻井流体的表观黏度是直读式旋转黏度计600r/min时，刻度盘读数的一半。式中表达了表观黏度的实质，即表观黏度就是在某一剪切速率下钻井流体对剪切的阻抗力。不论以哪种流变模式表达钻井流体，其600r/min转速下的表观黏度大小是相同的。

钻井流体流变参数影响因素较多，所以测量时影响其精确性。为了获得重复性较好的流变性能，建议取样、测量时注意四个关键。

钻井流体流变参数与固相含量关系密切，建议取样位置在过振动筛后的就近处。钻井流体的流变参数与温度相关，建议测量时钻井流体温度应尽可能接近取样处的钻井流体温度，温差控制在±6℃以内。钻井流体流变参数与时间相关，建议现场测量钻井流体时，应尽可能控制取样后测量间隔时间在5min之内。使用实心金属内筒或内部完全干燥的空心金属内筒，温度计量程为0~105℃，直读式旋转黏度计最高工作温度为93℃。

除去以上测量外，用时间表达黏度的常压设备，主要是漏斗黏度计。漏斗黏度是测量表观黏度的一个设备。钻井流体的漏斗黏度（Funnel Viscosity）是经常测定的重要参数，测量的是一定时间内一定体积流体流动的相对快慢。测定方法简便，可直观反映钻井流体的黏度变化趋势。因此，该设备沿用多年，几乎每个钻井队都配备有漏斗黏度计。

漏斗黏度与其他流变参数的测定方法不同。其他流变参数一般使用按API推荐的旋转黏度计，测量某一固定的剪切速率下的动力黏度。漏斗黏度使用特制的漏斗黏度计测量相对黏度。在用的漏斗黏度计有两种：一种是苏氏漏斗，另一种是马氏漏斗。

（1）苏氏漏斗（Su Funnel）是测定700mL钻井流体流出500mL所用时间（s），也称野外标准漏斗黏度计，由漏斗、量杯、钻井流体容器和秒表等组成。常温下温度为（21±3）℃，纯水的苏氏漏斗黏度为（15±0.2）s；

（2）马氏漏斗。1931年，Hallan N. Marsh公开其发明的用于测定钻井流体黏度的马氏漏斗（Marsh Funnel）。1500mL钻井流体在重力作用下从一个固定型号的漏斗中自由流出946mL（1qt，946mL）的钻井流体所需的时间来表示钻井流体的黏度（s）。常温下，纯水的马氏漏斗黏度为（26±0.5）s。反映在某一条件下的相对黏度，单位为s/qt。夸脱，美国度量体系中体积或容量单位的一种，用于测量液体，相当于1/4gal、32oz或0.946L（即946mL）。马氏漏斗黏度计主要由946mL夸脱标准量杯、盛液杯、筛网和锥体马氏漏斗组成。API标准推荐用此方法。

钻井流体从漏斗口流出过程中，随着漏斗中液面逐渐降低，流速不断减缓。因此，不能在某一固定的剪切速率下，即某一固定液面时测定黏度。使用漏斗黏度计测定的数据不能和旋转黏度计测得的数据一样，用于数学处理。而且，两种大小不同的漏斗所测得的钻井流体黏度也不能进行数学换算。测定数据的可重复性较差。因此，建议漏斗黏度计测定的黏度单位用s/500mL、s/946mL表示。以区别测量工具不同。

漏斗黏度只能用来判别在钻井作业期间不同阶段黏度变化趋向，不能说明钻井流体黏度变化的原因，也不能作为对钻井流体进行处理的依据。

尽管许多学者研究漏斗黏度与动力黏度间的关系，漏斗黏度计依然不能用于水力或者机理研究。即便如此，漏斗黏度计至今仍然与旋转黏度计测量的流变参数相结合，共同表征钻井流体的流变性。

循环泵流的管径不同，钻井流体在循环系统位置不同，流速不同，剪切速率也不同。沉砂池的最低，为 $10\sim20s^{-1}$；环形空间为 $50\sim250s^{-1}$，钻杆内为 $100\sim1000s^{-1}$；钻头喷嘴最高，为 $10000\sim100000s^{-1}$。

钻井流体流变模式或者方程可以用流变曲线对比法、剪切应力误差对比法、回归分析方法、最小二乘法、黄金分割搜索法等获得。就实验室研究应用情况来讲，流变曲线对比法和剪切应力误差对比法准确度较低，拟合效果较差，回归分析方法和最小二乘法拟合准确度较高，拟合效果较好。文献中报道的使用这两种方法优选钻井流体流变模式的较多，这两种方法是较为理想的方法。黄金分割搜索法在非线性方程尤其是赫谢尔—巴尔克莱流变模式的优选中有独特优势，但是对于其他流变模式的优选文献中报道得较少，广泛使用还需要研究人员进一步探索。

大多数钻井流体是非牛顿流体，研究非牛顿流体的流变参数也较多，并在钻井过程中应用水力计算和钻井流体性能评价。同时，现场应用时，普遍采用宾汉模式和幂律模式。因此，重点介绍这两种模式的流变参数。其他流变模式作为室内研究水力模型，不作为钻井流体流变参数介绍。重点介绍牛顿流体、塑性流体和塑性流体的幂律流体等流变参数的计算方法。

## 8.1.1　牛顿流体流变参数测试方法

流变曲线过原点直线的流体为牛顿流体（Newton Fluids）。水、酒精、大多数纯液体、轻质油、低分子化合物溶液以及低速流动的气体等均为牛顿流体。牛顿流体是流变性最简单的流体。

牛顿流体随着剪切速率增加，剪切力增加。牛顿流体剪切速率和剪切应力呈线性关系。只要稍加外力，流体就会流动，且随着剪切速率的增加剪切应力增大。牛顿流体在外力作用下流动时，剪切应力与剪切速率成正比。这类流体剪切力大于 0 时，剪切速率大于 0。因此，只要对牛顿流体施加一个外力，即使力很小，也可以产生剪切速率，即开始流动。此外，黏度不随剪切速率变化而变化。

用旋转黏度计测量牛顿流体时，作用在内同外表面上的速度梯度为式(8.3)。

$$\gamma = 1.703n \tag{8.3}$$

此时，剪切应力为：

$$\tau = 0.511\theta_n \tag{8.4}$$

式中　$\gamma$——剪切速率，$s^{-1}$；

　　　$n$——转数，r/min；

　　　$\tau$——剪切应力，Pa；

　　　$\theta_n$——某一转速下的度值（刻度值或格数）。

因此，600r/min 和 300r/min 所对应的剪切速率为 $1022s^{-1}$ 和 $511s^{-1}$。在测量时，将刚搅拌好的钻井流体倒入样品杯刻度线处（350mL），立即放置于托盘上，上升托盘使液面至外筒刻度线处。拧紧手轮，固定托盘。迅速从高速到低速进行测量，待刻度盘读数稳定后，分别记录各转速下的读数。试验结束后，关闭电源，松开托盘，移开量杯。轻轻卸下内外筒，清洗内外筒并且擦干，再将内外筒装好。

将六速黏度计600r/min的读数代入牛顿流体的本构方程，可以得到600r/min时的黏度公式，见式(8.5)。

$$\tau = \eta\gamma$$
$$0.511\theta_{600} = \eta \times 1.703 \times 600$$
$$\eta = \frac{0.511\theta_{600}}{1.703 \times 600}(\text{Pa} \cdot \text{s}) = \frac{1}{2}\theta_{600} \times 1000(\text{mPa} \cdot \text{s}) \tag{8.5}$$

根据黏度定义，宏观看来流体在剪切时无论什么因素引起的黏度，都是某一点的力作用的结果，所以也称为表观黏度（Apparent Viscosity）。表观黏度又称为有效黏度、视黏度（Effective Viscosity），见式(8.6)。

$$\mu_a = \frac{\tau}{\gamma} \tag{8.6}$$

式中  $\mu_a$——表观黏度，mPa·s；

$\tau$——剪切应力，Pa；

$\gamma$——剪切速率，$s^{-1}$。

牛顿流体的流变参数比较简单，只有表观黏度。牛顿流体表观黏度反映了与材料性质有关的度量流体黏滞性大小的物理量。严格意义上讲，牛顿流体是塑性流体的特殊流体。

【例8.1】 饱和盐水压井流体入井前，用六速黏度计测其300r/min读数为16。求该饱和盐水黏度。

## 8.1.2 塑性流体流变参数测试方法

塑性流体，受到的外力到一定大小时，才能流动。由于这种流型是宾汉首次发现的，因此也称为宾汉流体。塑性流体一旦流动，剪切应力会随着剪切速率的增加而增大，即在承受较小外力时，流体产生的是塑性流动，外力超过屈服应力时，遵循牛顿流体的规律流动。

塑性流体或者称宾汉流变曲线为一条直线，但直线不通过坐标原点，而是与剪切应力轴在某处相交的流体为塑性流体。

对流体施加外力小于某一值时，流体不流动，只产生有限变形，只有当外力大于某一值时，流体才流动，流动后流体黏度先降低后不变。使流体流动所需要的最小剪切应力，即：使流体产生大于0的剪切速率所需要的最小剪切应力，称为屈服值（Yield Stress/Yield Value/Yield Point），也称动切力。屈服值的大小由流体所形成的空间网架结构性质所决定。具有屈服值的流体可以称为塑性流体（Plastic Fluid），外力克服屈服值产生的流动称为塑性流动。塑性流体多为内相浓度较大、粒子间结合力较强的多相混合流体。当粒子浓度大到使粒子间相互接触的程度时，便形成粒子的三维空间网架结构。屈服值可以认为是这种结构强弱的反映。典型的塑性流体有黏土含量高的钻井流体、油漆和高含蜡原油、油墨、牙膏等。

将六速黏度计的读数（600r/min和300r/min）代入塑性流体的本构方程，可得式(8.7)、式(8.8)、式(8.9)。

$$\begin{cases}\tau_1 = \tau_0 + \mu_p\gamma_1 \\ \tau_2 = \tau_0 + \mu_p\gamma_2\end{cases}$$

$$\begin{cases} 0.511\theta_{600} = \tau_0 + \mu_p \times 1.703 \times 600 \\ 0.511\theta_{300} = \tau_0 + \mu_p \times 1.703 \times 300 \end{cases}$$

两式相减得塑性黏度，见式(8.1)。

$$0.511(\theta_{600} - \theta_{300}) = 511\mu_p$$

$$\mu_p = (\theta_{600} - \theta_{300})/1000 (\text{Pa} \cdot \text{s}) = \theta_{600} - \theta_{300} \quad (\text{mPa} \cdot \text{s}) \tag{8.7}$$

动切力为：

$$\tau_0 = \theta_{300} - 1/2\theta_{600} \quad (\text{Pa}) \tag{8.8}$$

利用宾汉方程，得到表观黏度 $\mu_a$（也可表示为 AV）为：

$$\mu_a = \mu_p + \tau_0/\gamma = 1/2\theta_{600} \quad (\text{mPa} \cdot \text{s}) \tag{8.9}$$

直线段的斜率称为塑性黏度（表示为 $\mu_p$ 或 PV），直线段延长与剪切应力轴相交于一点 $\tau_0$，通常将 $\tau_0$（也可表示为 YP）称为动切应力（常简称为动切力或屈服值）。由直线方程可得塑性流体的流变方程，见式(8.10)。

$$\tau = \tau_0 + \mu_p\gamma \tag{8.10}$$

式中　$\tau$——剪切应力，Pa；
　　　$\tau_0$——动切应力，Pa；
　　　$\mu_p$——塑性黏度，Pa·s；
　　　$\gamma$——剪切速率，s$^{-1}$。

式(8.10)是非牛顿流体中塑性流体的流变模式方程，1922年由 Bingham 首先提出的，常称为宾汉模式（Bingham Model），塑性流体也称为宾汉流体（Bingham Plastic Fluids）。

因此，用塑性流体模式表征钻井流体除了表观黏度外，还需要塑性黏度和动切力等参数。同时，由于流变方程不能完整地表达钻井流体在低剪切速率下的流变特征，还需要引入切力和动塑比等参数评价对钻井流体的性能。

动切力与塑性黏度的比值，简称动塑比（ratio of yield point to plastic viscosity）。动切力表征钻井流体内部的结构及其强度，塑性黏度表征钻井流体内部的内摩擦力。因此，动塑比反映了钻井流体结构强度与内摩擦力的比例关系，常用于评价钻井流体触变性的强弱。动塑比可以理解为塑性流体高剪切作用破坏了钻井流体内部空间网架结构，使钻井流体整体黏滞性降低。

用上式与前文宏观描述对照：剪切速率为零时，流体所受到的剪切应力不为零；主要认为存在最低剪切应力，即静切应力（Gel Strength），又称静切力、切力或胶凝强度。此最低剪切应力实际上是静切应力的极限值，施加的剪切应力超过最低剪切应力时塑性流体才开始流动。

流动初始期剪切应力与剪切速率的关系在流变曲线上不是一条直线。剪切应力与剪切速率的比值随剪切速率的增大而降低；当剪切应力增加到一定程度后，剪切应力与剪切速率的比值不再随剪切速率的增大而变化，流变曲线变成直线。

#### 8.1.2.1　表观黏度

根据表观黏度的定义，表观黏度是任意剪切速率下的剪切力与剪切速率的比值，关系钻井流体的携带能力。提高黏度，可以在降低泵排量的情况下实现清洁井眼。

表观黏度随着剪切速率的增大而减小。测定时，只要测量任意速率下剪切力，其表观黏度即可获得。

根据表观黏度的定义，塑性流体的表观黏度可以由宾汉方程变换获得。这个方程可以解释钻井流体的携带能力。适度提高表观黏度，可以降低钻井泵的负荷。

塑性黏度与剪切速率无关，在整个钻井流体黏度中是不变的，反映了流体自身的内部层间阻力。当剪切速率无限大时，表观黏度近似为塑性黏度。

### 8.1.2.2 塑性黏度

塑性黏度（plastic viscosity）是塑性流体被均匀剪切时钻井流体的黏度。塑性黏度与剪切速率无关，在整个钻井流体中是不变的，反映了流体自身的内部层间阻力。其数值上等于塑性流体流变曲线中直线段的斜率。认为在旋转黏度计600r/min和300r/min较高的剪切速率下，钻井流体已经成为"牛顿流体"，剪切应力点的连线，是一条直线，即在这两个剪切速率下的塑性黏度应该是一个常数，所以这两个剪切速率所对应的剪切应力应该在直线段上。利用这两点连线所形成的直线方程，可以求得直线的斜率，即塑性黏度，见式(8.11)。

$$\mu_p = \frac{\tau_{600} - \tau_{300}}{\gamma_{600} - \gamma_{600}} = \frac{0.511(\theta_{600} - \theta_{300})}{1022 - 511} = \frac{0.511(\theta_{600} - \theta_{300})}{511}$$

$$\mu_p = \frac{\tau_{600} - \tau_{300}}{\gamma_{600} - \gamma_{600}} = \frac{0.511(\theta_{600} - \theta_{300})}{1022 - 511} \times 1000 = \theta_{600} - \theta_{300}$$

(8.11)

式中　$\theta_{600}, \theta_{300}$——旋转黏度计600r/min和300r/min时的读数；

　　　$\tau_{600}, \tau_{300}$——旋转黏度计600r/min和300r/min时的剪切应力；

　　　$\gamma_{600}, \gamma_{300}$——旋转黏度计600r/min和300r/min时的剪切速率。

塑性黏度表征的是塑性流体的固有性质，反映了在层流情况下，钻井流体中从较低剪切速率到较高剪切速率网架结构的破坏与恢复处于平衡时，悬浮固相颗粒之间、固相颗粒与液相之间以及连续液相内部的内摩擦作用强弱。在一定的剪切速率之上，流体内部组分间的摩阻不再发生变化，不随剪切速率大小变化，是宾汉模式的主要流变参数。剪切速率很高时，如钻头水眼处，其他摩阻所引起的黏度趋近于零，此时，可以理解成，塑性黏度是剪切速率极高时的表观黏度。

剪切力的单位是Pa，剪切速率的单位是$s^{-1}$，计算得到的塑性黏度的单位是Pa·s。由于Pa·s单位较大，常用mPa·s。由于1Pa·s=1000mPa·s，所以，塑性黏度常用mPa·s来计量。

### 8.1.2.3 动切力

塑性流体表观黏度由塑性黏度和动切力与剪切速率的比值组成，即表观黏度是塑性流体流动过程中所表现出的总黏度。进一步说塑性流体的表观黏度既包括流体内部固相颗粒之间、高分子聚合物分子之间以及颗粒与聚合物之间的摩擦力，还包括了这些组分之间形成空间网架结构的力。由摩擦作用引起的黏度称为塑性黏度；由空间网架结构引起的黏度称为结构黏度（Inner Viscosity或Structural Viscosity）。钻井流体流变学中称为动切力或屈服值。结构黏度是塑性流体静止时，胶粒周围呈定向排列，失去运动自由的水分子增多，黏度比正常黏度大一些。

动切力（Yield Point）是塑性流体流变曲线中的直线段在剪切应力轴上的截距，也称屈服值。依据宾汉方程，在求得塑性黏度的基础上，应用旋转黏度计600r/min和300r/min的读数即可求得动切力，见式(8.12)。

$$\tau = YP + PV\gamma$$

$$YP = \tau - PV\gamma$$

$$YP = \tau_{600} - PV\gamma_{600} = 0.511\theta_{600} - \frac{0.511(\theta_{600}-\theta_{300})}{1022-511} \times 1022 \tag{8.12}$$

$$= 0.511(2\theta_{300}-\theta_{600}) = 0.511(\theta_{300}-PV)$$

宾汉模式下的动切力反映了钻井流体在层流流动时，黏土颗粒之间及高分子聚合物分子之间相互作用力的大小，也即形成空间网架结构能力的大小或形成空间网等结构的强度。

由于 0.511 是一个较复杂的数据，记忆不便，如果记 0.5，就方便得多。把 0.511 近似看成 0.5，表观黏度是塑性黏度和动切力数值的和。

也就是说，宾汉模式下，表观黏度近似等于塑性黏度与动切力的数据之和。因此，现场经常用这个方法，迅速计算出宾汉模式的主要流变参数。先测定 600r/min、300r/min 的读数，然后 600r/min 时读数的一半是表观黏度，600r/min 时的读数减去 300r/min 时的读数为塑性黏度，表观黏度减去塑性黏度即为动切力。

这个结果可以从表观黏度等于塑性黏度加动切力/剪切速率来解释。剪切速率是 $1000s^{-1}$ 左右时，用 mPa·s 做单位，动切力/剪切速率近似等于动切力。从原理上讲，高速流动条件下，动切力所表征的网架结构几乎不存在了。

#### 8.1.2.4 动塑比

前文已表明钻头水眼处钻井流体剪切速率 $10000 \sim 100000s^{-1}$。这种剪切速率下的钻井流体黏度很低，有利于充分发挥水马力作用，实现水力破岩，提高机械钻速。环形空间中，剪切速率 $50 \sim 250s^{-1}$。这种剪切速率下的钻井流体仍然能够保持一定黏度，满足携带钻屑，清洁井眼需要。

这就要求钻井流体要有较低的塑性黏度和较高的动切力。高剪切速率下有效地协助破岩和在低剪切速率下有效地携带岩屑。为实现这一目的，需要钻井流体具有较高的动塑比。但过高的动塑比会影响开泵平稳、增加处理剂用量。动塑比控制在 0.36~0.48Pa/(mPa·s) 比较适宜。

钻井流体的剪切稀释作用主要取决于动切力的大小。从流变方程中也可以发现，表观黏度相同，动切越大，剪切稀释性越强，见式(8.13)：

$$\tau = YP + PV$$

$$\frac{\tau}{\gamma} = \frac{YP}{\gamma} + \frac{PV}{\gamma} \tag{8.13}$$

塑性黏度与剪切速率无关。两种钻井流体，在表观黏度相同的情况下，动切力越大，塑性黏度越小，剪切速率增大时，表观黏度降低越多，特别是剪切速率趋向无穷大时，动切力与剪切速率的比值趋向零，塑性黏度趋近表观黏度，即降低越多，剪切稀释性越好。良好的剪切稀释性，会给钻井工程清洁井眼、传递水动力等带来益处，因此成为优质钻井流体必须具备的性能。

对比了两种塑性黏度不同的钻井流体的表观黏度、塑性黏度和动切力后，1994 年，鲁凡对此提出了异议。因为，钻井流体的动塑比不同，但它们的表观黏度降低值相同时，也就说明钻井流体的剪切稀释作用相同。因此，动塑比不能代表钻井流体的剪切稀释能力。真正说明钻井流体剪切稀释能力的是动切力。它们的表观黏度降低值相同，也就是钻井流体的剪切稀释作用相同。

#### 8.1.2.5 切力

用塑性流体模式表征钻井流体除了表观黏度外，还需要塑性黏度和动切力等参数。同时，由于流变方程不能完整地表达钻井流体在低剪切速率下的流变特征，还需要引入切力参数评价钻井流体的性能。

钻井流体的切力（Gel Strength）是指钻井流体的静切应力，实质是胶体化学中的胶凝强度，但因钻井流体比胶体更复杂，又不完全相同。它表示钻井流体在静止状态下与固相一起形成空间网架结构的强度。其物理意义是，钻井流体静止时，使其流动需要破坏钻井流体内部单位面积上的形成空间网架结构的最小剪切力或者由流动到静止时形成的结构力。塑性流体的流动特性中的静切应力，实际上是静切应力的极限值，即真实的胶凝强度。但是，由于钻井流体组分的复杂性，钻井流体不是真正意义上的凝胶，而是一种可逆凝胶。这种可逆凝胶强度的大小与时间有关。而且最好相同时间下，强度的变化是一致的。

要想测得静切应力的极限值，至少花费 20min 时间才能得到较稳定的凝胶强度。钻井现场测量性能需要 20min 以上，是不现实的。于是人为规定，用初切力和终切力，来评价静止和静止一段时间后，钻井流体形成胶凝强度的大小。把与时间有关的静切力测量转化为与时间无关的力的计算。

1）初切力

初切力（Initial Gel Strength），是钻井流体用直读式旋转黏度计 600r/min 充分搅拌 10s 后，与直读式黏度计都静置 10s 或 1min 时，用旋转黏度计 3r/min 的剪切速率下，读取刻度盘的最大偏转值，然后计算得到。

2）终切力

终切力（Terminal Gel Strength），是钻井流体 600r/min 在充分搅拌 10s 后，静置 10min 后，3r/min 的剪切速率下读取的最大偏转值，然后计算得到。按前文在国际单位制下所设计的旋转黏度计，每转动一定角度，其剪切应力数值上等于 0.511 乘以转动的读数：

$$\begin{cases} G_{10''} = 0.511\theta_3' \\ G_{10'} = 0.511\theta_3 \end{cases} \tag{8.14}$$

式中 $G_{10''}$——初切力（10s），Pa；

$G_{10'}$——终切力（10min），Pa。

$\theta_3'$——六速黏度计高速搅拌后静止 10s，测量 3r/min 时的最大读数，Pa/rad。

$\theta_3$——六速黏度计高速搅拌后静止 10min，测量 3r/min 时的最大读数，Pa/rad。

用初切与终切表示钻井流体凝胶强度的变化，进而评价钻井流体的悬浮能力有一定的局限性。这是因为 10s 和 10min 可测得凝胶强度并不代表最终的强度。10s 和 10min 胶凝强度低并不等于 1h 后胶凝强度低。同样，10s 和 10min 凝胶强度高并不等于 1h 后凝胶强度高。现场测定 10s 和 10min 胶凝强度后，分析数据时必须注意这一点。生硬地照搬会给现场施工造成困难。

【例 8.2】 现场使用 Fann35A 型旋转黏度计，测得某种钻井流体的 600r/min 读数为 42，300r/min 读数为 28。接着在 600r/min 下搅拌 10s，静置 10s 后，测得 3r/min 的最大读数为 2；再在 600r/min 下搅拌 10s，并静置 10min 后测得 3r/min 的最大读数为 4。试求该钻井流体的表观黏度、塑性黏度、动切力、动塑比、静切应力。

## 8.1.3 幂律流体流变参数测试方法

某些钻井流体、高分子化合物的水溶液以及乳化液等均属于假塑性流体（Pseudo Plastic Fluid），这类流体在外界施加极小的剪切应力下就能流动，不存在静切应力，表观黏度随剪切应力的增大而减小。符合幂律模式（Power Law Model）、赫—巴模式（Herschel-Bulkely Model）、卡森模式（Casson Model）、双曲模式等流变模式。但常于钻井流体表征的只有幂律模式，用于计算的还有赫—巴模式和卡森模式等。

幂律模式由 Ostward 于 1925 年提出，适用假塑性流体和膨胀型流体，引入钻井流体则于 1972 年。流变曲线为凹向剪切速率轴且通过原点的曲线的流体为假塑性流体。流变曲线不通过坐标原点且凹向剪切速率轴，与剪切应力轴有交点，兼有屈服特性和假塑性流体特性的流体，称之为屈服假塑性流体（Yield Pseudoplastic Fluid），即赫—巴模式是假塑性流体的流度模式之一。

假塑性流体能用幂律模式表达的流体称为幂律流体，无屈服应力，并且剪切应力变化随剪切速率增加而减小的流体。

幂律流体受力就流动，与牛顿流体剪切力与剪切应力呈线性关系不同，幂律流体剪切力与剪切速率的变化关系为幂函数关系，不符合牛顿流体内摩擦定律。流变曲线凹向剪切速率轴，随着剪切速率的增加，剪切力的增加幅度逐渐降低。遵循幂律模式的假塑性流体比较多，如钻井流体、果酱、聚合物溶液、乳状液、稀释后的油墨、一定温度下的原油等。

幂律模式的研究者认为，假塑性流体不存在静切应力，剪切应力与剪切速率的比值黏度随剪切应力的增大而降低；剪切应力与剪切速率之比总是变化的，在流变曲线上无直线段。流性指数和稠度系数是假塑性流体的两个重要流变参数。

对于一维方向的简单流动行为来说，有：

$$\tau = K\gamma^n$$

式中　$\tau$——剪切应力，Pa；

$K$——稠度系数，Pa·s$^n$；

$\gamma$——剪切速率，s$^{-1}$；

$n$——流性指数，对假塑性流体，$0<n<1$。

这是假塑性流体所遵循的流变方程之一，幂律流体的表观黏度 $AV$ 等于剪切应力与剪切速度之比：

$$AV = K\gamma^{n-1} \tag{8.15}$$

### 8.1.3.1 流性指数

幂律模式流性指数（Flow Behavior Index）反映假塑性流体在一定剪切速率范围内所表现出的非牛顿性的程度。由于流性指数小于1，也可反映出流体剪切稀释性的特点。数值越小，剪切稀释性越强，非牛顿性也越强。流性指数等于1时，上述方程变为牛顿流体方程。因此，通常将 $n$ 称为流性指数。幂律模式等号两边同时取对数，得到

$$\lg\tau = \lg K + n\lg\gamma$$

这是以 $\lg\tau$ 为纵坐标、$\lg\gamma$ 为横坐标的直线。直线在纵坐标轴上的截距为 $\lg K$，斜率为 $n$。在直线上任取两点（$\lg\tau_1, \lg\gamma_1$）、（$\lg\tau_2, \lg\gamma_2$），代入上式，得到

$$\begin{cases} \lg\tau_1 = \lg K + n\lg\gamma_1 \\ \lg\tau_2 = \lg K + n\lg\gamma_2 \end{cases}$$

解此联立方程，得流性指数的通式：

$$n = \frac{\lg\tau_1 - \lg\tau_2}{\lg\gamma_1 - \lg\gamma_2} = \frac{\lg\dfrac{0.511\theta_1}{0.511\theta_2}}{\lg\dfrac{\gamma_1}{\gamma_2}}$$

式中　$\theta_1, \theta_2$——两种转速时黏度计刻度盘读数；

　　　$\gamma_1, \gamma_2$——两种转速时黏度计剪切速率，$s^{-1}$。

钻井流体一般用六速黏度计上的 600r/min 和 300r/min 时作为两个数据点计算，主要是指高剪切速率之间此两个速率下的剪切速率分别为 $1022s^{-1}$ 和 $511s^{-1}$。通过推导得到幂律模式流性指数计算公式，见式(8.16)。

$$n = \frac{\lg\dfrac{\theta_{600}}{\theta_{300}}}{\lg\dfrac{1022}{511}} = 3.322\lg\frac{\theta_{600}}{\theta_{300}} \qquad (8.16)$$

这样，流性指数可以用直读式旋转黏度计测定的数值来计算得到。水和甘油等牛顿流体流性指数等于1，此时 $\tau = K\gamma^n$ 等同于 $\tau = \dfrac{F}{S} = \mu\gamma$。

### 8.1.3.2　稠度系数

幂律模式中的系数 $K$ 值大小与钻井流体的黏度、切力和剪切速率有关。$K$ 值越大，黏度越高。因此，将 $K$ 称为稠度系数。稠度系数（Consistency Coefficient）是钻井流体的黏度和切力大小的综合表现，反映钻井流体的黏稠程度。钻井流体稠度系数，主要与固相含量、液相和结构强度有关。固相含量或聚合物处理剂的浓度增大时，稠度系数相应增大。

由 $\tau = K\gamma^n$，得：

$$K = \frac{\tau}{\gamma^n}$$

钻井流体学中，一般取 $N = 300\text{r/min}$，主要原因是 300r/min 的读数可以转换为六速黏度计的任意速度下的黏度。$\gamma = 1.703 \times 300 = 511 s^{-1}$，$\tau = 0.511\theta_{300}$，所以可得幂律模式自稠度系数计算公式：

$$K = \frac{\tau}{\gamma^n} = \frac{0.511\theta_{300}}{511^n} \qquad (8.17)$$

式中　$K$——稠度系数，$Pa \cdot s^n$。

稠度系数值可在一定程度上反映钻井流体的可泵性。稠度系数值过大，重新开泵困难；也可以一定程度地反映钻井流体的携带能力。稠度系数值过小，携岩能力不强。因此，稠度系数值应保持在合适的范围。当然，还没有明确的数值范围。

【例8.3】　现场用 ZNN-6 型旋转黏度计测得某钻井流体在 600r/min、300r/min、200r/min、100r/min、6r/min 和 3r/min 的刻度盘读数分别为 38、28、22、17、5.5 和 4.5，试分成三组计算钻井流体的流性指数和稠度系数。

不同剪切速率下，其稠度系数或流性指数不相同，随着剪切速率减小，钻井流体的流性指数值趋于减小，稠度系数值趋于增大。

现场主要以 600r/min 和 300r/min 示数表征钻井流体的流变特征。但是，600r/min 和 300r/min 示数对应的剪切速率与钻井流体在钻杆内的流动情况大致相当，以此计算的许多参数可能与实际不同剪切速率下的参数差距较大。因此，需要进一步计算不同剪切速率下流变参数。以幂律模式为例，计算实际钻井流体的流变参数。实际钻井流体的流变参数计算方法，可分为图解法和试算法两种。

钻井现场一般调整钻井流体流变参数主要是为了携带岩屑、悬浮固相。所以，与携带钻屑、悬浮固相相关的钻井流体参数主要是表观黏度和黏度系数、切力以及间接相关的动塑比、流性指数等。

根据钻井流体流变模式，预测流体流变性能，结合实际数据，推断钻井流体的流变模式，确定流体性能的相应调整工艺，是研究钻井流体流变性的实质。

井眼清洁程度，一般用环空中钻井流体所含岩屑的浓度表示。环空钻井流体岩屑含量在 5% 以内比较安全。只要采取相应的钻井流体及工程措施，岩屑含量 9% 以内也安全，与钻井流体的类型和性能关系很大。

岩屑从井底到地面，要经过两个过程。钻井流体先是冲洗岩屑离开井底，然后携带岩屑从井壁和钻柱的环形空间中返至地面。岩屑被冲离井底与钻头选型和井底流场相关，岩屑从井底携带至地面则主要与钻井流体的流变性相关。

## 8.2 钻井流体流变性调整方法

对照牛顿模式、宾汉模式、幂律模式与实际钻井流体曲线可以看出，一般假塑性流体流变模型在中等剪切速率的范围内，由于剪切稀释作用，曲线呈现向下弯曲递增。但在较低剪切速率或特高剪切速率范围内，曲线则趋向于线性增加。

与实际流体的流变曲线相比，宾汉模式不适用。动切力是一外推值，一般情况下远远高于实际钻井流体的极限动切力，也不能反映高剪切速率下的剪切稀释性。宾汉模式是描述非牛顿流体的塑性钻井流体流变模式，能较好地描述中、高剪切速率下钻井流体的流变性能。但实际钻井流体并非塑性流体，故采用宾汉模式流体的极限静切应力、塑性黏度、动切力和动塑比等来评价钻井流体性能，与钻井现场施工符合度不高，指导意义较差。

然而，存在巨大缺陷的宾汉模式，用于评价钻井流体流变性能，应用较为普遍。主要是因为计算简单、历史久远、现场使用方便等。

尽管宾汉模式一直是世界钻井流体工艺中最常用的流变模式，但普遍认为，采用幂律模式比使用宾汉模式能更好地表达钻井流体在环空的流变特性，并能更准确地预测环空压降和计算有关的水力参数。在钻井流体设计和现场实际应用中，这两种流变模式往往同时使用。

同时，与实际流体的流变曲线相比，幂律模式也不适用。剪切速率较小时，因流变曲线曲率很大，剪切应力理论值要高于实测值。剪切速率值特高时，剪切应力理论值低于实测值。幂律模式流变曲线通过原点，极限动切力为零，不能反映钻井流体具有屈服应力的特性，也不能反映实际钻井流体存在极限动切力的特性。

但是，幂律模式能在一定程度上反映假塑性流体在中、高剪切速率下的流动规律。井眼环空中用于携带和悬浮钻屑的剪切速率往往比较低，特别是在深井钻井过程中更是如此。幂律模式不能反映低剪切速率下的流动规律，也不能反映钻井流体具有静切力的特性。

### 8.2.1 表观黏度和稠度系数调整方法

表观黏度是所有黏度的总和。提高黏度有利于清洁井眼。任何增加流体流动阻力的处理剂都可以增加表观黏度。调整表观黏度的主要方法有提高黏土含量或者加入水溶性聚合物等。

加入水化好的膨润土能迅速提高钻井流体黏度。但是，膨润土含量高会增加钻井流体的塑性黏度，降低钻井流体水力作用。因此，除了表层钻井外，不宜加入过多膨润土增加钻井流体表观黏度，应该以增加钻井流体用增黏剂为主要手段提高钻井流体表观黏度。

与表观黏度相似的流动参数是稠度系数。提高稠度系数类似于增大钻井流体黏度，有利于清洁井眼和消除井塌；降低稠度系数类似于降低钻井流体黏度，有利于提高钻速。

可添加聚合物处理剂，或将预水化完全的膨润土浆加入钻井流体中来提高稠度系数，相当于提高塑性黏度，但动切力提高更多。也可加入超细碳酸钙、重晶石粉等惰性固相物质来提高稠度系数，相当于提高塑性黏度，但动切力提高不大。

降低稠度系数最有效的方法是降低钻井流体中的固相含量，可以采用加强固相控制或加水稀释等两种方法。

### 8.2.2 动切力和静切力调整方法

凡是影响钻井流体形成空间网架结构的因素，均可能影响动静切力大小。这些因素包括黏土矿物类型和浓度、电解质种类和浓度、稀释剂种类和浓度等。

#### 8.2.2.1 黏土矿物类型和浓度

常见的黏土矿物中，蒙脱石最容易被水化，在钻井流体中形成网架结构。钻井流体中蒙脱石浓度增加，塑性黏度增加较小，动切力增加较大。相对而言，高岭石和伊利石等黏土矿物，由于水化能力较差，加入后使塑性黏度增加较多，对动静切力影响较小。

#### 8.2.2.2 电解质种类和浓度

氯化钠、硫酸钙和水泥等无机电解质进入钻井流体，会增大钻井流体絮凝程度，使动静切力增大。

#### 8.2.2.3 稀释剂种类和浓度

大多数稀释剂是通过稀释剂分子吸附到黏土颗粒的端—面上，使端—面带一定的负电荷，负电荷的相斥性拆散了黏土颗粒的网架结构，从而降低动切力，但塑性黏度相对降低较小。

提高动静切力，可加入预水化膨润土浆，或增大高分子聚合物的加量。对于钙处理钻井流体或盐水钻井流体，可通过适当增加钙离子和镁离子浓度提高动切力。

降低动切力，最有效的方法是加入适合于体系的降黏剂或称稀释剂，拆散钻井流体中已形成的网架结构。如果是因钙离子或镁离子等侵害引起的动切力升高，则可用沉淀方法除去这些离子。此外，用清水或稀浆稀释也可起到降低动切力的作用。

对于非加重钻井流体，动切力应控制在 1.4~14.4Pa。密度不同钻井流体的塑性黏度和动静切力值的适宜范围也不尽相同。静切力应以悬浮固相为基本准则。具有良好剪切稀释性能的低固相聚合物钻井流体的高剪黏度一般较低，为 2.0~6.0mPa·s；密度较高的分散钻井流体，其高剪黏度常超过 15.0mPa·s。一般情况下，能够悬浮重晶石的最低静切力为 1.44Pa。

### 8.2.3 动塑比和流性指数调整方法

调整钻井流体流变参数和确定环空返速时，既要考虑岩屑的携带问题，还要考虑钻井流体的流态，应在保持井壁的前提下清洁井眼。

在泵排量最大许可范围内，环空间隙一定的情况下，要达到岩屑浓度要求，主要应从调整钻井流体性能入手。从钻井流体本身的性能看，岩屑上升速度与密度及黏切有关。钻井流体的密度越大，同样的岩屑在钻井流体中所受的浮力越大，下沉速度越慢。但调整悬浮能力不能从密度上去寻求解决方法，因为它会影响钻速，故应从黏切上去解决钻井流体携砂能力问题。要想调整钻井流体流变参数，就必须先确定钻井流体适应哪种流变模式，而后才能以其反映携砂能力的指标加以要求。动塑比用来调整以宾汉模式表征的钻井流体，而流性指数则是用来调整以幂律模式表征的钻井流体。一般情况下，降低流性指数值有利于携带钻屑、清洁井眼。同样，增大动塑比也有利于携带钻屑、清洁井眼。

流性指数主要受网架结构影响，如加入高分子聚合物或适量无机电解质时，会使形成的网架结构增强，流性指数相应减小。在钻井流体设计中，经常要确定流性指数的合理范围，一般希望有较低的流性指数，确保钻井流体具有良好的剪切稀释性能。

降低流性指数最常用的方法是加入黄原胶、羟乙基纤维素等生物聚合物类流型改进剂，或在盐水钻井流体中添加预水化膨润土。适当增加无机盐的含量也可起到降低流性指数的效果，但往往会对钻井流体的稳定性造成影响。因此，通过增加膨润土含量和矿化度来降低流性指数，一般来讲不是好方法，而应优先考虑选用适合于体系的聚合物处理剂来达到降低流性指数的目的。

流性指数保持在 0.4~0.7，就能够有效地携带岩屑。如果动塑比过小，会导致尖峰型层流；如果动塑比过大，常常因为动切力增大引起泵压显著升高。

钻井流体的流性指数值一般均小于 1。流性指数值越小，表示钻井流体的非牛顿性越强。不同流性指数下，假塑性流体流变曲线不同。流性指数越小，曲线曲率越大，钻井流体越偏离牛顿流体。一般情况下，降低流性指数有利于携带岩屑、清洁井眼。

幂律模式的流性指数也可反映剪切稀释性。流性指数为 1.0 时，表观黏度为稠度系数，是与剪切速率无关的常数，此时钻井流体为牛顿流体。流性指数越小，表观黏度越低。不同流性指数时，钻井流体在不同剪切速率下的表观黏度。剪切稀释性、流性指数以及钻井流体在循环系统不同的位置所表现的不同表观黏度。

（1）无论流性指数大小，钻井流体都存在随着剪切速率增加表观黏度减小的趋势。流性指数越小，表观黏度随剪切速率增加降低的幅度增大，剪切稀释性增强。以此，可以推断流性指数主要受网架结构影响。

（2）旋转黏度计所测定的表观黏度是中、高剪切速率下的黏度，并不一定能反映在较低剪切速率下和很高剪切速率下的表观黏度。进一步说，未必能反映钻井流体的整个性能变化。因此，在较低速率下携岩效率、较高速率的水马力等计算中，有些数据仅可作参考。

（3）无论流性指数大小，旋转黏度计转速大约在 300r/min 时，钻井流体的表观黏度相同。可以认为是黏度趋同现象，其产生原因需要进一步研究。

流性指数大，钻井流体可能层流携带岩屑，不利于井眼清洁；流性指数小，钻井流体可能紊流携带岩屑，动力消耗太多。一般认为，为保证钻井流体能够在平板层流下携带岩屑，流性指数值维持 0.4~0.7，较为适宜。

对于非加重钻井流体，塑性黏度应控制在 5~12mPa·s，剪切应力应控制在 1.4~14.4Pa。一般情况下将动塑比控制在 0.36~0.48Pa/(mPa·s) 是比较合适的。

提高动塑比的目的主要是解决岩屑转动问题，同时增强钻井流体的剪切稀释性能。但如果遇到井下情况比较复杂或出现井塌时，则需要适当提高钻井流体的有效黏度并加大排量，才能有效地降低岩屑滑落速度，提高钻井流体环空返速，从而提高岩屑的净上升速度。

通过控制动塑比，使环空流体处于平板型层流状态的方法只适用于层流，这是因为动切力和塑性黏度都是反映钻井流体在层流流动时的流变参数。通过计算得知，环空流体处于紊流状态，则首先应考虑通过降低环空返速或同时提高黏度和切力，使钻井流体从紊流状态转换为层流状态，然后再考虑通过控制动塑比使钻井流体成为平板型层流。

在钻井流体中，还应考虑提高结构黏度的问题也就是提高动切力和静切力的情况。以上的高分子增黏剂在浓溶液或在钻井流体中，肯定也会同时提高初切力和静切力。一种处理剂能大幅度提高动切力即增加体系的结构，而本身用量很少，对滤液黏度影响很小，这样就会出现动塑比上升，流性指数值下降的情况。这一类增黏剂，称为流型调节剂。

因此，对流型改进剂的主要要求就是对动切力提高的幅度大，对塑性黏度的提高幅度小。为了达到这一目的，一般采取的措施是保证一定的优质膨润土含量，使用水化性强的高分子化合物，配合使用一定数量的无机电解质起交联作用。

将流性指数的适宜范围定为 0.4~0.7，也是同样的道理。当然，为了减小岩屑的滑落速度，钻井流体的有效黏度也不能太低，将低固相聚合物钻井流体的塑性黏度维持在 5~12mPa·s 比较合适。为了使钻井流体的动塑比控制在 0.36~0.48Pa/(mPa·s)，常采取添加聚合物、有效地使用固控设备、加入电解质等方法。

（1）选用具有较高分子量的聚合物处理剂，并保持其足够的浓度。这些处理剂在钻井流体中形成网架结构，使动切力增大。尽管钻井流体的液相黏度也会相应增大，即塑性黏度同时有所增大，但由于动切力的增大幅度比塑性黏度大得多，所以有利于提高动塑比。

（2）有效地使用固控设备，清除钻井流体中密度较高、颗粒较大的固相颗粒，保留密度较低、尺寸较小的膨润土颗粒，达到降低塑性黏度，提高动塑比的目的。

（3）在保证钻井流体性能稳定的前提下，适量地加入石灰、石膏、氯化钙和食盐等电解质，增强体系中固体颗粒形成网架结构的强度，使钻井流体的动切力增大。

## 8.2.4 塑性黏度和极限黏度调整方法

一般情况下，作业者并不愿意提高塑性黏度，因为塑性黏度在大多数情况下，对钻井工程作业的要求高。其影响因素是固相含量、黏土分散程度以及高分子聚合物处理剂的加量。

（1）钻井流体中的固相含量。固相含量是影响塑性黏度的主要因素。一般情况下，随着钻井流体密度升高，固体颗粒逐渐增多，颗粒的总表面积不断增大，颗粒间的内摩擦力也会随之增加，塑性黏度增加。

（2）钻井流体中黏土的分散程度。黏土含量相同时，其分散度越高，黏土分散后颗粒的总表面积越大，颗粒间的内摩擦力越大，塑性黏度越大。

（3）高分子聚合物处理剂。钻井流体中加入高分子聚合物处理剂会提高液相黏度，增大液相黏度和固相间的作用力，从而使塑性黏度增大。处理剂浓度越大，塑性黏度越高；处理剂分子量越大，塑性黏度越高。

欲降低塑性黏度，可减少固相含量，如合理使用固控设备、加水稀释或化学絮凝等。欲提高塑性黏度，可尽量增加固相含量，如加入低造浆率黏土、重晶石、混入原油或适当提高pH值等。另外，增加高分子聚合物处理剂的浓度提高钻井流体的液相黏度，也可起到提高塑性黏度的作用。

保证深井钻井时的井下安全措施，包括起钻前先充分循环钻井流体，接单根时晚停泵，钻进一定进尺后短起下钻，尽可能提高泵排量，以及很好地调整钻井流体流变参数，把携带比控制在 0.5 以上。

卡森模式从高剪黏度的物理意义来看，极限高剪切黏度表示钻井流体中内摩擦作用的强弱，可以近似表示钻井流体在钻头喷嘴处紊流状态下的流动阻力，可理解为剪切速率为无穷大时的流动阻力。与宾汉模式中塑性黏度类似，但在数值上它往往比塑性黏度小得多，这主要是由于在高剪切速率范围内，宾汉模式会出现较大偏差的缘故。试验表明，降低高剪黏度有利于降低高剪切速率下的压力降，提高钻头水马力，也有利于从钻头切削面上及时地排除岩屑，从而提高机械钻速。

## 思考题

1. 什么是钻井流体流变性、触变性和剪切稀释性？它们与清洁井眼、防止卡钻和提高机械钻速间的关系是什么？
2. 钻井流体现场常用的流变模式有几种？它们测量的方法有哪些？
3. 什么是流变参数？简述其获取的仪器、计算方法和主要用途。

# 9 钻井流体失水护壁性能测定及调整方法

钻井流体的失水护壁性能包括钻井流体失水性能和护壁性能两项性能。对于含有固相的钻井流体，失水是护壁的基础，护壁是失水的结果。两者相伴而生，所以经常把两项性能放在一起研究。但是，两者的定义是不同的。

钻井流体滤失性能（Filtration Properties）或失水性能（Water Loss），是指钻井流体中流体渗入地层的性质和功能。进入地层的流体称为滤液（Filtrate），也称为失水（Water Loss）。失水可以和漏失关联起来，看成是工作流体进入地层的不同阶段。钻井流体造壁性能（Mudding Off Properties）或者护壁性能（Mud Off）则是指钻井流体中的有形物质与井壁结合形成一体的能力和强度。护壁形成的薄层，称为滤饼（Filtration Cake），习惯上称为泥饼。造壁可以和堵漏联系起来，看成是工作流体建立完整井壁的过程。

滤失和失水是有区别的。滤失更多时候指的是钻井流体中的自由水通过介质流失，从某个层面上讲，失水包括滤失。而失水不仅仅是自由水，还有微小颗粒和聚合物、表面活性剂等，因此，钻井流体中用失水表示是比较合适的。而滤失指岩石渗流介质滤失更合适。

同样，造壁和护壁也是有区别的。造壁是指新的井壁产生，而护壁则指把原来的井壁加以保护。所以，护壁比较合适。失水和护壁的区别更明显。失水研究流体和地层孔隙、空隙的可容纳关系；护壁是研究流体中的物质自身与地层中孔隙、空隙结合后形成新的地层。

钻井过程中，漏失是指井下作业（钻井、固井或修井）时，工作液（包括泥浆、水泥浆、完井液及其他液体等）进入地层的现象。对于钻井工程来讲，井漏是指在钻井与完井过程中钻井流体、水泥浆或其他工作液进入地层的现象。漏失是钻井最常见的难题之一。漏失程度的评价指标主要有漏失量、漏失速度、漏强、漏径比和漏层吸收系数。

（1）漏失量。漏失量是在一定的工作期间内，某井或者某地层漏失工作流体的总量，也称为累计漏失量。漏失量是判断漏失严重程度的主要指标，用于评价漏失程度。漏失量分三类，小于$20m^3$为小漏失量，$20\sim100m^3$为中等漏失量，大于$100m^3$为大漏失量。

（2）漏失速度。漏失量判断井下漏失，一般应用于漏失量较小、需要较长时间判断的漏失，不太适用于漏失量较大地层。判断漏失程度一般使用瞬时漏失。瞬时漏失的程度用漏失速度来表示。漏失速度是单位时间内漏失的量。小于$5m^3/h$为少渗漏，$5\sim10m^3/h$为小漏，$10\sim20m^3/h$为中漏，$20\sim50m^3/h$为大漏，大于$50m^3/h$多为恶性漏失。实际生产中，中漏及以上漏失一般通过瞬时漏失表征。中漏及以上漏失可通过短时间内泥浆罐液面降低量及井口泥浆返出量计算。恶性漏失又可分为井口可见液面及井口不可见液面两种。

（3）漏失强度。漏失强度是特定漏层下，单位压力及漏失面积下的漏失速度。漏失速度为循环时的动漏失速度，压差可以通过测定动、静液面的变化求得，漏失面积通过漏失井段长度和井径计算得出。小于$7km/(MPa·h)$为微漏，$7\sim20km/(MPa·h)$为小漏，$20\sim40km/(MPa·h)$为中漏，$45\sim50km/(MPa·h)$为大漏，大于$55km/(MPa·h)$为严重井漏。按漏强分类只能粗略地反映漏失的严重程度，因为漏速跟压差、钻井流体黏度等多种因素有关，仅考虑这三个因素可能还不够。在现场，漏失面积不易求得，采用漏径比和漏层吸收系数可近似地代替漏强分类。漏径比是指漏速与井径之比。漏层吸收系数是指单位时间内、单位压差下进入地层的钻井流体量。

不同的评价指标，所表征的漏失程度基本一致。根据以上漏失程度，研判钻井流体的处理方法。水基钻井流体和油基钻井流体，常用的井漏处理过程基本一致。即分析漏失原因，做好设计，配制堵漏浆，按设计施工，做好记录。

钻井流体中，除气基钻井流体外，油和水是钻井流体的主要成分，是进入地层的主要物质，一般主要研究水和油。水，作为水基钻井流体的分散介质，在钻井流体中以结晶水、吸附水和自由水等三种形态存在。钻井流体中的失水主要是指自由水，高温环境中考虑吸附水。

失水过程中，随着钻井流体中的自由水进入岩层，钻井流体中除了小于孔隙或裂缝的颗粒可能渗入岩层至一定深度外，合适的固相颗粒附着在井壁上形成滤饼（Mud Cake/Filter Cake），即钻井流体的护壁性。井壁上形成滤饼后，渗透性变差，阻止或减慢了钻井流体的侵入。钻井流体发生失水的同时就有滤饼形成，钻井流体再发生失水时，必须经过已经形成的滤饼。因此，决定失水量大小的主要因素是滤饼的渗透率。

钻井流体的失水性能和护壁性能是钻井流体的重要性能，关系到松散、破碎和遇水失稳地层的井壁稳定性能。因为钻井流体有时需要循环流动，有时需要静止，所以失水性能和护壁性能也分为静态和动态两种。由于流动状态时的失水性能和护壁性能影响因素较为复杂，所以静态下的研究较多，动态下的研究较少。

Ferguson 等认为，钻井流体在井筒内的失水过程由瞬时失水阶段、动态失水阶段和静态失水阶段组成，与三个阶段相对应的失水现象分别为瞬时失水、动失水和静失水。

（1）瞬时失水也称初失水（Spurt Loss），是指从钻头破碎井底岩石的瞬间开始，到钻井流体中的固相颗粒及高聚物在井壁上开始形成滤饼的这段时间内钻井流体的失水现象。瞬时失水的特点是时间很短，失水速率最大。

（2）动失水（Dynamic Filtration）紧跟瞬时失水，是指钻井流体在井内循环流动时的失水现象。动失水的特点是压力差较大，等于静液柱压力加上环空压力降和地层压力之差，滤饼厚度维持在较薄的水平，失水速率开始较大逐渐减小，直至稳定在某一值。

（3）静失水（Static Filtration）是指钻井流体在井内停止循环时的失水现象。静失水特点是压差较小，滤饼较厚，大多数情况下单位时间内失水量小于动失水量。

与三个阶段对应的滤饼分别为动滤饼、静滤饼以及复合滤饼。整个失水过程中，累计失水体积、失水速率以及滤饼变化，如图 9.1 所示。图中 $h$ 表示滤饼的厚度；$c$ 表示常数。

从图 9.1 中可以看出，在压差作用下井下钻井流体的失水过程。

从钻头破碎井底岩石形成井眼的瞬间开始，钻井流体和钻井流体中的自由水几乎同时向地层孔隙中渗透。在很短时间内尚未形成滤饼，这个过程称为瞬时失水过程。此时的失水量称为瞬时失水量 $V_{瞬}$。瞬时失水是滤饼尚未完全形成之前的失水。特点是时间短、占总失水量的比例小。所以图中斜率在 $t_0$ 时最高，然后缓慢降低（图中 $t_0 \sim t_1$）。

钻井流体继续循环，滤饼形成、增厚，直至滤饼厚度 $h$ 保持不变。单位时间内的失水量也由开始的较高速度逐渐减小至恒定，这个过程称为动失水过程。此时的失水量称为动失水量 $V_{动}$。动失水是钻井流体循环时的失水。特点是滤饼形成，但增厚与冲蚀变薄处于动平衡状态。滤饼厚度基本不变化，但高渗透率滤饼逐渐变为低渗透率滤饼并趋于稳定，失水速率大、失水量大，图中斜率从 $t_1$ 到 $t_2$ 逐渐降低，从 $t_2$ 到 $t_3$ 保持不变（图中 $t_1 \sim t_3$）。

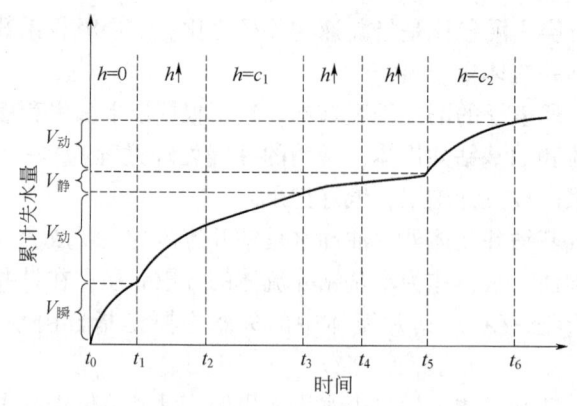

图9.1 井下钻井流体失水过程

钻进一段时间后，由于起钻或接单根，停止循环钻井流体。此时钻井流体不再冲刷滤饼，但仍在失水。滤饼逐渐增厚，失水速率逐渐减小，这个过程称为静失水过程。此时的失水量称为静失水量$V_{静}$。静失水是钻井流体静止时的失水。静失水过程中静失水量比动失水量小，滤饼则比动失水厚。所以图中斜率从$t_3$到$t_4$逐渐减小（图中$t_3 \sim t_4$）。

钻井流体静止，在压力和静电力的作用下，滤饼逐渐增厚形成虚滤饼，图中的$c_1$和$c_2$说明不同的滤饼厚度，但不影响滤饼整体渗透性，失水速率保持不变。所以图中斜率从$t_4$到$t_5$保持不变（图中$t_4 \sim t_5$）。

起下钻或接单根结束。恢复钻进需要循环钻井流体，从静失水又变为动失水。此次动失水与前次不同，是经过了静失水过程形成滤饼后的动失水。失水量要比上一次动失水量小（图中$t_5 \sim t_6$）。

这样一段时间动失水、一段时间静失水的周而复始，单位时间里的失水量在逐渐减小，滤饼大体保持一定的厚度，累计失水量也达到一定的数值。

在钻井过程中，滤饼质量的好坏和失水量的大小不但对钻井工艺复杂问题（如泥页岩和煤层的垮塌、缩径、卡钻、压力激动等）有很大影响，而且对储层伤害也有很大影响。评价滤饼质量和失水性能常采用API失水试验，它虽然可以定性地判定滤饼质量的好坏，并取得了一定的成果，但还有许多局限。

钻井过程中钻井流体的失水不可避免，失水有利有弊。失水可以使流体滤液进入地层，协助破岩，防漏治漏。当然，失水在大部分情况下是有害的，易造成井壁稳定性变差，储层伤害以及降低钻速。

（1）关系井下安全。用于泥页岩地层的钻井流体失水量过大会引起地层岩石水化膨胀、剥落，井径缩小或扩大。由于井径缩小或扩大，又会引起卡钻、钻杆折断，降低机械效率，缩短钻头、钻具的使用寿命等问题。

裂隙发育的破碎地层，失水渗入岩层的裂隙面，减小了裂隙面间的摩擦力，钻具敲击井壁，引起碎岩块落入井内卡钻。井壁上形成滤饼过厚，会减小井眼有效直径，钻具与井壁的接触面积增大，可能引起旋转时扭矩增大、起下钻遇阻以及过高的抽吸与波动压力、功率消耗增加等问题，甚至可能引起井壁垮塌或造成井漏井涌等。厚的滤饼易引起压差卡钻事故。

此外，滤饼过厚会造成测井工具、打捞工具不能顺利下至井底。井壁上形成滤饼太薄，不能有效稳定井壁，同时钻具与井壁之间的接触面积减小，增大起下钻时的摩擦阻力，钻进过程中容易引起井壁坍塌，且磨损钻具。此外，滤饼太薄不能阻挡自由水进入地层，增大钻井流体失水量。

（2）关系储层伤害。储层特别是低渗透和黏土含量高的储层，失水量过大则会引起储层渗透率的下降。同时滤饼过厚，还会影响油井测试结果，进而影响判断的正确性，甚至会误导发现低压生产层。

钻井作业时为防止地层流体进入井筒，钻井流体的静液柱压力必须大于地层孔隙内流体的压力。钻井流体因此有侵入渗透性地层的趋势，失水是必然的。为了维持井眼的稳定以及减少钻井流体固相和液相侵入地层与储层伤害，就必须控制钻井流体的失水性能。有效途径是在井壁上形成薄而致密的滤饼。如果井内钻井流体失水性控制不当，会造成失水量过大和滤饼过厚。

（3）关系机械钻速。机械钻速是指钻井中钻头在单位时间内的钻进进尺，是反映钻进速度快慢的参数，它是一口井的钻井速度快慢的重要技术经济性指标，也是衡量一个钻头优劣的重要指标。

在钻井过程中离不开钻井流体。瞬时失水量对机械钻速影响较大。研究表明，瞬时失水的高失水速率可使滤液分子迅速进入钻头破碎的岩屑下，协助岩体与井底剥离并立即冲走，减少了液柱压差作用所造成的重复破碎；高失水速率可使破碎岩石的微裂缝扩大，或者使它们不易闭合。因而，瞬时失水量较大，有利于提高机械钻速。不分散低固相钻井流体瞬时失水量明显大于其他钻井流体，是机械钻速高的原因之一。

但是，在孔隙大、裂缝发育的砂岩或石灰岩、白云岩储层中，瞬时失水造成钻井流体和滤液进入储层的失水量增加，导致储层渗透率下降。因此，储层钻进流体，要求其瞬时失水量越低越好。

【思政内容：千里之堤，溃于蚁穴】

> 千丈之堤，以蝼蚁之穴溃；百尺之室，以突隙之烟焚。——先秦·韩非《韩非子·喻老》
>
> 千里大堤，狂风巨浪未能移其毫厘，可谓牢不可破。然而蝼蚁入侵，日削月割，大堤最终倒塌。百年巨树，雷击山崩不能毁其生命，可谓顽强不屈，但是小小甲虫却能咬破树皮，吃空树干。正因为这些常常被忽略掉的蝼蚁、甲虫，才使得看似牢不可破的大堤、巨树变得脆弱不堪。
>
> 因此，细节性的问题往往会成为致命的问题，对待事物不能忽视细节，微小的事物一旦被忽略就会由小引大，终会造成无可挽回的后果。

## 9.1 钻井流体失水护壁测定方法

失水性能包括失水量和滤饼质量。不同温度和不同压力，钻井流体向地层渗透的性能不同。温度和压力差对钻井流体失水量影响很大，因此，又可分低温低压失水量和高温高压失水量。

对失水量的评价，早期主要有美国的 API 和苏联的 BM-6 两种标准，随着技术的进步和发展逐渐统一为 API 失水量，即钻井流体在规定的压力差下通过一定的渗滤断面（通常用滤纸作为渗滤介质）30min 的失水量，单位为 mL/30min。对于瞬时失水量的测定还没有直接测量的方法；静失水量测试装置有低温低压失水仪和高温高压失水仪两种，通常以150℃（300℉）作为分界标准；尚未建立动失水量评价标准，动失水量测量仪器也千差万别，各生产厂家所生产的评价仪器差别较大。

根据石油天然气工业相关标准，失水量的测量主要分为低温低压实验和高温高压实验两类，分别采用低温低压失水仪和高温高压失水仪测试。

低温低压失水仪主体是一个内径为76.2mm（3in）、高度至少为64.0mm（2.5in）的筒状钻井流体杯。此杯是由耐强碱溶液的材料制成，并被装配成加压介质可方便地从其顶部进入和放掉。装配时在钻井流体杯下部底座上放一张直径为90mm（3.54in）的滤纸。过滤面积为（45.8±0.6）cm²[（7.1±0.1）in²]。在底座下部安装有一个排出管，用来排放失水至量筒内。用密封圈密封后，将整个装置放在一个支撑架上。压力可用任何无危险的流体介质来施加。加压器上应装上压力调节器，以便由便携式气瓶、小型气弹或液压装置等来提供压力。为获得相关性好的结果，必须使用一张直径为90mm的滤纸。

低温低压失水仪的过滤面积为15.2~46.4mm²，相应的直径为75.86~76.86mm（2.987~3.026in）。密封圈是过滤面积的决定因素。密封圈应该用圆锥形卡尺检测，并用最小直径为75.86mm、最大直径为76.86mm标记。尺寸大于或是小于标记值的密封圈均不适用。此外，使用小型或过滤面积为标准面积一半的失水仪，所得结果与使用标准尺寸失水仪所得结果之间没有直接相关性。测试计时30min。

高温高压失水仪主要组成是一个可控制的压力源（二氧化碳或氮气）、压力调节器、一个可承受4000~8900kPa（600~1300psi）工作压力的钻井流体杯、一套加热系统、一个能防止滤液蒸发并承受一定回压的滤液接收器以及一个适合的支撑架。钻井流体杯有温度计插孔、耐油密封圈、支撑过滤介质的底座以及控制滤液排放的位于滤液排放管上的阀门。密封圈需要经常更换。关于气源，一氧化氮气源不可用作高温高压的测量。在高温高压下，一氧化氮在润滑脂、油或含碳物质等存在时可能发生爆炸。

### 9.1.1 滤失失水测量方法

按照失水的过程，失水可以分为瞬时失水、动态失水和静态失水等，下面以这三个过程来进行介绍。

#### 9.1.1.1 钻井流体瞬时失水测量方法

目前，尚未发现直接测量瞬时失水的方法。有人建议用1min的失水量作为瞬时失水量。瞬时失水是可以求得的。

一般情况下，瞬时失水的时间较短，失水量占总失水量的比例较小。但固相含量低、分散水化好的不分散低固相钻井流体，瞬时失水占总失水量的比例较大。钻井流体相同时，渗滤介质不同，瞬时失水量也不同。

影响瞬时失水的因素主要有压差、岩层渗透性、滤液黏度、钻井流体中固相颗粒含量尺寸和分布、水化程度以及钻井流体在地层孔隙入口处能否迅速形成桥点，即被挡在孔隙入口之外。因瞬时失水过程时间很短，测量时很难与其他类型的失水量分开，所以一般采取计算方法得到。

瞬时失水量的计算主要是应用静失水方程联立求截距的方式实现的。如果不考虑瞬时失水量，失水量与渗滤时间平方根的关系曲线，应该是通过原点的一条直线。7.5min的失水量是30min失水量的一半,所以,通常用在0.689MPa下测量的7.5min失水量乘以2作为30min的失水量,即API失水量。

如果测量时间较长,失水总量的增长速度就会减慢,直至保持不变,并不是过原点的直线。但钻井流体失水实验结果也表明,大多数情况下实际测试结果绘制出的直线并不通过原点,而是相交于纵轴上某一点,形成一定的截距,如图9.2所示。

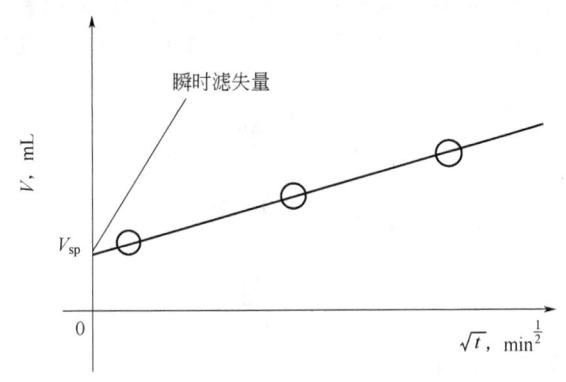

图9.2 失水量与失水时间的关系

从图9.2中可以看出,在滤饼形成之前,存在瞬时失水,表现在图上就是失水曲线不过原点。如果瞬时失水量大到可以测量的话,就可以计算API失水量,见式(9.1)。

$$V_{30} = 2(V_{7.5} - V_{sp}) + V_{sp} \tag{9.1}$$

式中 $V_{7.5}$——7.5min时的失水量;
$V_{30}$——30min时的失水量;
$V_{sp}$——瞬时失水量。

如果瞬时失水量无法测量,或者说不能推测,可以利用任意两个时间点并分别测量两个时间的失水量,作图。通过作图或解联立方程可求解,得到瞬时失水量。也可以如图9.2所示失水量和失水时间平方根关系的曲线,用线上的两个点外推出更长时间或者任意时间的失水量和确定瞬时失水量。

【例9.1】 使用高温高压失水仪测得1min失水量为6.5mL,7.5min失水量为14.2mL。试确定这种钻井流体在高温高压条件下的瞬时失水量和高温高压失水量。

#### 9.1.1.2 钻井流体动态失水测量方法

测量动态失水用动失水量测量仪(Dynamic Filter Press)(也称动失水仪)是模拟钻井流体在流动状态下测量失水量的仪器。动失水仪主要由动力传动部分、调压管汇部分、钻井流体杯、滤液接受部分、三通连接部分、电器控制箱和加热保温箱几部分构成。

国际上20世纪50年代开始在模拟钻井装置上研究钻井流体动失水研究工作,但装置比较笨重、不便维修操作、钻井流体需求量大、试验周期较长,进展缓慢。普遍认为钻井流体动失水性能指标虽然有较高的实用价值,但迄今还没有测量动失水的完全令人满意的方法。

20世纪60年代中国仿苏联制造的BM-6型钻井流体失水仪,是当时最新也是最好的钻井流体失水量测定仪器,曾被野外勘探队和研究所广泛所用。该测量仪结构简单,具有易于操作、测定结果精确、体积小、分量轻和便于携带等主要特点。

世界还有多种可使用地层岩心作为渗滤介质、泵循环钻井流体的动态循环失水装置。

因为动失水量的测量缺少完善的标准，仪器还处于不断地创新发展阶段。此外迄今为止，在 API 静失水量和动失水量之间难以找到其对应关系，因此以 API 实验来推测井下动失水速率是不可靠的。

钻井流体在循环流动中的失水过程称为动失水过程。表现为剪切速率和钻井流体流态影响动失水数量。在动失水条件下，滤饼的增长受到钻井流体冲蚀作用的限制。岩层表面最初暴露于钻井流体时，失水速率较高，此时滤饼厚度增长较快。但随着时间的推移，滤饼厚度的增长速率减小，失水速率等于冲蚀速率时，滤饼厚度将不再发生变化。此时渗滤过程符合达西定律：

$$dV_f = \frac{KA\Delta p}{\mu h_{mc}}dt$$

$$\int_0^{V_f} dV_f = \int_0^t \frac{KA\Delta p}{\mu h_{mc}}dt$$

$$V_f = \frac{KA\Delta pt}{\mu h_{mc}} \tag{9.2}$$

式中 $V_f$——动态下的失水量，$cm^3$；

$K$——滤饼渗透率，$\mu m^2$；

$A$——渗滤面积，$cm^2$；

$\Delta p$——渗滤压差，$10^5 Pa$；

$\mu$——滤液黏度，$0.1 mPa \cdot s$；

$h_{mc}$——滤饼厚度，cm；

$t$——渗滤时间，s。

动失水量与滤饼渗透率、滤饼厚度、渗滤压差和渗滤时间成正比，与滤饼厚度和滤液黏度成反比。影响动失水的因素主要有失水时间、钻井流体流动、压差、滤液黏度、温度、固相情况、地层渗透性、滤饼渗透性、井斜情况等。这些因素并不是单一的，它们之间也存在千丝万缕的联系。

### 9.1.1.3 静态失水测量方法

静失水量的测试方法主要有 API 失水仪（滤纸）测试法、API 失水仪（砂床）测试法、FA 型无渗透钻井流体失水仪测试法、试管测试法和注射器测试法。静失水量的测定通常采用 API 测试，测试装置主要有低温低压失水仪和高温高压失水仪两种。

低温低压失水量测量（Low-temperature/Low-pressure Test）常用的是 API 失水量测量仪（API Filter Press）在室温中压条件下评价钻井流体失水量，此法最早由 P. H. Jones 于 1937 年公开的，这种失水量测量方法也适用于现场试验。P. H Jones 静失水仪操作原理与现代失水仪原理一致，结构上主要由固定装置、储液装置、过滤装置、加压装置和测量装置等组成，是现代仪器发展的雏形。

1）API 失水仪（滤纸）测试法

API 失水试验产生于 20 世纪 30 年代，用于评价滤饼质量，后来用来评价怀俄明膨润土质量，并扩展为评价 0.69MPa 压力下钻井流体在 30min 内的失水特性。这一方法早已实现标准化。

2）API 失水仪（砂床）测试法

API 失水仪试验用滤纸作为渗透介质，而滤纸不能完全代表井壁表面及地层情况。1952

年Beeson和Wright比较了分别用疏松砂岩（或胶结砂岩）和滤纸作渗透介质的失水试验。结果表明，一种API（滤纸）失水量为零的油基钻井流体，在用疏松砂岩作渗滤介质的失水试验中失水量很大。显然用不同的渗滤介质评价同一种钻井流体的失水护壁性，其结果是完全不同的。同理，用同一方法评价所有钻井流体也不合适。

近年来，有人提出用砂岩作渗滤介质，因为钻井流体接触的许多重要储层均为砂砾岩或砂岩，所以用砂岩作渗滤介质可以更好地模拟井下情况。国际上许多研究者开展了试验工作，推荐了一些接近API失水仪测试法的砂床失水试验评价方法。不同研究者推荐的评价方法的主要原理和试验步骤是一致的。失水仪渗滤面积为$45.8cm^2$，实验渗滤压差为0.69MPa（100psi），测量温度为室温。以30min渗滤出的滤液体积作为API失水量标准。为了能获得可比性结果，必须使用直径为90mm（3.54in）的符合标准的滤纸。

3）砂床钻井流体失水仪测试法

用砂床代替滤纸的API失水试验对滤液在砂床中的渗透速度及渗滤程度的评价不够清晰直观，如果滤液侵入量很少，没有流体流出，就无法测定侵入深度，也就无法进一步评价钻井流体的渗滤性能。为此，通过借鉴国际同类产品的设计，中国也研制出了FA型无渗透钻井流体失水仪，这种仪器采用有机玻璃筒作为可透视的钻井流体杯，可以在试验过程中清晰地观察到滤液的渗滤情况。

4）试管测试法

用砂岩作渗滤介质的另一个较为直观的试验是试管测试法。在试管中放入一定体积粒径的砂子，并倒入试验液体，可以观察液体的渗滤情况及形成封堵层的情况。

5）注射器测试法

用砂岩作渗滤介质的一个较为直观的试验是在注射器中进行的。在注射器中放入一定体积具有一定粒径的砂子，并倒入试验液，然后推进活塞直到试验人员不能推动或活塞碰到砂层，观察钻井流体的渗滤情况。这个试验可以快速、方便地观察钻井流体的渗滤情况，如果滤液侵入量很少，就没有流体从注射器流出并且可以测定侵入深度。这种方法虽简单易行，但只能作定性的评价。

深井钻井流体评价高温高压条件下的失水量是必要的。API给出了测量高温高压条件下API失水量的标准，测量仪器为Baroid公司生产的高温高压失水仪（HTHP Filter Press）。中国也有许多厂家生产高温高压失水仪，虽外形、操作有所差异，但原理大致一致。

测量压差为3.5MPa，测量时间为30min。当温度低于204℃时，使用一种特制的滤纸；当温度高于204℃时，则使用一种金属过滤介质或相当的多孔过滤介质盘。由于渗滤面积只有低温低压失水仪的一半。因此，按照API标准，应将30min的失水量乘以2才是高温高压失水量。这种设计的原因，主要是因为高温高压失水量较高，失水面积大。所需要的测试流体数量和失水量较大，操作不方便。

此外，还常常使用岩心测试法测量高温高压失水量，高温高压岩心失水仪由静态流动实验仪改装而成，把岩心夹持器换成高温高压岩心夹持器，增加钻井流体冷却及接收装置。测试方法是把岩心装入高温高压岩心夹持器中，加热至需要的温度，把配制好的钻井流体加入钻井流体容器中，开冷凝器，用手压泵加压至0.69MPa，开平流泵加围压至孔隙压力系数的1.2倍，加驱压3.5MPa，30min后测量液杯中滤液的体积。如果液杯没有滤液，待高温高压岩心夹持器冷却后，取下岩心，测量滤液进入岩心的深度即可。

钻井流体的失水是钻井流体中的自由液相进入地层的渗透过程。静失水的特点是钻井流体处于静止状态，在渗滤压差作用下，作为渗滤介质的滤饼随时间的延长而增厚，滤饼的厚度是一个变数，一般情况下，滤饼的渗透率远小于地层的渗透率。

$$dV_f = \frac{KA\Delta p}{\mu h_{mc}} dt \tag{9.3}$$

式中　$\dfrac{dV_f}{dt}$——静失水速率，$cm^3/s$；

$K$——滤饼渗透率，$D$；

$A$——渗滤面积，$cm^2$；

$\Delta p$——渗滤压差，$10^5 Pa$；

$\mu$——滤液黏度，$mPa \cdot s$；

$h_{mc}$——滤饼厚度，$cm$；

$t$——渗滤时间，$s$。

钻井流体渗滤期间，在任何时间内，渗滤体积的钻井流体在被过滤的固相体积等于沉积在滤饼上的固相体积。

$$f_{sm} V_m = f_{sc} h_{mc} A \tag{9.4}$$

式中　$f_{sm}$——钻井流体中的固相分数；

$V_m$——失水钻井流体的体积，$cm^3$；

$f_{sc}$——滤饼中固相的体积分数。

黏土颗粒在水中分散，表面吸附了一层水化反离子，形成了吸附溶剂化层，所以沉积过程中携带着吸附水（水化膜）一起沉积。失水钻井流体的体积为滤饼加失水量，因此上式变为：

$$f_{sm}(h_{mc} A + V_f) = f_{sc} h_{mc} A$$

进一步推导，得：

$$h_{mc} = \frac{f_{sm} V_f}{A(f_{sc} - f_{sm})} = \frac{V_f}{A\left(\dfrac{f_{sc}}{f_{sm}} - 1\right)}$$

将式(9.4)代入式(9.1)，得静态失水方程：

$$V_f = A \sqrt{2K\Delta p \left(\frac{f_{sc}}{f_{sm}} - 1\right)} \frac{\sqrt{t}}{\sqrt{\mu}}$$

或

$$\frac{V_f}{A} = \sqrt{2K\Delta p F_s} \frac{\sqrt{t}}{\sqrt{\mu}} \tag{9.5}$$

式中　$\dfrac{V_f}{A}$——单位渗滤面积的失水量，$cm^3/cm^2$；

$F_s$——固体含量系数。

单位渗滤面积的静失水量与滤饼的渗透率、固体含量系数、渗滤压差、渗滤时间的平方根成正比，与滤液黏度的平方根成反比。此方程通常被称为钻井流体静失水方程。

低温低压、高温高压下的失水量，都是在参数固定的情况下测量的，与真实井下情况存在很大差异。因此，失水量只能比较在这两种情况下，钻井流体失水量的室内评价结果，而不能说明那种情况下的钻井流体更适合地下情况。

钻井流体静失水方程也可以从机理推导。假设钻井流体在渗滤期间，在一定时间内，一定体积的钻井流体中被过滤的固体体积等于沉积在滤饼上的固体体积。

$$f_{sm}V_m = f_{sc}h_{mc}A$$

或

$$f_{sm}(h_{mc}A + V_f) = f_{sc}h_{mc}A \tag{9.6}$$

式中 $f_{sm}$——钻井流体中固相的体积分数；

$V_f$——滤液体积，即渗滤量，$cm^3$；

$f_{sc}$——滤饼中固相的体积分数。

$$h_{mc} = \frac{f_{sm}V_f}{A(f_{sc}-f_{sm})} = \frac{V_f}{A\left(\dfrac{f_{sc}}{f_{sm}}-1\right)}$$

对上式积分，得到

$$\int_0^{V_f} V_f dV_f = \int_0^t \frac{KA\Delta p}{\mu} A\left(\frac{f_{sc}}{f_{sm}} - 1\right) dt$$

$$\frac{V_f^2}{2} = \frac{K}{\mu} A^2 \left(\frac{f_{sc}}{f_{sm}} - 1\right) \Delta pt \tag{9.7}$$

进一步整理得到式(9.5)。

分析式(9.5)可以看出，单位渗滤面积的静失水量与滤饼的渗透率、固体含量系数、渗滤压差、渗滤时间的平方根成正比，与滤液黏度的平方根成反比。另外，当失水量只受时间影响时，有 $\dfrac{V_1}{V_2} = \dfrac{\sqrt{t_1}}{\sqrt{t_2}} = \dfrac{\sqrt{30}}{\sqrt{7.5}} = 2$ 成立，这解释了测量 7.5min 的失水量乘以 2 即可得到失水量的原因。

失水量与失水时间、压差、处理剂、温度、固相、岩层渗透性、滤饼渗透性等诸多因素有关，岩石物理性质，包括孔隙度、平均孔径、迂曲度、渗透性等储渗空间性质，还与岩石组分、表面性质等相关。钻井流体性质，包括流体类型、黏度、处理剂种类、固相含量、固相颗粒构成、形状及大小分布、流变性等。井内水力状况，包括环空流速、各种失水的时间及次序、流体剪切力、流体循环速率及喷嘴喷射速率等。井内环境状况，包括井内温度、井内绝对压力、钻井流体与地层压差、井斜角、钻柱与滤饼接触频率及程度、转速、钻速及钻头类型等。

## 9.1.2 造壁性能测量方法

滤饼质量评价包括滤饼形成过程评价和滤饼质量评价这两个方面，要求被评价的滤饼与在井下实际条件下形成的滤饼相当。在井筒周围形成的滤饼，就像一个致密的多孔介质。一般从三个方面评价。

### 9.1.2.1 滤饼渗透率评价

将已形成滤饼的岩心柱塞装入渗透率仪的岩心夹持器，滤饼端相对驱替液的驱替方向。从低压差到高压差逐渐升高，记录不同压差下驱替液的流量。

#### 9.1.2.2 滤饼强度评价

按滤饼渗透率的测定方法，测定不同压差下滤饼的渗透率，直到滤饼渗透率显著增加为止。这个使滤饼渗透率显著增加的压差即为滤饼强度。滤饼强度是滤饼承受液柱压差的能力。滤饼形成并达到动态平衡后，一般情况下具有承受一定液柱压差的能力，随着压差的增大，动失水速率增大，液柱压差达到某值时，动失水速率突然增加，这时候滤饼被破坏，此压差为滤饼强度。

#### 9.1.2.3 滤饼厚度评价

靠滤饼端切掉小段岩心（一般为0~5cm），然后测定剩余岩心的渗透率，比较该渗透率与岩心的原始地层水渗透率。若剩余岩心的渗透率比岩心的原始地层水渗透率小，继续靠滤饼端切掉小段岩心。直至剩余岩心的渗透率基本上等于岩心的原始地层水渗透率为止，这样切掉的长度之和即为滤饼厚度。严格意义上说，在不考虑储层伤害的前提下，测得的内外滤饼的厚度（Cake Thickness）。

也有根据滤饼的力学特征，滤饼可以分为虚滤饼、可压缩层滤饼、密实层滤饼及致密层滤饼四部分，据此建立滤饼的层状结构物理模型。虚滤饼层、可压缩滤饼层、密实滤饼层、致密滤饼层等实际滤饼中并不存在这样的层，而是连续变化的，只是为了研究问题方便，才根据其力学特征人为分层。

在钻井生产过程中，滤饼质量的优劣将直接关系到钻井生产的效率和钻井效益。水基钻井流体主要由黏土、处理剂及其他固相材料组成，所得到滤饼的主要成分也是组分组成，因此钻井流体中主要组分的含量对滤饼的质量影响很大，如黏土含量、固相加重材料含量、加重材料类型、无机盐类处理剂、有机类处理剂等。

## 9.2 钻井流体失水护壁调整方法

钻井流体的护壁性包括失水量和滤饼质量两方面内容。滤饼的形成和质量的好坏无疑对控制失水量和支撑井壁起关键作用。钻井流体形成的滤饼一定要薄、致密、坚韧，钻井流体的失水量则要适当，应根据岩石的特点、井深、井身结构等因素来确定，同时应考虑钻井流体的类型。要注意提高滤饼质量，尽可能形成薄、韧、致密及润滑性好的滤饼，以利于稳定井壁和避免压差卡钻。

在确定钻井流体失水量指标时应注意：井浅时可放宽，井深时应从严；钻裸眼时间短时可放宽，钻裸眼时间长时须从严；使用不分散性处理剂时可适当放宽，使用分散性处理剂时要从严；钻井流体矿化度高者可放宽，钻井流体矿化度小应从严。在中国，某些油田要求，钻开储层时API失水实验测得滤饼厚度不得超过1mm。

(1) 钻开储层时，应尽力控制失水量，此时的API失水量应小于5mL/30min，模拟井底温度的高温高压失水量应小于15mL/30min。

(2) 钻易坍塌地层时，失水量需严格控制，API失水量最好不大于5mL/30min。

(3) 对一般地层，API失水量应尽量控制在10mL/30min以内，高温高压失水量不应超过20mL/30min。但有时可适当放宽，某些油基钻井流体可以适当放宽失水量提高机械钻速。

(4) 除技术要求外，还要加强检测钻井流体失水性能。正常钻进时，应每4h测一次常规失水量。定向井、丛式井、水平井、深井和复杂井要增测高温高压失水量和滤饼的润滑性，性能要求也相应高一些。

在影响钻井流体失水的所有因素中，井温和地层的渗透性是无法改变的，其余因素可人为控制。通过改善滤饼的质量（渗透性和抗剪强度）、确定适当的钻井流体密度以减少液柱与地层压差、提高滤液黏度、缩短钻井流体的浸泡时间、控制钻井流体返速和流态（形成平板形层流）等方法，减少钻井流体失水量，形成薄而韧的滤饼。

从钻井实际出发，以井下情况为依据，适时测量并及时调整钻井流体的失水量。在深井和超深井下部井段，可选用耐温能力强的磺化褐煤、磺化酚醛树脂以及酚醛树脂和腐殖酸缩合物。在饱和盐水钻井流体中可选用磺化酚醛树脂。另外还经常使用沥青类产品来改善滤饼质量，降低滤饼的渗透性，增强滤饼的抗剪切强度和润滑性，在水基和油基钻井流体中均可使用。

### 9.2.1 使用膨润土造浆

膨润土颗粒细，呈片状，水化膜厚，能形成致密且渗透性低的滤饼，而且可在固相较少的情况下满足钻井流体失水性能和流变性能要求。一般情况下，加入适量的膨润土可以将钻井流体的失水量控制到钻井和完井工艺要求的范围。膨润土是常用的配浆材料，同时也是控制失水量和形成良好井壁的基础处理剂。

### 9.2.2 加入分散剂加强分散

加入适量纯碱、烧碱或有机分散剂（如煤碱液等），可提高黏土颗粒的电动电位、水化程度和分散度。

### 9.2.3 加入护胶剂

加入羧甲基纤维素或其他聚合物以保护黏土颗粒，阻止其聚结，从而有利于提高分散度。同时，羧甲基纤维素和其他聚合物沉积在滤饼上也起封堵作用，使失水量降低。

对现有的降失水剂合理复配使用，可以是天然高分子或合成聚合物，重视无污染或污染较轻的钻井流体降失水剂研究，满足环境友好的需要。

### 9.2.4 加入封堵材料

加入一些极细的胶体粒子（如腐殖酸钙胶状沉淀）、纳米材料，充填滤饼孔隙，可以使滤饼的渗透性降低，抗剪切能力提高。

【视频 S4　钻井流体漏失地层井下形貌】

钻井流体接触的漏失地层是否和我们见到的建筑墙体漏失一样？钻井流体漏失地层井下形貌，如视频 S4 所示。

视频 S4　钻井流体漏失地层井下形貌

**思考题**

1. 什么是钻井流体失水性能?
2. 什么是钻井流体造壁性能?
3. 简述失水的种类与失水大小的计量方法。
4. 画图说明失水过程及失水大小影响因素。
5. 如何评价滤饼及改善滤饼?

# 10　钻井流体兼容性能测定及调整方法

钻井过程中，常有地层中的物质或者人为加入的物质，使钻井流体的性能达不到作业要求，这种受到外来物质侵害而性能改变的现象常称为钻井流体受侵（Drilling Fluids Contaminated），习惯上称为钻井流体污染。钻井流体接受外来物质的性质和能力，称为钻井流体的兼容性能（Drilling Fluid Compatibility），主要有固相兼容能力、液相兼容能力和气相兼容能力，也就是说，对外来物质的容忍能力称为兼容能力，是钻井流体自身性质之一，通过自己的自身性质实现钻井流体完成工程需求的功能，习惯上称为配伍性。但配伍性偏向于物理化学作用的相互容纳，而兼容性则泛指物质之间所有的作用相互容纳。

钻井流体固相（Solids）是指配浆黏土、加重材料和钻进过程中不断进入钻井流体的岩屑、处理剂杂质等，以难溶物的形式存在于钻井流体中的物质。固相可改变钻井流体压力控制性能、流变性能、失水护壁性能等，以达到钻井流体所需要的性能。同样，因为固相的存在，钻井流体性能也可能因此遭到破坏。这样看来，钻井流体固相的有无用处可以分为有用固相（Useful Solids）和无用固相（Uselessly Solids）。当然，由于分类依据不同，也可以分为其他种类。

按固相密度的高低，钻井流体固相可分为高密度固相（High Specific Density Solid）和低密度固相（Low Specific Density Solid）。按固相与连续相的作用方式，钻井流体固相可分为活性固相（Active Solids）和惰性固相（Inert Solids）。按固相颗粒尺寸，钻井流体固相可分为黏土（Clay）、泥（Mud）、砂（Sand）三大类。

不合理无用固相的浓度，是破坏钻井流体性能、降低钻速并导致井下难题的根源。颗粒尺寸 $15\mu m$ 以上的无用固相，循环时对设备有磨蚀作用，所以也称为有害固相（Harmful Solids）。但必须清楚，无用固相在钻井流体中不可能全部清除，甚至是溶液作为钻井流体都难以做到。无用固相和有用固相无法从组分上有控制地分离。固相控制设备，是按颗粒大小将固相从钻井流体中分离的，至今为止，无论从理论上或还是从实践上都无法达到无固相（Solid Free）。

现场一般将钻井流体中的固相按在钻井流体中作用的好坏分是一种通俗说法。适度控制有用固相和无用固相，从经济和技术考虑是必要的。也就是说，固相可以存在于钻井流体中，但不能超过一定的限度，超过这一浓度，钻井流体的流变性和失水护壁性以及其他相关性能就不能满足钻井工程需要。钻井流体允许固相存在于钻井流体中的浓度，称为固相容纳能力（Solids Capacity）。

液相侵害，最常见的是钙侵、盐侵和盐水侵。油能够降低水基钻井流体摩阻，但水基钻井流体中油过多也不一定好。如过多的烃类物质会造成失水过大，影响储层的发现。油相可能造成钻井流体乳化甚至发泡，影响水基钻井流体的性能。同样的道理，烃基钻井流体的水相过多也可能破坏钻井流体的稳定性。

水基钻井流体油相容纳能力是指钻井流体中允许油相的浓度（Oils Capacity）。油相的来源一般有两种：一种是打开地层后，地层中油相或是钻井流体循环过程中外界油相进入钻井流体；另一种是人为添加油相，使钻井流体具有某种新的特性，如增加润滑性以用作润滑剂。同样，油基钻井流体水相容纳能力是指钻井流体中允许水相的浓度（Waters Capacity）。

水相的来源一般有两种：一种是打开地层后，地层中水相或是钻井流体循环过程中外界水相进入钻井流体；另一种是人为添加水相，使钻井流体具有某种新的特性，如提高钻井流体的抑制性。

除了固相、液相，气体也经常侵入钻井流体，如二氧化碳、硫化氢和氧气等经常侵害钻井流体。不及时清除侵入钻井流体的气体，会使钻井流体密度降低，不足以平衡地层压力。受侵钻井流体再次循环进入井内，可能导致井涌或井喷。还有，地层进入钻井流体的气体太多，会影响泵工作效率，严重时导致钻井流体泵抽空。此外，钻井流体中含气会影响钻井流体固相处理设备正常发挥，如影响清洁器、离心机等的离心泵上水效率。

钻井流体气相容纳能力（Gases Property）是指钻井流体中允许气相的浓度。气体的来源一般有两种：一种是打开地层后地层中气体或是钻井流体循环过程中外界气体进入钻井流体；二是通过人为添加气体希望钻井流体具有特殊性能来满足钻井需要。气体虽然也是流体的一种，但它和水、油等液体性能区别很大，主要表现在可压缩和低密度用于降低钻井流体密度，防漏治漏。

因此，钻井流体中无论固相、液相，还是气相，都不能超过允许的含量，称为容限（Concentration Tolerance）。超过容限，就会造成负面影响。

（1）钻井流体中的固相不但影响井下安全和钻井速度，还会造成储层伤害。影响程度与固相含量多少，固相类型和固相颗粒尺寸有关。

固相过多，钻井流体密度增大，不利于提高机械钻速。固相过多，滤饼松软，失水量增大，不利于井壁稳定，影响固井质量。滤饼摩阻增大，压差卡钻概率增加。钻头和钻具磨损增加，使用寿命缩短。固相过多，钻井流体黏切增高，钻井流体流变性变差。固相过多，机械钻速降低，钻井效率降低。固相过多，固相侵入地层的概率增加，储层伤害加剧。

钻井流体固相，是钻井流体维护处理的核心。固相过多，还有增加地面设备负荷，增加处理剂用量，增加设备磨损等诸多问题，可以归纳为影响井下安全、影响机械钻速、影响储层伤害控制、影响钻井投入四大方面。

（2）钻井流体混入气体，一般来说危害钻井工程。气相过多，改变钻井流体性能，降低钻井效率，甚至会喷出有毒气体，危害生命。外来气体对钻井工程的影响主要体现在降低钻井流体密度、有可能逸出有害气体、降低机械钻速、腐蚀金属或橡胶、伤害储层、影响储层发现等。钻井流体气体侵入还影响振动筛、除砂器、除泥器、离心机等固相控制设备以及钻井泵、加料漏斗等钻井设备，降低工作效率，增加操作环节。

（3）钻井流体循环过程中，任何阶段油相都有可能侵入钻井流体。钻井流体中油相主要有钻屑油相、地层侵入油相、人为加入油相。油与水均为液体，性质相近，在钻井循环过程中对钻井流体的影响相较于气相而言要小得多。但是，由于正常情况下油比水的密度低，水基钻井流体中混入油相后，会使得钻井流体密度降低影响钻井安全，水相与油相不能互溶影响了钻井流体对其他物质的溶解，改变了钻井流体的流变性。钻井流体中混入油相后，对岩石样品可能造成不同程度的侵害，给录井工作带来麻烦，如影响荧光测定、影响钻井流体性能、影响取心和岩屑资料以及储层发现。

抗固相侵害主要办法是，使用强抑制性聚合物钻井流体，通过其抑制性控制钻屑分散，减少固相颗粒，然后携带至地面，通过合理的固控设备清除。现场应用的聚合物钻井流体，二开预处理时页岩抑制剂加量偏高，钻进中补充维护跟不上，造成页岩抑制剂加量不足。正确的方法是二开预处理时加入少量的页岩抑制剂，在钻进中不断按一定浓度补充，保持钻井流体的抑制性；尽量少加或不加分散性稀释剂。

钻井流体固相控制的方法，一般是降低固相含量的方法，主要有稀释法、絮凝法、机械法。稀释法包括用连续相直接稀释和用新钻井流体替换；絮凝法包括直接沉降（也称物理沉降）和加入化学处理剂沉降；机械法主要是利用固控设备强制固相和液相分离。

钻井流体固相调控的前提是钻井流体中不同类型固相的类型、数量以及控制类型和数量的确定，据此才能选择适合的固相控制方法，以便更经济快速地控制固相。

常用控制固相、气相和液相侵害后的方法，向着防治结合发展。预防向着系统化方向发展。如做好固相控制工作，研制开发不同层位、不同区块、不同类型井钻井流体，不断改进处理工艺、设施，实现处理后能与采油污水配伍，综合利用；在钻井流体中加入盐和分散剂，使钻井流体具有更强的耐盐能力和抑制能力；加入具有絮凝作用的处理剂、无机盐和有机胺等均可以控制低密度固相含量，添加专用的固相清洁剂可以更有效地降低密度固相含量，保证钻井流体清洁；低密度固相含量低，可以减小钻井流体的黏滞性，降低内摩阻，在一定程度上有利于发挥水力作用。治理主要向钻井流体自身性能改造方向发展，包括各种高性能钻井流体处理剂的开发，提高钻井流体钻屑和地层侵入流体与气体的兼容能力，以及研究地面辅助设备，保证钻井流体性能稳定。

**【思政内容：上善若水】**

> 老子《道德经》第八章讲到：上善若水。水善利万物而不争，处众人之所恶，故几于道。居善地，心善渊，与善仁，言善信，政善治，事善能，动善时。夫唯不争，故无尤。
>
> 水善于帮助万物而不与万物相争。停留在众人所不喜欢的地方，所以接近于道。上善的人居住要像水那样安于卑下，存心要像水那样深沉，交友要像水那样亲近，言语要像水那样真诚，为政要像水那样有条有理，办事要像水那样无所不能，行为要像水那样待机而动。正因为他像水那样与万物无争，所以才没有烦恼。上善，若水，指最高的品质应该和水一样。

## 10.1 钻井流体兼容性测定方法

兼容性测定是调整的基础，也是调整的目标，评价的依据。因此，测定的方法是非常重要的工作。兼容性测定方法主要用于测定固相含量、气体含量和油相时采用的方法。有的是定量的，有的是定性的或是半定量的。

### 10.1.1 固相含量测定方法

固相含量的测定方法包括清洗法测量无用固相含砂量、直接测量法和实验计算测定有用固相膨润土的测定方法、用计算的方法测定无用固相的测定方法。

#### 10.1.1.1 无用固相砂含量测定方法

在现场应用中，钻井流体含砂量越小越好，一般要求控制在0.5%以下。砂含量过高，导致固相含量升高，会造成钻井流体密度、黏度增加，性能维护困难，机械钻速降低，滤饼质量下降、增厚，失水变大，滤饼摩擦系数变大，可能发生井下复杂情况，严重伤害储层，对设备的磨损严重，缩短机械设备及井下钻具的寿命，影响钻井作业的安全快速钻进。电测遇阻，地质资料不准。

含砂量高时，钻井流体密度升高，钻速降低，滤饼质量变差。钻井流体含砂量指钻井流体中不能通过200目筛网（边长为74μm）的砂砾的含量，即直径大于74μm的砂砾占钻井流体总体积的百分数。含砂量测定的方法较多，比较常见的有电容法、激光法和超声波法及湿筛法。钻井流体常用湿筛法。钻井流体含砂量的计算公式为：

$$N = \frac{V_{砂粒}}{V_{钻井流体}} \times 100\% \tag{10.1}$$

式中　$N$——钻井流体含砂量，%。

### 10.1.1.2　有用固相膨润土含量测定方法

控制膨润土含量的前提，是准确地测定膨润土含量。测定膨润土含量的方法有电导滴定法、pH计指示电位滴定法、六氨合钴离子交换法、核磁共振法、吸蓝量法等。钻井流体主要用吸蓝法。

1) 直接实验测定法

蒙脱石分散在水溶液中有吸附亚甲基蓝的能力，称为吸蓝量，以100mL试料吸附亚甲基蓝的mmol数表示。亚甲基蓝在水溶液中呈一价有机阳离子，可与蒙脱石层间阳离子交换，形成蒙脱石有机复合体。用亚甲基蓝的水溶液滴定膨润土的水溶液，发生离子交换反应。离子交换完成后，溶液中存在的多余的亚甲基蓝在中速定量滤纸上会出现浅绿色晕环。

钻井流体测量黏土含量的常用方法主要是吸蓝量法，即吸附亚甲基蓝的量。先测出钻井流体中阳离子交换容量，再通过计算确定钻井流体中膨润土的含量。

用不带针头的注射器量取1mL钻井流体，放入适当大小的锥形瓶中，加入10mL水稀释。为消除某些有机处理剂的干扰，加入15mL的3%过氧化氢和0.5mL浓度约为2.5mol/L的稀硫化氢，缓缓煮沸10min，然后用水稀释至50mL。用浓度为3.20g/L（相当于0.01mol/L）的亚甲基蓝标准溶液进行滴定。每滴入0.5mL亚甲基蓝溶液后旋摇30s，然后用搅棒转移一滴液体放在普通滤纸上，观察在染色的钻井流体固相斑点周围是否出现绿—蓝色圈。若无此种色圈（如图10.1滴入1~5mL的情况），继续滴入0.5mL亚甲基蓝溶液，并重复上面的操作。一旦发现绿—蓝色圈时（如图10.1滴入6mL的情况），摇荡锥形瓶2min，再转移1滴在滤纸上，如色圈仍不消失表明已达滴定终点，如图10.1加入7mL后达到终点。此时，所耗亚甲基蓝溶液的毫升数即为钻井流体的阳离子交换容量。若出现图10.1中滴入8mL的情况，表明已滴入过量亚甲基蓝溶液，需重新滴定，确定终点。

吸蓝量法用于检验膨润土含量，精确度不高，还存在着一些问题，如亚甲基蓝含水量的变化直接影响吸蓝量，与膨润土矿共生的其他矿物吸附亚甲基蓝的问题，以及蒙脱石成分、结构、电荷数量等因素的影响。但操作简便，也没有可替代的简单操作方法仍被广泛使用。

钻井流体的阳离子交换容量通常又称亚甲基蓝容量。表示每100mL钻井流体所能吸附亚甲基蓝的物质的量（mmol）。配制标准溶液使1mL标准溶液中含有0.01mmol亚甲基蓝，试验中所消耗标准溶液的体积（mL）在数值上恰好等于钻井流体的亚甲基蓝容量。

为便于计算，一般情况下假定膨润土的阳离子交换容量等于70mmol/100mL，于是，钻井流体中的膨润土含量的计算公式为：

$$f_c = 14.3(CEC)_m \tag{10.2}$$

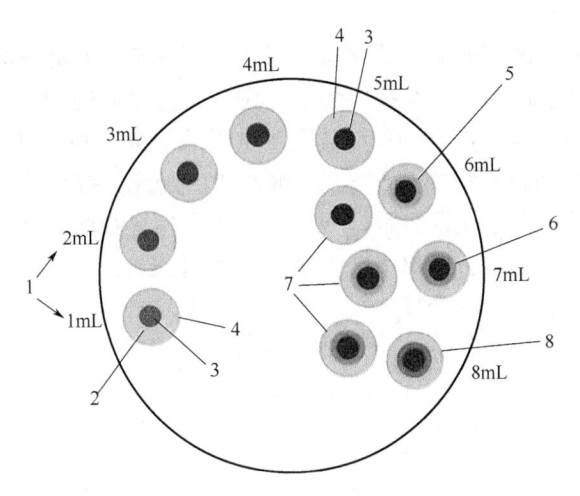

图 10.1 甲基蓝滴定终点的点滴试验

1—滴入亚甲基蓝溶液的体积；2—钻井流体失水量测定用滤纸；3—染色的钻井液固相（不存在游离的、未吸附的染料）；4,8—渗出的水分；5—游离的染料（多余的亚甲基蓝溶液）；6—滴入 7mL 亚甲基蓝溶液的钻井流体的状况；7—2min 以后滴入 6mL、7mL 和 8mL 甲基蓝溶液的钻井流体的状况

彩图 10.1 甲基蓝滴定终点的点滴试验

式中　$f_c$——钻井流体中的膨润土含量，g/L；

　　　$(CEC)_m$——钻井流体的阳离子交换容量，mmol/100mL。

国际上常用英制单位 lb/bbl 表示钻井流体中的膨润土含量，1lb/bbl = 2.853g/L。则膨润土含量的计算公式可写为：

$$f_c = 5.0(CEC)_m \tag{10.3}$$

式中　$f_c$——钻井流体中的膨润土含量，lb/bbl；

　　　$(CEC)_m$——钻井流体的阳离子交换容量，mmol/100mL。

2）实验计算测定法

直接实验测定方法所用的亚甲基蓝法，所测得的钻井流体中膨润土的含量只是一个近似的含量，其原因有两个。一是蒙脱石的阳离子交换容量，一般 70~150mmol/100mL。假定膨润土的阳离子交换容量为 70mmol/100mL，是不准确的，为此。选择了 8 种现场经常见的物质加入基准浆中，考察其对亚甲基蓝阳离子交换量的影响，结果见表 10.1。

表 10.1　与钻井流体有关的常见矿物和岩石的阳离子交换容量

| 矿物名称 | 砂岩 | 页岩 | 高岭石 | 氯泥石 | 伊利石 | 凹凸棒石 | 黏性页岩 | 蒙脱石 |
|---|---|---|---|---|---|---|---|---|
| 阳离子交换容量，mmol/100g | 0~5 | 0~20 | 3~15 | 10~40 | 10~40 | 15~25 | 20~40 | 70~150 |

由表 10.1 可以看出，一是不同物质有不同的阳离子交换容量，且差别较大，表明这些钻井过程常见的物质对测定膨润土含量有较大影响。还可以进一步看出，同一种矿物，阳离子交换容易量也不同。这些不同，可能与钻井流体 pH 值、处理剂及其加量、分散时间等关系较大。因此，必须严格掌握操作技术才能获得可靠结果。

二是钻井流体中，除膨润土外，还常有其他一些可吸附亚甲基蓝的物质。用过氧化氢仅能排除其中有机物的影响，但不能排除来自地层钻屑的影响。钻屑中的页岩、伊利石及高岭石等也有可以发生阳离子交换，吸附亚甲基蓝。计入钻井流体的膨润土亚甲基蓝容量中，会增大测量结果。

因此，为了准确地确定钻井流体中配浆膨润土的含量，不仅需要测定钻井流体的阳离子交换容量，还应同时测定膨润土和钻屑的阳离子交换容量。其中，钻井流体的阳离子交换容量用常规亚甲基蓝法测定。实验用钻屑样品需在105℃温度下烘干后磨成细粉，并通过325目细筛。取10g烘干的膨润土和钻屑细粉分别加至50mL蒸馏水中，经充分搅拌后，再用亚甲基蓝滴定法测定这两种固体物质的阳离子交换容量。根据阳离子交换容量的定义可以获得钻井流体中所有可以阳离子交换容量的物质，阳离子交换容量的通用公式，见式(10.4)。

$$(CEC)_m = 100\left[f_c \rho_c \frac{(CEC)_c}{100} + f_{ds}\rho_{ds}\frac{(CEC)_{ds}}{100}\right] \quad (10.4)$$

式中　$(CEC)_m$——钻井流体的阳离子交换容量，mmol/100mL；
　　　$f_c$——膨润土体积分数；
　　　$\rho_c$——膨润土密度，g/cm³；
　　　$(CEC)_c$——膨润土的阳离子交换容量，mmol/100mL；
　　　$f_{ds}$——钻屑体积分数；
　　　$\rho_{ds}$——钻屑密度，g/cm³；
　　　$(CEC)_{ds}$——钻屑的阳离子交换容量，mmol/100mL。

膨润土和钻屑密度为2.6g/cm³，代入式(10.4)，得到钻井流体的阳离子交换容量。

$$(CEC)_m = 2.6[f_c(CEC)_c + f_{ds}(CEC)_{ds}]$$

由于膨润土和钻屑的量都是10g，故膨润土体积分数等于钻屑体积分数，即$f_{ds}=fc_{Lg}$代入，得到膨润土的含量，见式(10.5)。

$$f_c = \frac{(CEC)_m - 2.6f_{ds_{Lg}}}{2.6[(CEC)_c - (CEC)_{ds}]} \quad (10.5)$$

因此，只需将测得膨润土和钻屑两种物质阳离子交换容量，便可计算出钻井流体中膨润土的含量。然后，由低密度固相含量减去膨润土含量，便可求出钻屑含量。

如果使用可溶性盐水钻井流体，也可以用同样的方法确定盐水钻井流体中膨润土含量和钻屑含量。同样，也可以确定含氯化钙的钙处理钻井流体和含氯化钾的钾基钻井流体。

【例10.1】　将1mL钻井流体用蒸馏水稀释至50mL后，用0.01mmol/L亚甲基蓝标准溶液进行滴定。到达滴定终点时该溶液的用量为4.8mL，试求钻井流体中的膨润土含量。

### 10.1.1.3　无用有用固相含量综合测定方法

钻井流体固相控制是在保存适量有用固相的前提下，尽可能地清除无用固相，是优化钻井流体性能，实现安全、优质、高效钻井的重要手段之一。正确、有效地控制固相含量可降低钻具扭矩和摩阻，减小环空抽吸的压力波动，减少压差卡钻的可能性，提高钻井速度，延长钻头寿命，减轻设备磨损，改善下套管条件，增强井壁稳定性，控制储层伤害，减少钻井流体费用，为科学钻井提供必要的条件。因此，准确分析钻井流体固相含量对指导现场钻井流体的固控工艺和性能维护意义重大。

钻井流体固相含量，是指钻井流体中全部固相体积占钻井流体总体积的分数，用百分数来表示。钻井流体中固相含量不明显地影响钻井流体性能的值，称为钻井流体的固相容限。即前文的固相兼容能力，也即钻井流体性能最大可接受的固相含量。

钻井流体最常用的固相测量方法是蒸馏法。蒸馏法是指通过加热装置将钻井流体中的液体蒸发，称量固相的方法。蒸馏法的主要工具是固相仪。固相仪是定量测定钻井流体中所含液相和固相含量的计量器具。

钻井流体固相含量测定仪是用来分离和测定钻井流体样品中水、油和固相体积的仪器。蒸干后，用天平称取固体的质量，并分别读取量筒中水和油的体积。以便计算固相含量。

蒸馏法实用性强，计算较为简便。钻井流体中固相、液相含量一次获得，一律采用体积分数或体积百分比浓度表示。这样，如需要表示工作流体中某物质在钻井流体密度中所占的分数，只需乘以该物质的密度，即可换算求得。

根据已知钻井流体总体积和蒸馏法测得的水、油（液相）体积，可以计算出钻井流体固相含量，见式（10.6）。

$$\begin{cases} f_w = \dfrac{V_w}{V_M} \\ f_o = \dfrac{V_o}{V_M} \\ f_s = 1 - f_w - f_o \end{cases} \quad (10.6)$$

式中 $f_w$——钻井流体中水体积分数，%；

$V_w$——蒸馏所得水的体积，mL；

$V_M$——实验所用的钻井流体体积，mL；

$f_o$——钻井流体中油体积分数；

$V_o$——蒸馏所得油的体积，mL；

$f_s$——钻井流体中固相体积分数。

需要注意的是，含盐量小于1%的淡水钻井流体，根据实验结果直接求出钻井流体中固相的体积分数；含盐量较高的盐水钻井流体，蒸干的盐和固相直接共存于蒸馏器中。需扣除由于盐析出引起体积增加的部分，才能确定钻井流体中的实际固相含量。一般情况下，钻井流体固相含量的计算，可用式（10.7）。

$$f_s = 1 - f_w C_f - f_o \quad (10.7)$$

式中 $f_s$——钻井流体中固相体积分数，%；

$f_w$——钻井流体中水体积分数，%；

$f_o$——钻井流体中油体积分数；

$C_f$——考虑盐析出而引入的体积校正系数，是大于1的无量纲常数。

常用的食盐和氯化钠在不同盐度下的体积校正系数值可从参考书中查得。

总固相含量的测定方法除了最常用的蒸馏法外，还有一种滤液密度法。蒸馏法在测定过程可能会出现如蒸馏气体逸出现象，产生较大的实验误差。滤液密度法是假设钻井流体由悬浮相（悬浮固相和油）和水溶相（水和可溶盐）构成，钻井流体密度等于这两相的体积加权。因此，不含油的钻井流体，只要测定到水溶相即钻井流体滤液的密度，就可以求出固相含量。但这种测定方法具有很大的局限性，只能用于不含油的非加重水基钻井流体固相含量分析，普适性较差。

蒸馏法测定钻井流体中总固相含量，广泛应用于生产现场中。然而，现代钻井流体和高密度固控技术需求，只测定固相含量不能满足生产需求。钻井流体中不仅要关注低密度固相含量和重晶石含量，还要测量膨润土和钻屑有用固相和无用固相含量。总矿化度小于10000mg/L的淡水钻井流体，可根据钻井流体质量等于各种组分质量之和，计算钻井流体的密度，见式(10.8)。

$$\rho_m = \rho_w f_w + \rho_{Lg} f_{Lg} + \rho_B f_B + \rho_o f_o \tag{10.8}$$

式中　$\rho_m$——钻井流体密度，$g/cm^3$；

　　　$\rho_w$——水的密度，$g/cm^3$；

　　　$f_w$——水的体积分数；

　　　$\rho_{Lg}$——低密度固相密度，$g/cm^3$；

　　　$f_{Lg}$——低密度固相的体积分数；

　　　$\rho_B$——重晶石密度，$g/cm^3$；

　　　$f_B$——重晶石的体积分数；

　　　$\rho_o$——油的密度，$g/cm^3$；

　　　$f_o$——油的体积分数。

由于总体积分数等于1，所以，欲求得重晶石的体积分数，可得低密度固相的含量。见式(10.9)。

$$f_B + f_w + f_{o\,Lg} = 1$$
$$f_B = 1 - f_w - f_{o\,Lg}$$
$$f_{Lg} = \frac{\rho_w f_w + (1 - f_w - f_o)\rho_B + \rho_o f_o - \rho_m}{\rho_B - \rho_{Lg}} \tag{10.9}$$

可以看出，只要测得钻井流体密度，并用蒸馏实验测得水的体积分数和油的体积分数，便可求出低密度固相的体积分数，然后再求出重晶石的体积分数。如果钻井流体中不含油，即

$$f_o = 0$$

令 $f_B + f_{sLg} = f_s$，则式(10-9) 可简化得到：

$$f_w = 1 - f_s$$
$$f_B = f_s - f_{Lg}$$

式中　$f_s$——钻井流体中固相的总体积分数。

可得水基钻井流体中总的固相分数，见式(10.10)。

$$f_s = \frac{\rho_m + f_{Lg}(\rho_B - \rho_{Lg}) - \rho_w}{\rho_B - \rho_w} \tag{10.10}$$

一般情况下，钻井流体中的一些常用材料的密度可以从相关资料中查得。重晶石密度为 $4.2g/cm^3$，膨润土和钻屑等密度为 $2.6g/cm^3$，可得钻井流体中固相的总体积分数。

$$f_s = 0.3125(\rho_m - 1) + 0.5 f_{Lg}$$

也可以用来计算低密度固相含量，见式(10.11)。

$$f_B + f_w + f_{Lg} + f_o = 1$$
$\Rightarrow$
$$f_B = 1 - f_w - f_{Lg} - f_o$$
$$f_{Lg} = \frac{\rho_w f_w + (1 - f_w - f_o)\rho_B + \rho_o f_o - \rho_m}{\rho_B - \rho_{Lg}}$$
$\Rightarrow$
$$f_{Lg} = \frac{\rho'_w C_f f_w + (1 - C_f f_w - f_o)\rho_B + \rho_o f_o - \rho_m}{\rho_B - \rho_{Lg}} \tag{10.11}$$

式中　$\rho'_w$——盐水密度，也即钻井工作流体滤液的密度，$g/cm^3$。

获得盐水密度的方法是，先用硝酸银滴定法测得钻井工作流体滤液中氯化钠的浓度，再用钻井工作流体滤液的浓度查得对应的盐水密度。

不混油的淡水钻井流体，由钻井流体密度和蒸馏实验测得的钻井流体中固相的总体积分数，可以很方便地求出低密度固相含量，可求得重晶石的体积分数。

盐水钻井流体中总固相含量的确定方法是，查得相应氯化钠浓度下的体积校正系数，然后根据蒸馏试验测得，水的体积分数和油的体积分数，最后求得总固相含量。

$$f_s = 1 - f_w C_f - f_o$$

如果求盐水钻井流体中低密度固相和加重材料含量，应该考虑盐水体积校正系数变化，则可以得到盐水钻井流体的低密度固相的分数，见式(10.12)。

$$f_B + C_f f_w + f_{oLg} = 1$$

$$f_B = 1 - C_f f_w - f_{oLg}$$

$$f_{Lg} = \frac{\rho_w f_w + (1 - f_w - f_o)\rho_B + \rho_o f_o - \rho_m}{\rho_B - \rho_{Lg}}$$

$$f_{Lg} = \frac{\rho'_w C_f f_w + (1 - C_f f_w - f_o)\rho_B + \rho_o f_o - \rho_m}{\rho_B - \rho_{Lg}} \tag{10.12}$$

获得盐水体积膨胀系数的方法是，先用硝酸银滴定法测得钻井流体滤液中氯化钠的浓度，再从不同浓度氯化钠水溶液的密度和体积膨胀系数相关表中查得。

钻井流体中的组分不同，真实密度也不相同。为现场应用方便，以钻井流体密度为横坐标，钻井流体固相含量为纵坐标，绘制了不同体积分数的低密度钻井流体随压力变化固相含量的变化，得到一束平行的直线，随着低密度固相体积分数的增加，总固相含量随之增加。

这样，与钻井流体密度和固相的总体积分数相对应的低密度固相含量可直接从图中查得。图中虚线是一条经验曲线，称为钻井流体的最高固相含量线，表示在一定钻井流体密度条件下，钻井流体所能容纳固相的最大限度，见式(10.13)。

$$f_s = (24.8\rho_m - 14.8)/100 \tag{10.13}$$

式中 $f_s$——钻井流体中固相体积分数；

$\rho_m$——钻井流体密度，g/cm³。

在钻井过程中，除利用图12.10可判断钻井流体中固相含量的适宜程度外，还常借助宾汉模式塑性黏度和动切力这两个流变参数分析固相含量，决定维护措施。不同密度的水基钻井流体，塑性黏度和动切力有不同的适宜范围。

1974年，Annis测定了48.9℃（120℉）时水基钻井流体塑性黏度适宜范围和动切力适宜范围。水基钻井流体塑性黏度的适宜范围，并不是固定区间，但范围相当。随着密度增加呈现整体上升趋势，主要是由于密度是由于加重材料形成的。

水基钻井流体动切力的适宜范围，并不是固定区间，密度越低范围越大。随着密度增加呈现整体反向变化趋势，主要是由于密度增加不宜过高，造成钻井流体启动困难，太低则造成无法悬浮固相。

这样，现场就可以简单地推算出所用钻井流体的流变参数是否合理。

**【例10.2】** 某种密度为1.44g/cm³的盐水钻井流体被蒸干后，得到6%的油和74%的蒸馏水。已知钻井流体中氯离子含量为79000mg/L，试确定该钻井流体的固相含量。

【例10.3】 密度为1.80g/cm³的淡水钻井流体经蒸馏试验测得固相含量为0.29,体系不含油。用亚甲基蓝法对钻井流体、膨润土和钻屑样品的测定结果表明,钻井流体阳离子交换容量为7.8mmol/100mL,膨润土阳离子交换容量为91mmol/100g,钻屑阳离子交换容量为10mmol/100g。49℃时,测得钻井流体的塑性黏度为32mPa·s,动切力为9.6Pa。据此回答:

(1) 钻井流体中低密度固相的体积分数是多少?
(2) 膨润土的体积分数是多少?
(3) 钻屑的体积分数是多少?
(4) 判断钻井流体中膨润土的含量是否足够?

判断钻井流体中膨润土含量是否适宜,可用动切力作为相对标准。对于一定密度的钻井流体,如果动切力值超过上限,则可认为膨润土含量过高。通过查相关参考文献中的表格可知,对于密度为1.80g/cm³的钻井流体,动切力为8.0Pa即可满足需求,尽管未超过上限,但此体系达到了9.6Pa,动切力较高。不是低黏切钻井流体,不利于节省泵功率和起下钻井壁稳定。由于动切力主要有膨润土控制,所以膨润土含量足够,且偏高。

【例10.4】 用蒸馏实验测得密度为1.68g/cm³的某钻井流体样品的固相的总体积分数0.28,48.9℃时测得的塑性黏度为32mPa·s,动切力为7.2Pa,试判断该钻井流体的固相含量是否适宜?应采取何种措施?

【例10.5】 试计算前面的例题中,密度为1.44g/cm³的盐水钻井流体所含低密度固相和重晶石的体积分数。

## 10.1.2 液相含量测定方法

钻井流体最常用的液相测量方法是蒸馏法。蒸馏法是指通过加热装置将钻井流体中的液体蒸发,待其冷却称量的方法。蒸馏法的主要工具是固相仪。固相仪是定量测定钻井流体中所含液相和固相含量的计量器具。前文已经叙述,不再重复。

当然,这里所说的是外来的液相,主要是地层水侵入钻井流体和地下的原油进入钻井流体所造成的钻井流体性能不稳定等。所以,还有一些方法。

一是测量钻井流体的矿化度,以表明地层水是否侵入地层。表征盐水侵入的方法还有测量钻井流体的黏度、失水量,油基钻井流体还可以测量破乳电压,结合蒸馏法确定含盐量,指导调整钻井流体的液相。

二是利用蒸馏法测量油的含量。一般油侵害不会太严重。但也有特殊情况,如何有些地区钻井过程中沥青进入钻井流体严重,影响了钻井流体性能。这时,这种方法就不适合了。当井内油气侵入后,说明静液柱压力小于地层压力,泥浆密度不够。前期井涌,严重就会井喷。遇到这种情况越早关井越好,然后采用司钻法或工程师法压井后(也就是整体提高钻井流体密度)继续钻进就行。

## 10.1.3 气相含量测定方法

最初,钻井过程中发现油气靠肉眼观察从井底返出的钻井流体中油花或气泡,钻井流体从井底携带至地面的岩屑含油。现在荧光分析技术、气体检测技术、钻井流体气体检测全烃检测技术、组分色谱分析技术、岩石热解分析技术、二维和三维定量荧光分析技术、罐顶气轻烃气相色谱分析技术,提供了丰富的地层油气信息,有助于及时发现和准确评价储层,在石油和天然气勘探开发中有着其他手段所不可替代的作用。

钻井流体含气量的计算可以通过充分稀释混入气体的钻井流体，搅拌使气体逸散，此时称量无气相的钻井流体，然后反算未经稀释过的无气相钻井流体密度。

例如，$\rho_1$ 是气侵后钻井流体的密度，$\rho_2$ 是 1 体积的水加入 1 体积的钻井流体并搅拌除去气体后钻井流体的密度，$\rho_3$ 是不含气且未被稀释钻井流体的密度，$\rho_w$ 是水的密度，$x$ 为钻井流体含气量，则：

$$\rho_1 = \frac{(1-x)}{1}\rho_3$$

$$\rho_2 = \frac{(1-x)\rho_3 + 1 \times \rho_w}{2-x}$$

解得气体的质量分数：

$$x = \frac{2\rho_2 - \rho_1 - \rho_w}{\rho_2} \times 100\% \tag{10.14}$$

式中　$x$——气体的质量分数，%；

$\rho_2$——1 体积的水加入 1 体积的钻井流体并搅拌除去气体后钻井流体的密度，g/cm³；

$\rho_1$——气侵后钻井流体的密度，g/cm³；

$\rho_w$——水的密度，g/cm³；

调整钻井流体气体含量，必须先清楚钻井流体中气体含量、赋存状态，即如何比较准确地计算出气体在环空中上升速度、气体对钻井流体液柱压力影响、气体对泵输出影响，才能提出调整防止气体侵入的对策。现场常用的钻井流体含气测量方法主要是压力差测量法。

此法使用的测量仪中，由于液体重力的存在，使得接入的 U 形管的两个液面存在高度差，用于平衡液体重力造成的压差。根据 U 形管上部气体的压力及管中液面高度，可计算出 U 形管两个接口处的压力，两个压力的差值与两接口高度差范围内的流体重力造成的压力相等，即可得到流体中含有的气体含量。根据压差平衡可知：

$$p_1 = p_0 + \rho_1 g(z_3 - z_1)$$
$$p_2 = p_0 + \rho_1 g(z_4 - z_2)$$
$$\Delta p = p_1 - p_2 = \rho_L gh - \rho_L g\Delta x$$

式中　$\rho_L$——标准液体的密度；

$\Delta x$——倒 U 形管中液面的高度差；

$h$——引压口间的距离；

$\Delta p$——引压口间的压力差。

另外，由于引压口之间的压强差主要是重力作用产生的，所以有：

$$\Delta p = \rho_M gh = \frac{m_L + m_G}{V_M}gh = \frac{\rho_L(V_M - V_G) + \rho_G V_G}{V_M}gh$$

$$= \rho_L(1-\beta)gh + \beta\rho_G gh = \rho_L gh + (\rho_G - \rho_L)\beta gh$$

由于气体的密度远远小于液体的密度，所以可得钻井流体的含气率：

$$\beta = \frac{\Delta x}{h} \tag{10.15}$$

式中，$\beta$ 即为气体密度的含气率，所以只需要测出高度差就可以知道含气率。

## 10.2 钻井流体兼容性调整方法

兼容性调整主要是调整黏土含量、固相含量、砂含量和气体含量调整时，所采用的方法，称为兼容性调整方法。

### 10.2.1 固相含量调整方法

固相含量的调整主要有用固相含量调整和无用固相调整，主要有物理法、化学法和机械法清除等。

#### 10.2.1.1 有用固相含量调整方法

一般来讲，钻井流体密度越大，井温越高，膨润土含量应越低。钻井流体中膨润土含量的一般范围为 30~80g/L，也就是说加量应控制在 3%~8%。钻井流体中保持适宜的膨润土含量，钻井流体性能满足工程需要，而且易于调整和控制。

调整前先测出钻井流体中阳离子交换容量，再通过计算确定钻井流体中膨润土的含量，进而确定膨润土含量的调整方案。

#### 10.2.1.2 无用固相含量调整方法

钻井过程，多种原因造成钻井流体固相含量不在合理的范围内，造成钻井流体性能不能满足工程需要。

（1）大循环时间太长。循环时间过长造成钻井流体固相破碎含量上升，井眼内形成厚滤饼，起下钻不畅通。

（2）页岩抑制剂加量不足。抑制剂的量不足会使钻井流体的抑制性越来越弱，泥页岩钻屑在循环过程中迅速分散成普通固控设备无法清除的微粒。

（3）钻井流体设备使用不当。混合漏斗、泥浆枪、砂泵、搅拌器、振动筛、除气器、钻井流体清洁器、离心机和搅拌器等使用中应特别注意，从井口返出的钻井流体应依次经过除气器、振动筛、除砂除泥器和离心机处理，否则将使下一级净化设备过载，不能正常工作。

固相控制的方法一般为物理法、化学法和机械法。机械法是物理法的一种，单独列出是为了强调机械法成本低被普遍应用，但不是绝对的，大多数时候采用物理法和化学法结合。

1）物理法调整固相含量

物理法清除固相是指不需要外力作用清除固相的方法，主要有稀释法和物理沉降法。

（1）稀释法既可用清水或其他较稀的流体直接稀释循环系统中的钻井流体，也可在钻井流体池容量超过限度时用清水或性能符合要求的新浆，替换出一定体积的高固相含量的钻井流体，降低固相含量。如果用机械方法清除有害固相仍达不到要求，也可用稀释的方法进一步降低固相含量。也有时是在机械固控设备缺乏或出现故障的情况下不得不采用这种方法。稀释法是指通过增加连续相的量达到降低固相目的的方法，可分为直接加入连续相和替换原钻井流体两种方法。

连续相稀释法（Based-Fluids Dilution）是指向钻井流体中加入纯分散介质或其他较稀的连续相，实现降低固相含量，维持钻井流体密度、黏度和切力等性能的控制方法。稀浆替换法是在稀释之前先排放一部分钻井流体，然后再补充相同量的稀浆，从而使固相含量降低，这样比单纯稀释在经济上划算。

稀释法虽然操作简便、见效快，但在加水的同时必须补充足够的处理剂，如果是加重钻井流体还需补充等加重材料，增加钻井流体成本。为了尽可能降低成本，稀释后的钻井流体总体积不宜过大，加水稀释前排放部分旧浆，不宜边稀释边排放；一次性较多量稀释比分多次少量稀释的费用要少。

(2) 物理沉降（Settling），是由于分散相和分散介质的密度和大小不同，分散相颗粒在重力场或离心力场等作用下发生定向运动。沉淀池、旋流器和离心机等凡利用沉降原理工作装置或设备，原理都是源于斯托克斯定律。

固相沉降的速度由引起沉降的力、固相尺度以及该沉降速度下的流体黏度决定。作用在不规则形状物体上的力描述复杂。简单地描述，固体颗粒被考虑成球形并且在静态流体中沉降。球形颗粒受使其沉降的重力以及往往阻止其沉降的浮力作用。引起沉降的力也可以是由某些设备如旋流除砂器或离心机所产生的离心力。

流体中球形颗粒的沉降速度，可以由斯托克斯定律计算。在流体中沉降的球形颗粒受到向下的重力和向上的浮力作用。颗粒所受浮力的大小等于它所排开的流体的重量。向下的力是质量与加速度的乘积，或者重力沉降的那部分重力，球形颗粒的质量等于颗粒的体积乘以密度。两者联立在一起，可以求得沉降速度。原理和悬浮固相一致。

**【例 10.6】** 如果密度为 $2.6g/cm^3$ 颗粒通过 API 20 的筛布（直径 $1000\mu m$）后，在密度为 $1.08g/cm^3$、黏度为 $100mPa \cdot s$ 的钻井流体中下降的速度是多少？

计算出沉降速度为 $49.65cm/min$。钻井流体以 $500gal/min$（$1.9m^3/min$）的排量通过 $8m^3$ 的沉降罐或者沉砂池，钻井流体在罐中停留的时间最多 $4.2min$。沉砂池的钻井流体容量为 $16m^3$，钻井流体的停留时间为 $8.4min$。$4.2min$ 的停留时间，固相可沉降约 $15.24cm$。$8.4min$ 内，则为 $30.48cm$。

用于方程式计算的黏度，不易确定数值。最低黏度一般是由 $3r/min$ 的黏度计读出。一些使用聚合物钻井流体的钻机使用布氏黏度计，能测量超低剪切速率下的黏度。钻井流体黏度是剪切速率的函数。随着颗粒的沉降，阻碍沉降的钻井流体黏度可由沉降速度算出。随着沉降速度的降低，沉降所用的时间越长，表明流体的黏度越大。一些钻井流体配成后拥有较大的低剪切速率黏度，以增加钻井流体从井眼中携带岩屑的能力。黏度 $1000mPa \cdot s$ 以内，而不是在上面例子中的 $100mPa \cdot s$。对钻井流体中固相的沉降阻力很大，防止井眼中岩屑沉降。斯托克斯公式还可用来描述重晶石或者低密度岩屑的预期沉降速率。

直径为 $20\mu m$ 的重晶石样品与直径为 $30\mu m$ 的低密度颗粒沉降速率相同；或者直径为 $48\mu m$ 的重晶石样品与直径 $74\mu m$ 的低密度颗粒沉降速率相同。

因此，用沉砂池、旋流器和离心机处理加重钻井流体时，有一些重晶石颗粒随较粗的低密度固相颗粒一起清除。所以加重钻井流体的固相控制，比非加重钻井流体固相控制困难。

2) 化学法调整固相含量

化学法清除固相主要是絮凝法。絮凝使水或液体中悬浮颗粒积聚变大，或成团状，从而加快粒子聚沉，达到固液分离，这一现象或操作称为絮凝。通常，絮凝依靠添加适当的絮凝剂，吸附微粒，在微粒间架，促进集聚。胶体絮凝是胶乳凝固的第一阶段，是一种不可逆的聚集。絮凝剂通常为铵盐一类电解质或有吸附作用的胶质化学品。但并不是只有化学作用才能絮凝，物理形式的沉降也可称为絮凝。

化学沉降法主要是指利用化学处理剂提高固相絮凝程度，然后用物理沉降的方法。化学絮凝法是指在钻井流体中加入适量的絮凝剂，使某些细小的固体颗粒通过絮凝作用聚集成较大颗粒，然后用机械方法排除或在沉砂池中沉除。这种方法是机械固控方法的补充，两者相辅相成。

絮凝剂的化学絮凝原理是假设粒子以明确的化学结构凝集，并由于彼此的化学反应造成胶质粒子的不稳定状态。当发生聚结作用时，胶体粒子失去稳定作用或发生电性中和，不稳定的胶体粒子再互相碰撞形成较大的颗粒。絮凝剂离子化，固相与离子表面形成价键。为克服离子彼此间的排斥力，絮凝剂会由于搅拌及布朗运动而使得粒子间产生碰撞。粒子逐渐接近时，氢键及范德华力促使粒子聚结成更大的颗粒。碰撞一旦开始，粒子便经由不同的物理化学作用开始凝集，较大颗粒粒子从水中分离而沉降。

广泛使用的不分散聚合物钻井流体正是依据这种方法，使其总固相含量保持在所要求的指标以下。化学絮凝方法还可用于清除钻井流体中不合适的膨润土。由于膨润土的最大粒径在 $5\mu m$ 左右，离心机一般只能清除粒径 $6\mu m$ 以大的颗粒。因此，用机械方法无法降低钻井流体中膨润土的含量。但由于聚合物选择吸附一些劣质土，膨润土变大是可以清除的，化学絮凝安排在钻井流体通过所有固控设备之后才进行。

3）机械法调整固相含量

在众多固相控制的方法中，钻井流体固相控制最常用的是机械方法。主要原因是机械方法相对其他方法速度快、效果好以及成本低，特别是与化学法结合起来，更是如此。通过合理使用钻井流体罐、振动筛、除砂器、除泥器、清洁器和离心机等机械设备，利用筛分和强制沉降的原理，按密度和颗粒大小不同分离钻井流体中的固相，并根据需要决定取舍，以达到控制固相的目的。与其他方法相比，这种方法处理时间短、效果好，并且成本较低。

降低钻井流体固相量最有效的方法，是充分利用振动筛、除砂器和除泥器等设备，控制钻井流体固相含量，称为固相设备法。固控设备法控制钻井流体固相含量的循环流程已经基本定型。虽然有人认为流程复杂，但从应用效果看，适合大多数钻井施工。非加重钻井流体固控系统和加重钻井流体固控系统略有不同，主要在于加重钻井液体使用两台离心机保证加重材料的回收利用。

井眼返出的钻井流体通过防溢管流入分配器，分配器可分别或同时将钻井流体输送至 2 台或 3 台振动筛。经过振动筛处理后进入沉砂池。从沉砂池出来的钻井流体经过管线进入到除砂仓。除砂泵吸入除砂仓的钻井流体，将钻井流体通过管线输送至除砂器。除砂器处理后的钻井流体经管线进入除泥仓。除泥泵吸入除泥仓的钻井流体，将钻井流体通过管线输送至除泥器，除泥器处理后的钻井流体经过管线进入离心仓。离心机的立式供液泵吸入离心仓的钻井流体，将钻井流体通过管线输送至离心机，离心机处理后的钻井流体经过管线进入储液罐。钻井流体泵吸入储液罐的钻井流体，通过高压管汇输送至井口。完成了一次钻井流体固控循环流程。每一个固控设备，统称为一级固控设备。

振动筛、旋流器、钻井流体清洁器和离心机是机械法调控钻井流体固相含量中起主要作用的装置。除此之外，钻井流体固控系统还包括辅助装置，如钻井流体罐、添加钻井流体装置、吸入和测试装置、加重罐和补给罐等，在固控过程中起到了不可或缺的作用。

固相控制设备的选用对降低固控成本、实现高效固控至关重要。不仅要明确各种固控设备的分离能力和处理量，还需要了解钻井流体中各尺寸固相的含量，这对合理选用固控设备，有实际的指导意义。此外，还需要考虑钻井流体类型，加重钻井流体还是非加重钻井流体、抑或是水基钻井流体或油基钻井流体。另外，固相的种类、含量、大小、密度及粒度分布，钻井流体的黏度及密度等都会影响固控设备的工作效率，在设备选用时也需要特别注意。现场工作中具体表现为，在不同井段采取与之相适应的固相控制技术。

为选择适合的固控设备和方法，必须了解作为欲保留的膨润土、重晶石和欲清除的钻屑的粒度分布范围和固控设备的处理能力。如膨润土和钻屑均属于低密度固相，且密度十分相近，如果不了解其处理能力，选择设备就十分困难。钻井流体中固相颗粒的分布及固控设备处理颗粒的大小分布相对才能发挥重要的作用。

膨润土的粒度范围大致为 $0.03 \sim 5 \mu m$，钻屑粒度分布为 $0.05 \sim 10000 \mu m$。在小于 $1 \mu m$ 的亚微米颗粒和胶体颗粒中，膨润土所占的体积分数明显超过钻屑，大于 $5 \mu m$ 的较大颗粒中则相反，钻屑颗粒含量远大于膨润土。

此外，按照美国石油协会标准，要求钻井流体用重晶石粉至少有97%颗粒粒径在 $74 \mu m$ 以下。一般认为，加重钻井流体中重晶石颗粒的粒径范围为 $2 \sim 74 \mu m$。这样，利用固控设备，就可以实现固相控制。

钻井流体中固相粒度分布不均匀，低密度固相粒度分布较广，重晶石粒度集中分布从几微米至 $40 \mu m$ 之间，同时不同固控装置清除固相颗粒的能力和可分离粒度范围不尽相同。因此，需要根据现场情况，配合使用各种固控设备以及合理设计固控流程是提高固控效率、维护钻井流体性能、实现循环利用、降低钻进成本的有效途径。

固控设备维护固相是最经济的钻井流体处理，特别是结合化学处理剂，已成为钻井过程中最通用的固相控制方法。

(1) 振动筛调整固相含量。

振动筛是清除钻井流体中固相成分的第一级固控设备，担负着清除多数固相的任务，为下一级固控设备创造条件。相对于连续相稀释法，振动筛不会浪费大量化学处理剂或加重材料。正常情况下只需适时更换磨损筛布。因此，在不会造成钻井流体处理剂损失的情况下，尽可能让全部钻井流体经过振动筛处理，并且在整个钻井过程中都使用振动筛。

振动筛是过滤性机械分离设备。通过机械振动把大于网孔的固体和通过颗粒间的黏附作用将部分小于网孔的固体筛离。从井口返出的钻井流体流经振动着的筛布表面时，固相从筛布尾部排出，含有小于网孔固相的钻井流体透过筛布流入循环系统，从而完成对较粗固相颗粒的分离。振动筛由筛箱、箱式激振器、溜槽、支承弹簧、筛网和横梁筛架等部件组成。

分离过程可以认为是由物料分层和细粒透筛两个阶段所构成。但是分层和透筛不是先后的关系，而是相互交错同时进行的。由于物料和筛面间相对运动的方式不同，从而形成了不同的筛分方法。不同的方法，有不同特点。

物料在斜置固定不动的筛面上靠本身自重下滑，称为滑动式筛分法。这是早期使用的筛分法，其筛分效率低，处理量小。

组成筛面的筛条转动，物料通过筛面运动构件的接力推送，沿筛面向前运动，称为推动式筛分法。常见的是滚轴筛。

筛面是个倾斜安置的圆筒，工作时匀速转动，物料在倾斜的转筒内滚动，称为滚动式筛分法。常见的是选煤厂早期使用的圆筒筛。

筛面可以水平安置，也可倾斜安置，工作时筛面在平面内做往复运动。为了使物料和筛面之间有相对运动，如筛面呈水平安置时，筛面要做差动运动；筛面倾斜安置时，筛面在平面内做谐振动，物料沿筛面呈步步前进的状态运动，称为摇动式筛分法。

筛面在垂直的纵平面内做谐振动或准谐振动。筛面运动轨迹呈直线，也可呈圆形或椭圆形。物料在垂直的纵平面上被抛射前进，称为抛射式筛分法。常见的是振动筛。

虽然物料与筛面相对运动的方式不同，但其目的都是为了使物料处于一定的松散状态，从而使每个颗粒都能获得相互位移所必需的能量和空间，同时保证细粒顺利透筛。

(2) 水力旋流器调整固相含量。

水力旋流器是除砂器和除泥器的通用名称，两者之差仅在于尺寸。圆柱体直径代表规格，钻井流体用除砂器的尺寸为 150～300mm，一些实验样机已达 760mm。

水力旋流器最早在 20 世纪 30 年底荷兰出现。20 世纪 50 年代中期美国在现场应用了两台 150mm 旋流器，成功地清除了钻井流体中大于 74μm 的岩屑，故称之为除砂器。

1962 年又在一口井上使用了第一台 100mm 旋流器，可以清除小于 74μm 的颗粒，故把 100mm 或小于 100mm 的旋流器称为除泥器。使用的除泥器的尺寸范围为 125μm～50mm，其中 100mm 的除泥器最为常用。

20 世纪 80 年代以来，在非加重体系中把 50μm 的旋流器作为除去超细颗粒的有用工具，其使用就更为普遍了。根据直径的不同，旋流器可分为除砂器、除泥器和微型旋流器三种类型。当然，将合适尺寸的除泥器结合细目振动筛可以组成清洁器。

钻井流体用固相控制旋流器是一个带有圆柱部件的锥形容器。锥体上部的圆柱部分称为液腔；圆柱体外侧有一进液管，以切线形式和液腔连通；容器的顶部是溢流口，底部是底流口（或排泄口，也称排砂口）；一个空心圆管沿旋流器的轴线从顶部延伸到液胶里，这个圆管称为溢流管，其内部形成上溢流通道，以便钻井流体上溢流出。旋流器的尺寸由锥体的最大直径决定。

要处理的钻井流体用砂泵泵入旋流器的进液管，钻井流体在压力的作用下经过进液管以切线方向进入液腔。由于钻井流体的切向速度而使旋流器内部获得离心区。液腔的顶部是密封的，具有切向分速度的钻井流体又受到液腔顶部向下的推力，再加上重力的影响而使钻井流体获得向下的轴向分速度。两个分速度合成的结果使钻井流体向下作螺旋运动，形成向下的旋流。在旋流截面上，中心的液体速度高，离心力大，压力小，因而外面的空气由低流口高速流入旋流器。所以钻井流体到达底流口附近时，液体部分夹带着部分细小颗粒便改变方向，和空气一起向上做螺旋运动，形成向上的旋流，并经过溢流管从上溢流口溢出，而旋流液中较粗的固相颗粒在离心力的作用下被甩向旋流器内壁，边旋转边下落，由底流口排出，这样钻井流体中的固相颗粒就被分离出来。

除砂器在振动筛之后，作为第二级固控设备（不使用除气器时），除泥器作为第三级固控设备。除砂器可用来清除 30～90μm 的固相颗粒，除泥器用来清除 7～30μm 的固相颗粒。若用来处理油基钻井流体，有效分离粒径会有所增加。不同尺寸旋流器的许可处理量和可分离粒径。

旋流器的处理能力从两个方面评价：一是允许输入钻井流体的能力；二是底流口的排泄能力。单个水力旋流器所能处理的钻井流体量根据钻井流体的循环流速（即排量），可以确定需要的旋流器的个数。在实际应用中，旋流器组的总钻井流体处理量要大于排量的 10%～20%，以防旋流器超载。

(3) 离心机调整固相含量。

国际上，从 20 世纪 30 年代初开始使用离心机处理水基加重钻井流体。但沉降式离心机是1953年才开始在油田应用。通过逐步改进提高，成为一种常用的钻井流体固相处理设备。

离心机作为四级固控设备，主要是倾注式离心机，又称为沉降式离心机，简称离心机。沉降式离心机是唯一能够从分离的固相颗粒表面上清除自由液体的固/液分离装置。经离心机分离的固相颗粒仅含有其本身所吸附的液体，即颗粒表面上的束缚液体。主要作用是，回收加重钻井流体中小于 $10\mu m$ 的加重材料；清除非加重钻井流体中 $5\sim8\mu m$ 的细小钻屑。离心机的分离能力主要受转速、钻井流体黏度和供给量三个因素的影响。用于钻井流体固控的主要是倾注式离心机。

离心机的核心部件是锥形滚筒、滚筒内的螺旋输送器，以及连接滚筒和螺旋输送器的变速器。固/液分离在滚筒内进行，滚筒大头端部有溢流口。滚筒内的螺旋输送器用来向滚筒两端分别输送液相和固相。变速器把滚筒和螺旋输送器连接起来，使两者同向旋转，并有一定的转速差。滚筒和输送器的转速比一般为80∶79，即滚筒转80转，输送器转79转。当滚筒转速为1800r/min时，输送器相对滚筒有22.5r/min。这个相对转速是输送器的传达速度。

离心机的转速越快，产生的离心力越大，固液分离效果越好。离心机滚筒转速可以达到 $1500r/min\sim3500r/min$。钻井流体黏度过高，会降低颗粒沉降速率，因此钻井流体进入离心机处理前需稀释，稀释水的供给量以送料速度的 $25\%\sim75\%$ 为宜。钻井流体马氏漏斗黏度为 $35\sim37s$。过量稀释会降低离心机的处理量。钻井流体的供给量就是离心机的处理量。不同的钻井流体，离心机的最佳处理量也会不同，供给量过大，本应从底流排出的细颗粒来不及充分沉降，而随流体从溢流口流出，不能达到预期的分离效果，降低了离心机的效率。离心机的处理量与所处理的钻井流体密度有关。

钻井流体密度越大，离心机处理量越小。通常，离心机不会像除砂器那样全天使用，每天只允许处理 $1\sim2$ 个钻井流体循环周。

离心机处理加重钻井流体时，主要用于清除粒径小于重晶石的钻屑颗粒，回收重晶石。如果钻井流体清洁器载荷过高，可加入大尺寸除砂器，清除粒径 $74\mu m$ 以上的钻屑，但同时也会除掉部分重晶石。

(4) 基本固控设备联用调整固相含量。

振动筛、旋流器和离心机是三种基本的固相控制设备。在固相处理中，旋流器和离心机不能单独使用。虽然振动筛可以单独使用，但不会取得理想的固控效果。因此，在实际应用中要根据需要把设备组合起来。现场常用的有一次分离和二次分离两种组合布置方案。

由于组合设备固相控制分一次分离和二次分离，所以原理也按两种分离方法实施。

所谓一次分离，就是固相处理系统中的任何处理设备都直接从循环的钻井流体系统中汲取钻井流体，经处理后把回收的部分（液相或固相）送回钻井流体。在这种方案中，除离心机是部分流体处理外，其余都是全流处理装置。若设备的钻井流体输入能力（以体积流量表示）等于或大于钻井流体循环速度（排量），则称为全流处理。若设备仅从循环的钻井流体系统中取出部分钻井流体处理，则称为部分流处理。

一次分离布置方案可用于处理非加重钻井流体或加重钻井流体。使用时并不是一定要将图中所列的设备全部安装或启用不可，要根据具体情况而定。譬如，钻井流体没有气侵或气侵轻微，就可以不启用除气器。

一次分离往往会造成钻井流体中的聚合物材料、非加重钻井流体的液相和加重钻井流体的重晶石损失，因而提出了二次分离。

所谓二次分离，就是固控制系统中的某种设备不是直接从钻井流体系统中汲取要处理的钻井流体，而是将另外某种设备的底流物再分离处理。

常规固相控制系统是由振动筛、除砂器、除泥器和离心机组成的多级固相控制系统。在处理过程中，固相颗粒都受到不同程度的、甚至是剧烈的机械碰撞，进一步细化。振动筛的筛网施加在颗粒上的力相当于颗粒重力的几倍，破碎更细。有的细颗粒能够通过筛网，进入循环的钻井流体。通过离心泵和水力旋流器的剪切作用，再次使悬浮颗粒分散。随着钻井流体循环，颗粒分散更趋严重，导致机械钻速降低或滤饼质量变差等其他井眼问题，此时不得不使用昂贵的处理剂调整钻井流体性能。

为改善颗粒破碎分散状况，曾试图安装更多的振动筛和旋流器，这将意味着安装更多的管汇和随之而来的设备维修，同时也不能从根本上解决颗粒破碎分散问题。系统没有振动筛、旋流器，滤带在转动过程中不振动，固相颗粒不会再度破碎变小。

与常规多级固相控制系统相比，单级固控系统从根本上解决了颗粒的破碎分散问题，同时结构紧凑、体积小、耗电量低、价格便宜，易于维修保养。单级固控系统可使岩屑更加干燥，回收更多的液相，从而降低钻井流体成本，保持钻井流体性能稳定。同时可减少井眼问题，增加钻头寿命，减少钻井泵维修。

4）成本法调整固相含量

钻井过程中，可以通过成本最合理来控制钻井流体的固相含量。钻进时钻井流体的每日维护费用约90%花费在固相处理或与固相有关的问题上。加重钻井流体的重晶石费用约占总材料费用的75%。因此，正确地选择和使用固控设备及固控系统，可以通过大量地清除岩屑来减少钻井流体及处理剂的消耗，取得显著的经济效益。相反，如果固控设备选配不当，或使用保养不善，则不仅不能取得好的固控效果，还会在经济上造成不可弥补的损失。因此，从经济的角度分析非加重钻井流体固控方法、加重钻井流体固控方法、离心机回收重晶石固控方法和油基或盐水钻井流体固控方法。

### 10.2.2 液相含量调整方法

液相主要是指水和油。地层盐水侵入钻井流体需要用耐盐耐钙侵入的钻井流体组分处理钻井流体，调整钻井流体性能。特别是用好护胶剂，保证膨润土处于分散状态。地层水中含量一定量的钙镁离子或者二氧化碳，需要用碳酸氢钠和碳酸钠处理。处理后，通过调整钻井流体的处理剂，恢复钻井流体的性能。还可以通过调整钻井流体的处理剂，获得地层流体从地层进入井筒的流动阻力，实现控制地层流体进入地层，实现水相控制。

油相调整多数是由于液柱压力与地层孔隙压力不匹配造成的，调整钻井流体的密度或者调整钻井流体的相对油的流动阻力，达到控制油相进入井筒的目的。受到油相侵入的钻井流体如果量不大，可以通过循环，钻井流体性能变化不大为宜。如果量大，可能引起油基钻井流体的性能变化，或者水基钻井流体发泡、性能不稳定等，则要加入处理剂调整性能。

### 10.2.3 气相含量调整方法

钻井流体含气后，这些气体部分溶于钻井流体，大部分不溶，呈气液两相形式存在，易形成泡沫。为了控制钻井流体中的气体含量，通常对钻井流体消泡。消泡的方法主要有机械方法即使用除气器和立式搅拌器排气和化学方法即采用消泡剂消泡。实际应用中，一般是两种方法联合使用。

#### 10.2.3.1 机械法清除气泡

机械消泡法是利用压力如剪切力、压缩力和冲击力等力的急速变化将泡沫消除。按其对泡沫发生作用的特点分为离心法、水动力法和气压法等。离心法是利用高速旋转的离心机叶轮的离心作用以及它们在转动时对容器壁产生足够大冲击，破碎泡沫。水动力法和气压法都是利用流体通过喷嘴产生负压破碎泡沫。

钻井流体现场常用的清除气相的方法是气液分离器。液气分离器已经从简单的开口罐发展到复杂的密闭和加压式容器。虽然液气分离器种类很多，功能和作用也不完全一样，但是它们使液气分离的基本方式重力分离、离心分离、撞击折流和喷洒分离、平板和薄膜分离、真空分离。

气液分离器处理能力分为液体处理能力和气体处理能力两个部分。气液分离器最大液处理量与分离器本体直径、钻井流体与气体密度差和气泡颗粒尺寸成正比，与钻井流体黏度成反比；其中，气泡颗粒尺寸小于 $18\mu m$ 时分离器无法将其分离。

影响分离器气体处理量考虑两个方面：一是气体量较大时液体被气体携带从排气管线排出；二是气体从排气管线排出时，管线摩阻带来的回压大于液封的液柱压力，气体从钻井流体返出管线排出。

最大气体处理量平分与分离器本体尺寸以及气液密度差成正比，与气体密度成反比，气体在排放管线中产生的回压与液封高度形成的液柱压力达到平衡。

最大气体处理量与排气管线直径、钻井流体密度以及液封高度成正比，与排气管线长度以及摩擦系数成反比。

#### 10.2.3.2 化学法清除气泡

化学消泡法是在泡沫中加入化学药品，使之与泡沫剂发生化学反应，消除泡沫的稳定因素，达到消泡的目的。即利用作为消泡剂的表面活性剂在液面上取代泡沫剂分子，使其所形成的液膜强度差，不能维持液膜稳定。消泡剂应该具有很强的降低表面张力的能力、极易吸附在表面上、分子间相互作用不强、在表面上排列疏松，进而泡沫不稳定破裂。

优良的消泡剂应该具有消泡抑泡、表面张力小、极性小等性质。即较强的消泡能力和抑泡能力；很低的表面张力，能强烈地吸附在泡沫液膜表面；不溶于发泡溶液；不被增溶和乳化；在溶液表面铺展速度快；分子链的极性小，形成的溶液表面黏度很低。不与起泡液发生化学反应，挥发性小，热稳定性好，加量少，不吸附，无毒。

钻井流体消泡剂品种较多，有金属皂、脂肪酸类、酰胺、醇、磷酸酯、珍珠岩、橡胶、皮革粉、炭黑等固体惰性材料、有机硅等。中国钻井流体消泡剂种类相对较少，主要有硬脂酸铝、柴油机用乳化油、十二烷基苯磺酸胺和十二烷基苯磺酸钙的复配物、有机硅等。此外，还使用过甘油聚醚、正辛醇、泡敌（由丙三醇与环氧丙烷、环氧乙烷共聚而成）、万能无荧光灭泡灵等。根据消泡作用原理，消泡剂的种类很多，针对发泡原因和发泡情况，科学合理地选择消泡剂可以事半功倍。

抗气相侵害办法主要是，钻井流体密度控制合适，保证压稳气层，防止或减少气层气侵特别是烃类气体的侵入。预防气相侵害办法主要有，钻井流体密度控制合适，保证压稳气层，防止或减少气层气侵特别是烃类气体的侵入。

钻井流体控制合适的 pH 值。不同类型钻井流体都有其合适的 pH 值控制范围，特别是对于加有可能发泡处理剂的钻井流体，pH 值一定要控制在 9~11 范围内。否则钻井流体容易起泡。控制合适的 pH 值,有利于降低有机处理剂的表面活性,有利于钻井流体性能稳定。

钻井流体的黏度、切力一定要控制合适,在满足钻井工程的前提下,黏度、切力越低,越有利于气泡排出。

【视频 S5　液体型钻井流体清除钻屑的设备运行状态】

钻井现场如何才能把混入钻井流体中的钻屑清除出来?液体型钻井流体清除钻屑的设备运行状态如视频 S5 所示。

视频 S5　液体型钻井流体清除钻屑的设备运行状态

## 思考题

1. 什么是钻井流体受到侵害?
2. 什么是钻井流体容纳能力?容纳能力的种类有哪些?
3. 固相的种类有哪些?
4. 详细介绍固相控制所用的方法。

# 11 钻井流体传递信息性能测定及调整方法

钻井流体传递信息性能（Drilling Fluid Information Transmission Properties）是指利用钻井流体或者结合钻井流体，传递井下工程、地质和流体等相关物性参数至地面的性质和功能。传递信息的方式有两种：一是将捕获的信息传递到地面，如钻井流体脉冲信息；二是自己携带信息到地面，如岩屑录井。

钻井流体传输的信息包括井斜参数，如井斜角、方位角；定向参数，如工具面角；地层参数，如电阻、自然伽马等；工艺参数，如钻压、转速等；钻井流体参数，如井温、压力等。岩屑录井则测量岩屑信息判断地层岩性、储层等。

传递有效信息是实现井眼轨道自动控制、发现储层的关键技术，担负着对井下工况参数的监测以及对井下执行系统实施决策、干预等控制功能的双向通信任务。

（1）关系工程质量。钻井流体密度及三相物质含量、钻柱径厚比及材料特性、脉冲类型、信号衰减等，影响工程对信号的判断，判断不准则无法控制井眼参数造成井质量不合格。

（2）关系储层发现。通过检测地下流体返出地面情况发现储层，是比较常用的方法之一。通过检测钻井流体循环携带到地面的地下烃类气体和非烃类气体，协助及时发现地下油气，指导现场钻井工作。

（3）关系钻井安全。检测地层流体情况，及时了解地层情况和井下工具情况，为防止钻井事情和井喷、井漏等提供良好的判断依据。

## 11.1 钻井流体传递信息测定方法

钻井流体传输测量信号或者携带地层信息返回地面后，处理信息不是钻井流体的任务。如何把有用的信息传输到地面是钻井流体的重要功能，实现这一功能需要钻井流体的基本性能，以保证传递信息满足处理信息要求。

### 11.1.1 传输井下测量信息的方法

钻井过程中，钻井流体如果能形成井底至地面的连续介质，随钻信号就可以借助钻井流体的压力脉冲（压力差）传输。

产生压力脉冲的方法很多，其中钻井流体的压力脉冲由固定在钻杆柱内通水截面上的限流阀门的开与关来产生。压力脉冲沿钻井流体液柱以接近声波在流体中的速度（1200~1500m/s）传播，信息发送速率为1.5~3.0bit/s。采用钻井流体脉冲作为信息传输通道的不足之处是对钻井流体有严格的要求，如含砂量控制1.0%~4.0%，含气量小于7%以下，主要是气体的可压缩性使得压力波信号发生变形，导致在地面上很难检测出正确的信号，所以充气钻井流体和天然气田钻进过程中不能采用水力通道的传送方式。

钻井流体脉冲信号传输可分为正脉冲、负脉冲和连续波三种信号传输方式。水力通道与钻井流体贯通时便会形成压力正脉冲。钻井流体与钻杆外环空间连通时产生压力负脉冲。压力脉冲的形状和脉冲频率取决于所用元件在电磁铁或电动机动作中产生的行程和频率。起控制作用的信号由调节模块和编码电子模块传给电磁铁或电动机。连续波则是利用连续钻井流体脉冲器产生波形复读连续的脉冲波。

### 11.1.2 携带地层信息处理方法

钻井过程中钻井流体所含油气主要来源于新钻开储层中的油气、钻井流体背景气和人工混入的原油。

钻井流体背景气和人工混入的原油对气体检测的影响相对稳定，基值升高，受实时钻井条件的影响较小。新钻开储层中的油气多少不仅取决于储层性质，还受钻井参数、钻井状态和钻井流体性能等实时钻井条件的影响。钻井流体循环到钻井流体池中，经过分析，获得烃类气体和非烃类气体组分含量及总含量，用于协助发现储层。结合岩屑分析，发现地层油气信息。

录井油气检测技术中，钻井流体气体检测技术最重要、最常用和最有效，因而也最受录井界青睐。录井钻井流体气体检测主要对钻井流体循环携带到地面的地下烃类气体和非烃类气体分析，帮助及时发现地下油气，指导现场钻井工作。

钻井过程中，钻头在井底钻碎的岩屑随着钻井流体的循环，不断地返至地面。岩屑是及时认识地层岩性和储层的直观材料。按一定深度间隔取样，并按岩屑迟到时间作深度校正。对每次取得的混杂样品挑选，排除坍塌的岩块后，肉眼或显微镜下进行地质观察、描述、定名，分别求出各种岩屑样品的质量分数或体积分数，确定取样深度的岩石类别，配合其他录井资料，做出井下岩屑地层剖面图。在此工作中还要用荧光灯照射某些层段的岩屑以识别其含油气性，统称为岩屑录井。这些信息都需要钻井流体具备良好的传递信息能力。

## 11.2 钻井流体传递信息调整方法

现场施工时，钻井流体传递的信号与设计要求有所差异，此时就要对照五方面实施检测，以发现差异，调整性能。

（1）检查井底与井口压力信号是否存在延迟时间。延迟时间就是钻井流体脉冲的传输时间，所以调整钻井流体尽量减少延迟时间。

（2）钻井流体脉冲的传输过程中是能量转换过程。由于存在钻井流体的黏性阻力和管路系统的弹性变形，钻井流体脉冲在传输过程中存在着明显的衰减。所以，要检测钻井流体性能。

（3）钻井流体脉冲发生过程中，如果没有能量损失，将产生一个矩形波信号。考虑钻井流体的黏性阻力时，信号的波峰（或波谷）将变为一条斜线，并且在信号发生的前后，存在明显的能量损失。所以，要检测信号形态。

（4）边界（如钻井流体聚集、钻头）处，钻井流体脉冲产生反射，在管路中往复传播形成振荡波，并逐渐衰竭。所以，要检测衰竭原因。

（5）正脉冲信号波峰处斜线的斜率为正。当脉冲信号过后，管路系统中的压力将高于该点的原始压力，负脉冲信号与之相反。随着流动逐渐趋于稳定，其压力也将逐渐恢复到原始压力。所以，要根据信号及时调整相关影响因素。

井下信号不好，大多情况是由于钻井流体的气泡所致。因此消除气泡为主要方法。采用的主要方法有机械法和化学法。现场多采用机械法和化学法相结合的方法。

（1）高密度、高黏度的钻井流体气侵后，在地面采用二级除气方式，用重力式分离器除去大直径气泡，之后用离心式分离器除去小直径气泡。

（2）钻井流体黏度增大，气泡悬浮于液相中时间增长，高密度、高黏度的钻井流体影响离心分离器的除气效果。

（3）气泡直径、钻井流体黏度显著影响重力式分离器和离心式分离器的除气效率。

## 思考题

1. 什么是钻井流体传送信息性能？
2. 钻井流体传输的信息主要有哪些？
3. 钻井流体传递信息的方式有哪些？

# 12 钻井流体耐受酸碱性能测定及调整方法

钻井流体耐受酸碱性能（Acid-base Properties）是指钻井流体能够承受酸度或者碱度的性质和功能，是钻井流体自身性质之一，通过自己的自身性质实现钻井流体完成工程需求的功能。

酸度（Acidity），是指水中所能与强碱发生中和作用的物质总量，单位通常用 mmol/L。有些国家也常采用和硬度相同的单位。

与酸度对应的是碱度（Alkalinity）。碱度表征水吸收质子的能力，通常用水中所含能与强酸定量作用的物质总量来标定，又称盐基度。水中碱度主要由碳酸氢盐、碳酸盐、氢氧化物、硼酸盐、磷酸盐和硅酸盐产生。

碱度用于钻井流体，主要用于确定钻井流体滤液中氢氧根离子、碳酸氢根离子和碳酸根离子的含量，从而可判断钻井流体碱性的来源和数量。选用酚酞和甲基橙两种指示剂来评价钻井流体及其滤液碱性的强弱。

一般说来，钻井流体 pH 值为 7.0 时，称为中性；钻井流体 pH 值为 0~7.0 时，称为酸性；钻井流体 pH 值为 7.0~14.0 时，称为碱性。

储备碱度（Reserve Alkalinity），主要用于钙处理钻井流体，是指钻井流体中加入的石灰类处理剂未溶解的石灰形成的碱度。pH 值降低时，石灰溶解，补充消耗的钙离子，可为钙处理钻井流体不断地提供钙离子，保持钻井流体钙处理状态，同时维持钻井流体的 pH 值稳定。此外，通过碱度测定还可以优选用于钻井流体维持工作环境的处理剂，保持钻井流体在弱碱性环境中工作。

（1）钻井流体的酸碱性能，关系钻井工程中的对钻具和套管等寿命，主要表现在协助钻井流体减缓对金属和橡胶的腐蚀等。碱性条件下减轻钻井流体对钻具和套管等金属的腐蚀程度。同时，预防因氢脆造成的钻具和套管损坏。

石油钻具在使用过程中，均不同程度地接触腐蚀介质如钻井流体、溶解氧、硫化氢、二氧化碳、溶解盐类、酸类等。这种水湿酸性环境中的钻具，发生氢致应力腐蚀断裂的概率较高。因此，增大 pH 值，创造碱性环境，有助于降低发生氢脆的概率。

（2）钻井流体的 pH 值在很大程度上影响钻井流体性能，主要表现在抑制钻井流体中钙盐镁盐的溶解、调节水化基团对黏土颗粒的吸附等两个方面。

抑制钻井流体中钙盐镁盐的溶解。pH 值较低时，钻井流体中将溶解大量的钙离子和镁离子，这些钙离子、镁离子来自生产用水、石膏层、盐水层等，会影响钻井流体性能，产生不同程度的钙侵害。

低碱度会造成二氧化碳侵害后胶体去水化。钻遇的许多地层含有二氧化碳，混入钻井流体后会生成碳酸氢根离子和碳酸根离子。受到二氧化碳侵害后，钻井流体的流变参数，特别是动切力受碳酸氢根离子和碳酸根离子的影响很大，高温下更为突出。一般随着碳酸氢根离子浓度增加，动切力呈上升趋势，而随着碳酸根离子浓度增加，动切力先减后增。

# 12.1 钻井流体耐酸碱性能测定方法

现场测定和调节钻井流体或滤液的 pH 值是控制钻井流体性能的一项基本工作，不仅用于控制酸和硫化物的腐蚀，还用于控制黏土的相互作用、各种组分和侵害物的溶解性以及处理剂的效能。

## 12.1.1 表观碱度测定方法

表观碱度与储备碱度相对应。表观碱度（Apparent Viscosity）是指钻井流体的显示出来的碱度，与储备碱度相关，用 pH 值表征。测定方法很多，常用的主要分为两大类：一类是玻璃电极 pH 计法；另一类是比色法。

API 推荐的水基钻井流体现场测试程序中推荐用玻璃电极 pH 计法测定钻井流体的 pH 值。此方法准确可靠，操作简单，且使用高质量电极、设计合适的仪器排除一些干扰，可以精确到小数点后三位。但现场最简单方便的是使用 pH 试纸来测定。

玻璃电极 pH 计法的原理是以玻璃电极为指示电极，饱和甘汞电极为参比电极组成电池。在 25℃理想条件下，氢离子活度变化 10 倍，使电动势偏移 59.16mV。由于这种方法太过复杂，不适于现场应用，仅适用于原理研究。

比色法的原理是根据指示剂在不同氢离子浓度的水溶液中所产生的不同颜色来测定 pH 值。每一种指示剂都有其一定的变色范围。比色法一般又分为标准色液瓶法和 pH 试纸比色法两种。

还可以计算 pH 值。化学上常用氢离子物质的量浓度的负对数来表示溶液酸碱性的强弱。强酸、强碱、弱酸、弱碱、强酸弱碱盐混合、强碱弱酸盐混合等溶液都有计算方法，但不太适合钻井流体这种影响因素太多的流体。

## 12.1.2 储备碱度测定方法

由于使钻井流体维持碱性的无机离子除氢氧根离子，还可能有碳酸氢根离子、碳酸根离子，pH 值并不能完全反映钻井流体中这些离子的种类和质量浓度。因此，在实际应用中，除使用 pH 值外，还常使用碱度来表示钻井流体的酸碱性。滴定至酚酞指示剂由红色变为无色时，溶液 pH 值为 8.3，指示水中氢氧根离子已被中和，碳酸盐均被转化为碳酸氢盐，此时的滴定结果称为酚酞碱度 $P_f$。滴定至甲基橙指示剂由黄色变为橙红色时，溶液的 pH 值为 4.4~4.5，指示水中碳酸氢盐（包括原有的和由碳酸盐转化成的）已被中和，此时的滴定结果称为总碱度，又称甲基橙碱度 $M_f$。

给出离子浓度计算方法，可知氢氧根、碳酸根和碳酸氢根离子的质量浓度可按表 12.1 给出的计算公式估算。

表 12.1 $P_f$ 和 $M_f$ 值与离子浓度之间的关系

| 条件 | $[OH^-]$, $mg \cdot L^{-1}$ | $[CO_3^{2-}]$, $mg \cdot L^{-1}$ | $[HCO_3^-]$, $mg \cdot L^{-1}$ |
|---|---|---|---|
| $P_f = 0$ | 0 | 0 | $1220 M_f$ |
| $2P_f < M_f$ | 0 | $1200 P_f$ | $1220(M_f - 2P_f)$ |
| $2P_f = M_f$ | 0 | $1200 P_f$ | 0 |

续表

| 条件 | $[OH^-]$, mg·L$^{-1}$ | $[CO_3^{2-}]$, mg·L$^{-1}$ | $[HCO_3^-]$, mg·L$^{-1}$ |
|---|---|---|---|
| $2P_f > M_f$ | 340 $(2P_f - M_f)$ | 1200 $(M_f - P_f)$ | 0 |
| $P_f = M_f$ | $340M_f$ | 0 | 0 |

一般情况下，pH 值为 8.3 时，形成水分子，碳酸根离子完全反应形成碳酸氢根离子。存在于溶液中的碳酸氢根离子不参与反应。

$$OH^- + H^+ =\!=\!= H_2O$$

$$CO_3^{2-} + H^+ =\!=\!= HCO_3^-$$

继续用硫酸溶液滴定至 pH 值为 4.3 时，碳酸氢根离子与氢离子的反应也基本完全反应。

$$HCO_3^- + H^+ =\!=\!= CO_2 + H_2O$$

这两组反应是在一般情况下进行的，但仍然存在三种特殊情况，需要注意。
（1）所测甲基橙碱度等于酚酞碱度时，滤液的碱性完全由氢氧根离子引起。
（2）所测酚酞碱度为 0 时，滤液的碱性完全由碳酸氢根离子引起。
（3）所测甲基橙碱度等于 2 倍酚酞碱度时，滤液中只含有碳酸根离子。

碱度的测定值因使用的指示剂终点 pH 值不同差异很大，只有当试样中的化学组成已知时，才能解释为具体的物质。

天然水和未污染的地表水，可直接以酸滴定至 pH 为 8.3 时消耗的量为酚酞碱度，以酸滴定至 pH 值为 4.4~4.5 时消耗的量为甲基橙碱度。通过计算，可求出相应的碳酸盐、碳酸氢盐和氢氧根离子的含量；废水和污水，往往需要根据水中物质的组分确定其与酸作用达到终点时的 pH 值。然后，用酸滴定以便获得分析者感兴趣的参数，并作出解释。

碱度指标常用于评价水体的缓冲能力及金属在其中的溶解性和毒性，是对水和废水处理过程控制的判断性指标。若碱度是由过量的碱金属盐类所形成，则碱度又是确定这种水是否适宜于灌溉的重要依据。碱度的测定方法通常有酸碱指示剂滴定法和电位滴定法，基本原理是相同的。

甲基橙的变色点 pH 值为 4.3。当 pH 值降至该值时，甲基橙由黄色转变为橙红色。能使 pH 值降至 4.3 所需的酸量，则被称作甲基橙碱度（Methyl Orange Alkalinity）。

酚酞的变色点 pH 值为 8.3。滴定过程中，pH 值降至该值时，酚酞由红色变为无色。因此，能够使 pH 值降至 8.3 所需的酸量被称作酚酞碱度（Phenolphthalein Alkalinity）。钻井流体及其滤液的酚酞碱度分别用符号 $P_{df}$ 和 $P_f$ 表示。甲基橙碱度用 $M_f$ 表示。

根据 API RP 13B-1-2009《水基钻井液现场测试标准程序推荐作法》，$P_{df}$、$P_f$ 和 $M_f$ 三种碱度的值，均以滴定 1mL 钻井流体或其滤液的样品所需 0.01mol/L $H_2SO_4$ 的体积（单位 mL）表示，单位（mL）常可省略。两种碱度所用的标准酸，滴定时可发生的反应有三种。

$$OH^- + H^+ =\!=\!= H_2O$$

$$CO_3^{2-} + H^+ =\!=\!= HCO_3^-$$

$$HCO_3^- + H^+ =\!=\!= H_2O + CO_2$$

根据这些化学方程式，可以推测出钻井流体中或者钻井流体的滤液中，有哪些离子存在，进而控制钻井流体碱度。

#### 12.1.2.1 滤液酚酞碱度、甲基橙碱度测定方法

取 1.0mL 的滤液于滴定瓶中,加入 2 滴或更多的酚酞指示剂溶液。如果指示剂变成粉红色,则用刻度移液管逐滴加入 0.01mol/L 硫酸并不断搅拌,直至粉红色恰好消失为止。如果样品颜色较深而干扰指示剂颜色变化,则可用 pH 计测定,pH 值降至 8.3 时即为滴定终点。记录滤液的酚酞碱度,即每单位体积(mL)滤液到达酚酞终点所消耗的 0.01mol/L 硫酸的体积(mL)。测完酚酞碱度之后的样品中加入 2~3 滴甲基橙指示剂溶液,用带刻度移液管逐滴加入标准硫酸并不断搅拌,直至指示剂颜色从黄色变为粉红色为止。也可以用 pH 计测定,pH 值降至 4.3 时即达到滴定终点。

记录滤液的甲基橙碱度,即每单位体积(mL)滤液到达甲基橙终点所消耗的 0.01mol/L 硫酸的总体积数(mL)(包括到达酚酞碱度终点所消耗的量)。

#### 12.1.2.2 钻井流体酚酞碱度测定方法

用注射器或移液管取 1.0mL 钻井流体于滴定瓶中,用 25~50mL 蒸馏水稀释。加入 4~5 滴酚酞指示剂,边搅拌边用 0.01mol/L 标准硫酸迅速滴定到粉红色消失。如果滴定终点的颜色变化看不清楚,则可用 pH 计测定,pH 值降至 8.3 时即到达滴定终点。如果怀疑有水泥浆侵害,必须尽快滴定,并以粉红色第一次消失为滴定终点记录。

记录钻井流体的酚酞碱度,即每单位体积(mL)钻井流体到达酚酞终点所消耗的 0.01mol/L 硫酸的体积(mL)。

钻井流体的储备碱度通常用体系中未溶解氢氧化钙的含量表示。此时,体系中有未溶解的氢氧化钙和溶解的氢氧化钙形成的钙离子和氢氧根离子。未溶解的氢氧化钙能够滴定硫酸到终点。考虑钻井流体中失水可能不是全部流体,还有固相,所以引入水的体积分数表示氢氧化钙只溶解于水中,见式(12.1)。

$$RA = 0.742(P_{df} - f_w P_f) \tag{12.1}$$

式中 $RA$——储备碱度,$kg/m^3$;

$f_w$——钻井流体中水的体积分数;

$P_{df}$——钻井流体的酚酞碱度;

根据酚酞碱度、甲基橙碱度通过化学反应方程式和当量定律,计算钻井工作流体滤液中氢氧根离子、碳酸氢根离子和碳酸根离子的浓度。

## 12.2 钻井流体耐酸碱性能调整方法

在实际应用中,大多数钻井流体的 pH 值要求控制在 8.0~11.0,即维持一个较弱的碱性环境,因为可以减少钻井流体对钻具的腐蚀,可以预防因氢脆而引起的钻具和套管的损坏,可以抑制钻井流体中钙盐、镁盐的溶解。由于相当多的处理剂需要在碱性介质中才能充分发挥其效能,因此针对不同处理剂的钻井流体确定其准确合适的 pH 值以发挥钻井流体处理剂的最大作用。

不同钻井流体,要求的 pH 值范围也有所不同,控制好 pH 值才能发挥好钻井流体功能,为地质、工程服务。分散钻井流体的 pH 值,一般控制在 10 以上。用石灰处理的钙处理钻井流体的 pH 值,一般控制在 11~12。用石膏处理的钙处理钻井流体的 pH 值,一般控制在 9.5~10.5。聚合物钻井流体的 pH 值,一般控制在 7.5~8.5。pH 值过高或过低都会造成钻

井流体性能不理想。钻井流体的pH值大于12.0或小于8.0时都有危害。

## 12.2.1 pH值调整方法

pH值的调整包括pH值偏低时的调整及pH值偏高时的调整。通常，在钻井生产时，遇到pH值偏低的情况较多。有关pH值偏低时的调整方法及原因主要有三个方面。

（1）钻井流体pH值小于8.0时，为了有效抑制黏土的水化分散，提高钻井流体的防塌效果，常用的维护方法是加入具有防塌和抑制功能的氢氧化钾水溶液来提高钻井流体的pH值，避免使用氢氧化钠。冯士安研究影响有机处理剂性能因素的结果显示，有机处理剂如单宁类、褐煤类和木质素磺酸盐类等，分别含有磺酸基、羧基、酰胺基、羟基等官能团中的一种或几种，其中羟基是有机处理剂中最普通的官能团。因此，在碱性环境下，有机处理剂才能充分发挥其功用。

一方面是因为氢氧化钠在水溶液中完全电离，钠离子具有很强的水化分解性，不利提高抑制性；另一个方面是因为氢氧化钾提供的钾离子，能进一步抑制泥页岩的水化膨胀。

添加氢氧化钾的过程中一定要注意均匀慢速添加并及时跟踪测量钻井流体性能，防止局部高碱性，引起局部钻屑分散及处理剂在高碱性下发生化学反应失效，导致处理剂的维护周期缩短。

（2）钻水泥塞或遇到盐膏层产生钙镁离子侵害pH值降低时，可加入适量纯碱处理。因纯碱加入量过多会造成钻井流体钠化过度、黏度和切力下降、失水量增大、滤饼增厚、钻井流体性能恶化。所以加入纯碱时，同样要少量慢速加入，及时跟踪测量各项性能，以保证其加量达到最佳效果，必要时还要加入其他处理剂协助维护功能。

（3）钻遇含二氧化碳气体的地层时，二氧化碳气体侵入井筒，与钻井流体中的水反应生成碳酸，造成钻井流体pH值下降。可加入氧化钙，利用电离的氢氧根中和碳酸根离子，且反应生成的碳酸钙沉淀还具有降失水及暂堵保护储层的作用。

pH值偏高时，通过加水稀释即可满足要求。为保证钻井流体密度及抑制性等不受影响，需要按比例同时加入重晶石粉、聚合物等体系中所原有的各种处理剂。这就需要做一些调整前的计算。

【例12.1】 某钻井流体pH值为8.5，现要将此钻井流体的pH提高到10应用于含石膏的地层，向该钻井流体中加入0.01mol/L氢氧化钾溶液，求每升钻井流体中需加入氢氧化钾的量。

钻井流体的pH值和酸碱度对钻井流体性能有相当大的影响，但在常规的实践中认为钻井流体的pH值只要能大体稳定在一个相当的范围内即可。对pH值重视不够，缺乏深入的研究。在使用钻井流体过程中，温度升高、盐侵、钙侵、固相含量增加或处理剂失效等诸多因素，常常导致钻井流体pH值降低。其原因主要有离子交换、高温钝化作用、与杂质反应。

（1）离子交换。滤液中的钠离子与黏土矿物晶层间的氢离子发生离子交换，置换出氢离子，使钻井流体的pH值降低。

（2）高温钝化作用。钻井高温作用后，钻井流体中黏土颗粒的表面活性降低，消耗氢氧根离子而引起钻井流体的pH值下降。

（3）与杂质反应。工业食盐中含有氯化镁和氯化钾等杂质，它们与滤液中的氢氧根离子反应生成沉淀，或消耗部分氢氧根离子，导致钻井流体pH值降低。

钻井流体pH值降低不仅在一定程度上影响有机处理剂在钻井流体中的效果，降低钻井流体的工作性能，还会加重钻具的腐蚀，造成一些预料外的钻井事故，致使钻井成本增加。

### 12.2.1.1 提高pH值方法

提高pH值的最常用方法是加入烧碱、纯碱、熟石灰等碱性物质。常温下，10%烧碱溶液，pH值为12.9；10%纯碱溶液，pH值为11.1；石灰饱和溶液，pH值为12.1。

石膏侵、盐水侵造成的pH值降低，可加入高碱比的煤碱液、单宁碱液等处理。既能提高pH值，又能降低黏度和切力和失水量，钻井流体性能变好。还可以加入适量纯碱处理。但因纯碱加量过多会造成钻井流体钠化过度、黏度和切力下降、失水量增大、滤饼增厚、钻井流体性能恶化。所以加入纯碱过程中同样少量慢速加入，及时跟踪测量各项性能，还需要补充处理剂，以保证其加量达到最佳效果。一般采用溶液的形式加入。

在高温、高矿化度环境下调整钻井流体pH值时，不宜采用加入氢氧化钠的办法提高pH值，否则加碱越多，由于碱化和屏蔽作用，pH值下降越严重，钻井流体性能越不稳定。根据经验，一般加入烷基磺酸钠、失水山梨醇单油酸酯、烷基酚与环氧乙烷缩合物等表面活性剂，缓解钻井流体pH值的下降，但仍有一定的局限性。

烷基磺酸钠是阴离子型表面活性剂，在搅拌过程中会产生大量的气泡，会对钻井流体的流变性能造成一定的影响，一般情况下不单独使用。

失水山梨醇单油酸酯、烷基酚与环氧乙烷缩合物均为非离子型表面活性剂，通常认为非离子表面活性剂在钻井流体中不受外界离子的干扰，能吸附在黏土颗粒表面，阻止钠离子与黏土矿物晶层间的氢离子发生离子交换作用，减少钻井流体中氢离子的浓度，从而达到稳定体系pH值的作用。

实验表明，单一的非离子型表面活性剂稳定pH值的效果并不明显。

### 12.2.1.2 降低pH值方法

现场降低pH值一般不加无机酸，而是加弱酸性的单宁粉或栲胶粉。聚合物钻井流体，通常情况下pH值偏高时，加水稀释即可以满足要求。为保证钻井流体密度及抑制性等参数不受影响，需要按比例同时加入重晶石粉、聚合物等原体系中所有的各种处理剂。

## 12.2.2 储备碱度调整方法

储备碱度主要是指未溶石灰可能形成的碱度。pH值降低时，石灰会不断溶解。一方面可为钙处理钻井工作流体不断地提供钙离子，维持粗分散状态；另一方面有利于使钻井工作流体的pH值保持稳定，保证体系处于弱碱环境。

【例12.2】 某种钙处理钻井流体的碱度测定结果，用0.01mol/L硫酸滴定1.0mL钻井流体滤液，需1.0mL硫酸达到酚酞终点，1.1mL硫酸达到甲基橙终点。再取钻井流体样品，用蒸馏水稀释至50mL，使悬浮的石灰全部溶解。然后用0.01mol/L硫酸滴定，达到酚酞终点所消耗的硫酸为7.0mL。已知钻井流体的总固相含量为10%，油的含量为零，试计算钻井流体中悬浮氢氧化钙的量。

在钻井流体中碳酸氢根离子和碳酸根离子，会破坏钻井流体的流变性和降失水性能，均为有害离子，因此需尽量清除。用甲基橙碱度与酚酞碱度的比值可表示它们的侵害程度。

甲基橙碱度/酚酞碱度等于3.0，即流体中氢氧根离子浓度很低，碳酸根离子浓度较高，即已出现碳酸根离子侵害。甲基橙碱度/酚酞碱度大于5.0时，则为严重的碳酸根离子侵害。

钻井流体碱度具体要求是一般钻井流体的酚酞碱度最好保持在 1.3~1.5mL；饱和盐水钻井流体的滤液酚酞碱度保持在 1.0mL 以上即可。海水钻井流体的酚酞碱度应控制在 1.3~1.5mL；深井耐高温钻井流体应严格控制碳酸根离子含量，一般应将甲基橙碱度/酚酞碱度比值控制在 3.0 以内。

钻井流体的酸碱性强弱直接与钻井流体中黏土颗粒的分散程度有关。因此，很大程度上影响钻井流体的黏度、切力和其他性能参数。pH 值升高时，黏土晶层的表面会有更多氢氧根离子被吸附，进一步增强表面所带的负电性，从而在剪切作用下使黏土更容易水化分散，使钻井流体的黏度增加。

根据现场经验，钙处理钻井流体中悬浮石灰的量一般保持在 3.0~6.0kg/m$^3$ 范围内较为适宜，可见该钻井流体中所保持的量合乎要求。由于例 12.2 中测得的酚酞碱度和甲基橙碱度值十分接近，表明滤液中碳酸氢根离子和碳酸根离子几乎不存在，滤液的碱性主要是由于氢氧根离子引起的。

钻井流体被碳酸氢根离子和碳酸根离子侵害后具有一些特征。根据特征，可以判断侵害程度，针对侵害程度采取相应的处理措施。钻井流体颜色变为暗灰色或棕灰色，严重时钻井流体为暗黑色胶油状，且钻井流体起泡，且泡不易消除。钻井流体的黏度和切力明显增大，不稳定性强，常用的钻井流体处理剂降黏效果不好。钻井流体失水量不易控制。即使向钻井流体中加入大量的降失水剂，能将失水量限定在要求的范围内，滤饼的质量不如以前的薄而韧。钻井流体 pH 值不易控制。

使用钻井流体过程中，为保证其性能良好且稳定，需控制 pH 值为 8.0~11.0，即维持在一个弱碱性的环境中，保持钻井流体适度的分散和絮凝，以防止钻具的腐蚀和破坏，有效地抑制微生物对钻井流体处理剂的酸化和老化，同时促进钻井流体处理剂的发挥。pH 值是钻井流体性能稳定性的一项指标，通过调节 pH 值可在一定程度上控制钻井流体的流变性及防塌性等性能。

调节钻井流体酸碱度的方法。调节钻井流体合适的酸碱度并保持其稳定性是保持钻井流体稳定性、充分发挥钻井流体效能的关键措施，可以通过优选或复配钻井流体处理剂，研制新型钻井流体处理剂。

## 思考题

1. 什么是钻井流体耐酸碱性能？
2. 简述碱度的种类及调整方法。
3. 储备碱度与碱度的联系与区别有哪些？

# 13 钻井流体耐受无机离子性能测定及调整方法

钻井流体耐受无机离子性能，习惯上称为钻井流体耐盐性能。钻井流体耐盐性能（Salinity Tolerant Properties）是指钻井流体组分能够承受流体中离子浓度性质和能力，也就是对矿化度耐受能力，是钻井流体自身性质之一，通过自己的自身性质实现钻井流体完成工程需求的功能。

钻井流体矿化度（Mineralization Degree）又称为钻井流体的含盐量，表示钻井流体中所含盐类的数量，属于水化学的基本概念。由于钻井流体中的盐类一般是以离子的形式存在，所以矿化度也可以表示为钻井流体中所有阳离子的量和阴离子的量之和。所有离子在溶液中的累积过程，称为矿化过程。

一般说来，钻井流体，特别是使用过的钻井流体，容纳的物质，种类较多，概括起来主要有悬浮物、胶态物、溶解物、溶解气等物质。把完全溶解性固体（Total Dissolved Solids）的溶解总量定义为矿化度，即溶解于水中的固体组分（如氯化物、硫酸盐、硝酸盐、碳酸氢盐及硅酸盐等）的总量，包括溶解于地下水中各种离子、分子、化合物和不易挥发的可溶性盐类和有机物的总量，但不包括悬浮物和溶解气体。一般以 g/L 表示。

钻井过程中，常有来自地层的各种侵害物进入钻井流体，使其性能发生不符合施工要求的变化，这种现象常称为钻井流体受侵（Drilling Fluids Contaminated）。有的侵害物严重影响钻井流体的性能，有的加剧钻具的损坏和腐蚀。当发生侵害时，应及时调整配方或采用化学方法清除侵害物，保证钻进正常进行。其中最常见的是钙侵、盐侵和盐水侵，此外还有镁离子、二氧化碳、硫化氢和氧气等造成的侵害。还有向井下钻井过程中，温度升高或者下降，使得钻井流体作为胶体的性能发生变化。

【思政内容：和面为什么要加一些盐呢?】

> 和面的时候放盐是为了让面团更加有味道，在面团中加入少许的盐分，可以改善面筋的性质，还可以增强弹性和强度，让面团延伸膨胀的时候，不容易断裂。在发面的时候加入一些盐，还可以缩短发酵的时间，蒸出来的食物更加松软可口。
>
> 盐使面团有劲道的主要物质是麦胶蛋白和麦谷蛋白。这两种蛋白质是面筋的主要成分，在和面的时候，加入少量的盐分，可以形成电解质溶液。面粉中的这两种蛋白质如果遇到了电解质，会发生凝结，形成蛋白胶，增加了面团韧性。

钻井流体的水型及矿化度，不仅会影响钻井流体性能的维护，还涉及井下安全问题。钻井流体用水由于受地理条件的限制，一般就近选用，至于取用水的水型及矿化度往往被忽视，因此会导致钻井流体矿化度较高，性能难以维持。因此为了控制钻井流体矿化度，需要合理选用钻井流体用水。

（1）关系井壁稳定。添加无机盐特别是水基钻井流体中添加氯化钠、油基钻井流体中添加氯化钙，降低钻井流体中自由水的活度，提高钻井流体的抑制能力，维护井壁稳定。一般情况下，高钙盐钻井流体钙离子含量大于 900mg/L，才能充分发挥高价金属离子的抑制作用。因此，基浆的配制、氯化钙的添加很重要，与性能调整密切相关。在盐溶液中，有些处理剂会起到特殊的作用。不仅能够解决盐浓度过高影响的钻井流体性能问题，还能够与在高钙环境下钙离子协同作用，配合适当的物理封堵材料，可以形成高韧性滤饼。形成的滤饼具有较好的反渗透作用，提高抑制性。

（2）关系机械钻速。盐溶液加入新的组分，会改变矿化度。高飞等通过模拟恒压钻进实验，考察了钻井流体中无机盐组分与砂岩岩石的相互作用及对机械钻速的影响，结合岩屑/溶液混合物的电动电位，初步分析了其作用机理。

（3）关系钻井流体性能。钻井流体一般是快弱凝胶。矿化度影响凝胶的性能，即耐盐性能或者耐盐能力。矿化度影响胶体稳定性，矿化度影响黏土吸附性，矿化度影响聚合物水溶液性能，矿化度影响杀菌剂性能。

（4）关系钻具腐蚀。钻井流体中的盐类含量决定其矿化度。钻井流体中含盐浓度升高，溶液中电解质电导率也就增强，腐蚀速率加快。当氯化钾浓度高于3%时，腐蚀速率较大。因此，控制含氯盐水钻井流体中较低的氯化钾含量可以有效减弱腐蚀影响。

钻遇地层矿化度高，含有较多二氧化碳和硫化氢等腐蚀性气体、溶解氧等对钻具腐蚀较严重。尤其是二氧化碳的体积分数较高，溶解在钻井流体中致使钻井流体中二氧化碳、碳酸氢根离子的质量浓度增加，钙离子质量浓度又很高，易于在钻具外侧结垢，从而发生垢质下部腐蚀。

（5）关系储层伤害。根据扩散双电层理论，矿化度降低时，溶解度升高，使黏土矿物晶片之间的连接力减弱，增加扩散层间距，使黏土矿物失稳，脱落；矿化度升高时，同离子效应能使晶片之间的连接物溶解，压缩双电层间距，有利于絮凝，导致黏土矿物失稳，分散。

## 13.1 钻井流体耐盐性能测定方法

钻井流体矿化度的变化对钻井流体性能影响显著，在钻井工程上，准确并实时掌握钻井流体矿化度成为关键要素之一。

### 13.1.1 矿化度测量方法

测定矿化度，以帮助钻井流体选择适合的处理剂或者寻找钻井流体性能变化的原因。矿化度测定方法大致有重量法、电导法、阴阳离子加和法、离子交换法及比重计法等。

#### 13.1.1.1 重量法

重量法含义较明确，是测定液体矿化度较简单而且通用的方法。水样经过滤去除漂浮物及沉降性固体物，放在蒸发皿内蒸干并称至恒重，并用过氧化氢去除有机物，然后在105～110℃下烘干至恒重，将称得质量减去蒸发皿质量即为矿化度。

高矿化度水样含有大量钙、镁的氯化物时易于吸水，硫酸盐结晶水不易除去，均可使结果偏高。采用加碳酸钠，并提高烘干温度和快速称重的方法处理以消除其影响。

#### 13.1.1.2 电导法

电导率指溶液传导电流的能力，纯水电导率最小。当水中有无机酸、碱及盐时使溶液的电导率增加，故可用电导率间接地推测水中离子的总浓度。

电导是电阻的倒数。因此，可以通过求出的电阻反推电导。方法是将两个电极插入溶液中，可以测出两极间的电阻。根据欧姆定律，温度一定时，这个电阻值与电极间距离成正比，与电极截面积成反比。由于电极面积与间距是固定不变的，为一常数，称电导池常数。电阻率倒数称电导率。电导度反映导电能力的强弱，是长度的倒数。

当已知电导常数并测出电阻后，即可求出电导率。而矿化度是水中呈有极性阴阳离子的总和；无疑这些带有正负电荷离子在电极间会做迁移活动。因此，电导法是测量矿化度的理想工具。

### 13.1.1.3 阴阳离子加和法

阴阳离子加和法测矿化度是将水中可溶性的阴离子各量和阳离子各量之和表示矿化度。但是，各离子浓度是用不同的化学方法定量出来的，只用此方法求矿化度就显得麻烦又不经济，并不实用。

### 13.1.1.4 离子交换法

根据电离学说理论，确定基本单元之后，可溶盐类在溶液中就存在着电性相反而物质的量相等的阳离子和阴离子。电离前后的分子与离子的质量相等。天然水并非单一盐类的溶液，而是多种溶盐的液体。因此，可得天然水中的总盐量、阳离子总量和阴离子总量三者的质量浓度关系、摩尔浓度关系。

可以认为，如何确定摩尔质量总盐量值，就成为天然水矿化度由 mmol/L 数值向 g/L 数转换的关键。由于钾离子、钙离子、镁离子、氯离子、硫酸根离子、碳酸根离子和钠离子等主要离子占总盐量的98%以上，是组成各种盐类的主体。因而，用主要阴阳离子质量浓度的总和（以下简称主要离子总量）来代替总盐量。常用主要离子总量、总盐量、矿化度来表达。

### 13.1.1.5 比重计法

物体浸入液体内将受到一定的浮力，浮力的大小等于该物体所排开液体的重量，因而浮力的大小取决于液体的密度，也取决于溶液中盐分的含量。故可利用比重计间接测出溶液中的盐分含量，进而推导得出矿化度。

## 13.1.2 相关离子含量测定方法

测定钻井流体中的离子，主要是为了分析钻井流体的性能。钻井流体中含有多种离子，其中重要离子主要包括钾离子、钙离子、镁离子、氯离子、硫酸根离子、碳酸根离子、钠离子、碳酸氢根离子等，都可能对钻井流体造成影响。在施工现场，除了测定上述离子外，还要测定硫酸钙含量、甲醛含量、硫化物含量和碳酸盐含量。这些物质是有害离子的提供者，获得这些物质的含量有利于分析潜在的隐患和对整个钻井流体的离子的控制能力。

通过测量钻井流体滤液和钻井用水中的钾离子、钙离子、镁离子、氯离子、硫酸根离子、碳酸根离子、钠离子等浓度，为钻井流体调整提供依据。各项离子测定的精度要求为两个平行测定结果的相对误差应小于1.0%。所用试剂除特别指明外，均系分析纯级别。水为蒸馏水，所用溶液除特别指明外均为水溶液。钻井用水的试样应为沉降后的清液。测定需要仪器、器皿和试剂都在 API 标准中有详细说明。

### 13.1.2.1 钾离子测定方法

钾离子测定是用十六烷基三甲基溴化胺测定的。用移液管准确取 5mL 试液于 100mL 容量瓶中，加 3mL 20%的氢氧化钠溶液、5mL 40%的甲醛溶液、5mL 10%的乙二胺四乙酸，再用移液管移取 20mL 的 0.03mol/L 四苯硼酸钠标准溶液，稀释至刻度，摇动后静止 10min。

用干燥的漏斗、烧杯、滤纸过滤上述制备液，并弃去开始得到的 5~10mL 滤液。用移液管移取 50mL 滤液于 250mL 锥形瓶中，加入 0.10%达旦黄指示剂；用 0.03mol/L 十六烷基三甲基溴化胺（季铵盐）标准溶液滴定至由肉色变为浅粉红色为终点。用四苯硼酸钠标准溶液的当量浓度，计算钾离子的浓度。

### 13.1.2.2 钙离子测定方法

钙离子测定是用乙二胺四乙酸盐测定的。用移液管移取 5mL 试液于 100mL 锥形瓶中（若试液已经脱色时，应加 10%~20%的盐酸羟胺）用 2.00mol/L 的氢氧化钠调节 pH 值在 12~14，加入 30mg 钙指示剂，用 0.01mol/L 的乙二胺四乙酸标准液滴定至由紫红色应变纯蓝色为终点，记下消耗的乙二胺四乙酸体积。用滴定钙离子所消耗的乙二胺四乙酸标准溶液的体积，计算钙离子浓度。

### 13.1.2.3 镁离子测定方法

镁离子测定是用乙二胺四乙酸盐测定的。用移液管准确取滤液 5mL 试液于 100mL 锥形瓶中（若试液已经脱色时，应加 10mL20%的盐酸羟胺），加入 10mL 的 pH 值为 10 的氨性缓冲溶液（酸度大时，应先用 2.00mol/L 的氢氧化钠调至近中性，再加缓冲溶液），加入 6 滴 0.5%的铬黑 T 指示剂，用 0.01mol/L 的乙二胺四乙酸标准溶液滴定至由紫红色变纯蓝色为终点，记下消耗的乙二胺四乙酸体积。

### 13.1.2.4 氯离子测定方法

用移液管准确取滤液 5mL 试液于 100mL 锥形瓶中，加入 10mL 蒸馏水和 1 滴 0.5%的酚酞指示剂（用 0.10mol/L 氢氧化钠及 0.10mol/L 硝酸，调至粉红色刚刚消失），加入 10 滴（约 0.5mL）5%的铬酸钾指示剂，用 0.10mol/L 硝酸银标准液滴定至恰成砖红色为终点，记下消耗的硝酸银体积。

### 13.1.2.5 硫酸根离子测定方法

用移液管移取 5mL 试液，放入 100mL 锥形瓶中，再用移液管移取 10mL 0.02mol/L 的钡离子与镁离子混合液（若试液已经脱色时，则加入 10mL20%的盐酸羟胺）用 2mol/L 的氢氧化钠调节 pH 值为 7，加入 10mL pH 值为 10 的氨性缓冲溶液，加 6 滴 0.5%的铬黑 T 指示剂，用 0.01mol/L 的乙二胺四乙酸标准溶液滴定至由紫红色变为纯蓝色为终点。记录消耗的乙二胺四乙酸体积。

### 13.1.2.6 碳酸根离子测定方法

用移液管移取 20mL 试液，移入 100mL 锥形瓶中加入 0.5%酚酞指示剂 2~3 滴，用 0.1mol/L 的盐酸标准溶液滴定至红色消失，记录消耗的盐酸标准溶液的体积。再加入 0.1%的甲基橙指示剂 2~3 滴，继续用 0.1mol/L 的盐酸标准溶液滴定至橙色，即为终点，记录此时消耗的盐酸标准溶液的体积。两次消耗盐酸的体积相加为总体积。

### 13.1.2.7 钠离子测定方法

溶液中阴阳离子电荷守恒，即阴离子电荷数与阳离子总电荷数相等。根据此守恒定律，可求得试液之中剩余钠离子的含量。将上述测得的阴离子和阳离子都换算成当量数计算。

### 13.1.2.8 硫酸钙含量方法

钻井流体中的硫酸钙含量可以用钙离子测定程序中所描述的乙二胺四乙酸方法测定。首先用此测定钻井流体滤液和钻井流体中的钙离子含量，而后可计算得到硫酸钙总量和未溶解的硫酸钙含量。用蒸馏器蒸馏钻井流体，用液相和固相含量测定中所获得的水的体积百分数确定钻井流体中水的体积分数。用滴定10mL滤液消耗乙二胺四乙酸体积，计算钻井流体中硫酸钙含量。

### 13.1.2.9 甲醛含量方法

通过亚硫酸钠与滤液样品（已中和至酚酞终点）作用，然后再用酸滴定至酚酞终点，测定钻井流体中的甲醛含量。必须进行空白试验以扣除亚硫酸钠所产生的碱度。

需要的药品有酚酞指示剂、0.02mol/L的氢氧化钠溶液、0.01mol/L的硫酸溶液、亚硫酸钠溶液，此外还需要仪器为滴定瓶、1mL和3mL的刻度移液管各1支。两次滴定结果的差值即为钻井流体中的甲醛含量。

### 13.1.2.10 硫化物含量方法

硫化物含量的测定一般用碘量法。使用试剂有淀粉指示液、硫代硫酸钠标准溶液、重铬酸钾溶液以及碘标准溶液，使用的仪器为恒温水浴、150mL或250mL碘量瓶、25mL或50mL棕色滴定管。

200mL水样各加入10mL 0.01mol/L碘标准溶液，密塞混匀。在暗处放置10min，用0.01mol/L硫代硫酸钠标准溶液滴定至溶液呈淡黄色时，加入1mL淀粉指示剂，继续滴定至蓝色刚好消失为止。计算硫代物含量。

### 13.1.2.11 碳酸盐含量方法

碳酸盐含量测试方法众多，从分析可靠性来看，以实验的成熟度为前提，有经典法之称的重量法最为可靠。实验操作为试样用盐酸分解，碳酸盐分解产生的二氧化碳用烧碱石棉吸收。根据增加的二氧化碳的质量计算碳酸盐的含量。

## 13.2 钻井流体耐盐性能调整方法

矿化度影响钻井流体抑制性是两方面的。高矿化度能破坏钻井流体的胶体稳定性，阻止大分子聚合物分子链的伸展，破坏钻井流体的稳定性和流变性，但同时它也能抑制地层中的黏土水化，从而达到稳定井壁的目的。

在有利于保持井壁稳定和钻井流体性能稳定的前提下，可以调整钻井流体中保持一定的矿化度。高矿化度钻井流体要选用配伍的耐盐抗钙的处理剂和配方配比浓度，才能达到优质、安全和高效的钻井施工目的。矿化度的控制根据井下安全随时调整，在有利于井壁稳定和钻井流体流变性控制上维护处理，适当地提高钻井流体矿化度，从而提高钻井流体的抑制性和防塌能力，有效降低井下难题发生的概率。

配制钻井流体时，首先化验配制用水，矿化度大于200mg/L的水不能用作配制用水，从源头控制钙离子和镁离子对钻井流体的侵害。如果配浆水中钙离子和镁离子或地层溶解的钙离子和镁离子较多，可能侵害钻井流体，钙离子一般用纯碱处理，镁离子一般用烧碱处理。

钻井流体的耐盐性能因为不同的目的做不同的调整。一般目的为调整钻井流体的抑制能力、改善钻井流体的抗外来物质的侵入能力，还有提高钻井流体的密度。

钻进过程中补充钻井流体处理剂应先配制饱和盐水胶液加重，缓慢加入，严禁把固体或粉末状处理剂直接加入钻井流体，保证体系等浓度，达到外来高浓度盐侵害时性能稳定。

向钻井流体中加入0.2%~0.4%的盐重结晶抑制剂。除了具有抑制盐重结晶的作用外，还能提高钻井流体热稳定性。同时，及时补充钻井流体其他处理剂，保证钻井流体性能稳定。

钻井流体的pH值一般随含盐量的增加而下降，这一方面是由于滤液中的钾离子、钠离子与黏土矿物晶层间的氢离子发生了离子交换；另一方面则是由于少量的氯化镁杂质与滤液中的氢氧根离子反应，生成氢氧化镁沉淀，从而消耗了氢氧根离子所导致的结果。因此，在使用矿化度较高的钻井流体时应注意及时补充烧碱，以便维持一定的pH值10~11。

（1）膨润土在有较高钙离子和镁离子的水中水化分散效果很差，当钻井流体中矿化度提高后膨润土很容易聚集，破坏了钻井流体的胶体稳定性，而且矿化度越高钻井流体抑制性越强，对胶体稳定的破坏性越大。配浆时应在钻井流体中加入耐盐性能好的护胶剂。

（2）钻井流体矿化度高时，润滑性也不是很好，当钻井流体中混入盐水后滤饼虚厚，起下钻摩阻大。因此在平时日常维护中多加入润滑剂，提高钻井流体的润滑性，保证井下的安全。

（3）矿化度过高，很多降失水剂耐盐性差，难以发挥作用，从而钻井流体失水比较大，对井下安全也不利。

（4）随着盐的加入，钻井流体黏度急剧下降，水化基团的水化能力也大大下降，钻井流体流变性能也变差，悬浮能力下降，重晶石很容易沉淀。这种情况下，尽量用两性金属离子聚合物，其特殊的分子结构有较强的抗电解质能力，能在盐水中保持适度的伸展状态，并具有较厚的水化膜，钻井流体的黏度受盐度的影响减少。

（5）pH值过高时，在高温、高钙的环境下，几乎所有的聚合物处理剂都不同程度地会发生断链、缩聚、聚沉等反应，造成体系的不稳定，滤饼质量虚而不韧，严重影响井下安全。在扫塞前应适当控制好钻井流体的矿化度，扫塞时控制好钻井流体的pH值，从而避免上述情况的发生。

碳酸根和碳酸氢根侵害后的钻井流体性能加入处理剂很难恢复。只能用加入适量氢氧化钙清除这两种离子，加入氢氧化钙后pH值升高，体系中的碳酸氢根离子先转变为碳酸根离子，碳酸根离子与钙离子继续作用，生成碳酸钙沉淀，将碳酸根离子除去。前文处理钙侵害时，是用碳酸根离子除去钙离子，现在用氢氧化钙电离出来的钙离子除去碳酸根离子。两者的原理是一致的。

在二氧化碳容易侵害的地层钻井，碳酸氢根离子和碳酸根离子对钻井流体性能的危害明显强于钙离子。经验证明，此时在钻井流体中始终保持50~75mg/L的钙离子是适宜的，有利于及时清除碳酸根及碳酸氢根。

## 思考题

1. 什么是钻井流体耐盐性能？
2. 简要描述钻井流体中盐浓度的测量方法。
3. 钻井流体盐浓度的控制方法有哪些？

# 14 钻井流体耐受温度性能测定及调整方法

钻井流体耐受温度性能，常称为钻井流体耐温性能（Temperature Resistance Properties），是指钻井流体在不同温度下仍能满足钻井工程需要的性能的性质和能力，通常也称抗温性能。根据钻井流体的工作环境，可分为耐高温性能和耐低温性能，是钻井流体自身性质之一，通过自己的自身性质实现钻井流体完成工程需求的功能。

温度对钻井流体性能的影响较为突出。温度升高，钻井流体中黏土的分散、处理剂的稳定性、黏土间的相互作用等变化较大，改变了钻井流体的性能，如失水性能、pH 值、密度、流变性等。低温会改变钻井流体的流变性和失水性，如改变表观黏度、剪切强度、动塑比和失水量等。

另外，钻井流体本身温度改变会改变所钻地层的温度，从而地层稳定性遭到破坏。温度降低，无论是水基钻井流体还是水基钻井流体乃至气基钻井流体，表观黏度和塑性黏度均随之增大；温度越低，油基钻井流体的黏度增大越快。相比而言，水基钻井流体则稍显平缓。随着温度降低，水基钻井流体的动切力也会呈现上升趋势，但是幅度不是很大。

钻井流体耐温性能与钻井工程顺利完井紧密相关，关系钻井过程中的机械钻速、储层伤害和井下安全。

（1）关系机械钻速。高温主要通过影响钻井流体性能的间接改变机械钻速：一方面，高温引起钻井流体密度降低，井底围压随之降低，减小岩石的各向压缩效应，岩石压入强度（即岩石硬度）降低和塑性降低，即相当于降低岩石的抗钻强度。钻进过程中齿坑增大，会造成破碎岩石体积增大，从而提高机械速度。高温引起钻井流体密度降低，能减弱井底压持效应，从而提高钻进速度。另一方面，钻井过程中，钻井流体密度偏高或地层压力偏低，或者因钻井流体循环当量循环密度增加，或者钻屑引起的循环当量密度增加，使井底承受较大的附加压力。这种井底附加压力增大的现象，即是井底压持效应会产生过多的重复破碎和切削，降低钻进速度。

（2）关系井下安全。钻井流体的耐温性能影响钻井过程中井下安全。耐温性能不足，增加了井下安全问题诸如高温引起钻井流体 pH 值下降，加重了钻井流体对钻具、套管等金属的腐蚀程度。钻井流体 pH 值较低时，钻井流体溶解钙离子和镁离子的能力增强，钻井流体受到不同程度的钙侵害，井下安全事故概率增加，钻井成本增加。

高温解吸附和去水化作用引起钻井流体失水量增加，滤饼增厚会引发井壁失稳、钻具事故。高温引起钻井流体密度降低，易引发井涌、井喷等。

低温增大钻井流体形成气体水合物堵塞井眼、环空和防喷器等，水合物分解还会造成井壁坍塌、井壁失稳，引发井漏、井喷等，给钻井作业造成巨大的经济损失，甚至使钻进工作无法正常进行。

（3）关系储层伤害。钻井流体经高温作用后，会引发失水量增加、滤饼增厚等问题。失水量过大会引起储层特别是低渗透和黏土含量高的储层渗透率的下降。钻井流体中的固相颗粒侵入储层后会造成储层油气流通道堵塞，储层渗透性降低。同时，滤饼过厚，还会影响油井测试结果，进而影响判断的正确性，甚至会误导低压生产层的发现。

高温钻井流体主要有甲酸盐无固相钻井流体、无膨润土耐高温钻井流体、耐高温硅酸盐钻井流体、耐高温聚合醇聚合物钻井流体等。低温钻井流体主要有冰层和极地钻进相关的低温钻井流体、永冻层钻进相关的低温钻井流体、储存天然气水合物永冻层钻进相关的钻井流体。

**【思政内容：心静自然凉】**

> 心静，指为人处世、待人接物、幽居独处时的一种自然、平和的心态。心静自然凉，本义是说心里平静，内心自然凉快。后用来指在遇到问题、困难、挫折时，放平心态，以一颗平常心去处理生活中的问题。

## 14.1 钻井流体耐受温度性能测定方法

耐温性能测定方法关系到钻井流体调整措施。测定温度影响钻井流体性能主要是运用密度计、流变仪和失水仪对比评价耐温前后的变化。

### 14.1.1 耐温性能密度测定方法

钻井流体耐温性能好，钻井流体吸热膨胀性小，在井下温度作用下的密度变化较少，减少井下漏失和坍塌的概率。高温高压条件下钻井流体密度测定方法较多，常用高温高压密度仪测定钻井流体密度。

高温高压密度仪的工作原理为质量守恒定律，即将钻井流体注入密封缸体前后，钻井流体的体积和密度会随着温度和压力的变化而变化，但是钻井流体的质量始终不变。在已知初始注入钻井流体体积的条件下，通过测量注入密封缸体前钻井流体的初始密度，并且通过百分表测出任意温度压力条件下钻井流体体积的改变量，就能得到相应条件下钻井流体的密度。

### 14.1.2 耐温性能流变性能测定方法

高温条件下主要是采用高温高压流变仪测量钻井流体流变性能。高温环境下的钻井流体流变性测试仪器（即高温高压流变仪）有很多种，但是测试的方法基本一致。工作原理同其他旋转式流变仪一样，不同的流变仪有不同的最高测量温度、最高测量压力、剪切速率范围。剪切速率可以固定分级，也可以无级调速。

不同的流变仪有不同的黏度测量范围以及数据采集时间间隔。剪切速率和压力由控制器任意调节，温度可根据实验需要在温控器的单片机上编程来确定升温速率、升温时间、恒温时间以及不同的升温步长等，采集温度、压力、剪切速率以及数据采集频度等参数。

根据采集值的剪切力与剪切速率计算样品黏度。剪切应力、剪切速率和表观黏度可以分别计算。运用高温高压流变仪测得的钻井流体在不同温度和压力条件下流变数据拟合，得到钻井流体高剪切黏度受温度、压力影响的经验方程。

### 14.1.3 耐温性能失水性能测定方法

高温条件下钻井流体失水性能主要是利用高温高压失水仪测定，测定高温下的滤失量大小。钻井流体失水性测量仪器为高温高压失水仪，又叫高温高压失水仪。符合 API 高温高压失水仪标准的高温高压失水仪分为 42 型（4.2MPa/150℃）和 71 型（7.1MPa/180℃）。

71型高温高压失水仪可以做180℃以下的失水量，测试压力也可以更高一点。当温度高于204℃时，滤纸容易发生焦糊，一般采用金属过滤介质或与之相当的多孔介质盘。中国使用的主要是GGS-42型，它的功能和API 71型的功能相当。

GGS-42型高温高压失水仪的工作温度为150℃，钻井流体杯工作压力为4.2MPa，回压器压力为0.69MPa，钻井流体杯底部滤纸的横截面积为22.6cm$^2$，有效失水面积为22.6cm$^2$。接通电源后，在30min内加热器温升可达150~180℃，在此范围内，根据选取温度可恒定于某一温度；仪器在30min时间内，依照实验所需的温度和压力条件，可测得钻井流体通过截面积为22.6cm$^2$的滤纸及筛网所获得的失水量（以mL表示），以及失水后形成的滤饼的厚度（以mm表示）。

高温高压失水仪的工作原理是模拟地层高温高压环境下，钻井流体向地层失水的过程。用以评价钻井流体的耐温能力。

实验先在钻井流体杯底部铺上截面积为22.6cm$^2$的滤纸，向钻井流体杯中加入待测液体，失水仪通过进气阀杆和加热套对钻井流体施加所需的温度和压力，待测液体在设定的温度和压力下向滤纸失水，失水量通过回压接收器测定。仪器测定时间为30min。由于失水面积比API常温失水仪小一半。因此，测得的失水量应该乘以2，才为钻井流体的实际高温高压失水量。当失水量较大时，为了缩短测量时间，可测7.5min所得失水量再乘以4也为所测钻井流体失水量。但是这种测量只适合失水量大的情况，失水量小时误差较大。强调一点滤纸必须符合API标准，因为滤纸的差别会导致失水量差别非常大。

## 14.2 钻井流体耐受温度性能调整方法

根据现场施工环境不同，钻井流体耐受温度的性能调整方法主要分为高温和低温两种调整方法。

现代钻井对耐高温钻井流体提出了新的要求。既要最高钻速，又要提高经济效益。但是，高温高压井的钻井成本，正常钻井情况下2.2~2.8亿元/井。如果出现问题，成本可能达到4.4亿元/井。因此，通过提高钻速节约钻井成本，就必须要求耐高温钻井流体性能良好。

（1）固相含量低，特别是黏土含量要低。
（2）在满足携岩能力的前提下，尽量保持低黏度，以提高钻井流体对井底的清洗能力。
（3）密度可调性大。对加重剂和膨润土的要求高，应在用量较低的情况下达到预期的效果。
（4）流变性能好。能以较小的沿程水力损失传送最大水马力。
（5）抗可溶性盐（如盐、石膏、氯化钙型盐水）及酸性气体（如二氧化碳、硫化氢等）侵害的能力强。
（6）储存稳定性好。严格的井控要求每口井在钻进期间，必须储备一定数量的流动性好的钻井流体，不会在急用时因加重剂沉淀流不出或因钻井流体凝胶过强而流不动。
（7）维护处理简单、费用低。

为满足钻井流体在现场应用中的耐温性能，必须确定现场所需的耐温性能范围，以便于确定钻井流体的耐温能力范围。由于钻井流体的耐温性能主要依赖钻井流体处理剂的耐温性能，所以要明确每个处理剂的耐温能力，以便用于配制耐温的钻井流体。

一般来说，耐高温钻井流体处理剂应具备很多性能。要达到这些性能，主要通过改造分子结构或加入一些高价金属阳离子来实现。

（1）高温稳定性好，在高温条件下不易降解。

（2）对黏土颗粒有较强的吸附能力，受温度影响小，防止高温解吸附。

（3）有较强的水化基团，使处理剂在高温下有良好的亲水特性，防止高温去水化。

（4）能有效地抑制黏土的高温分散作用，防止高温分散。

（5）在有效加量范围内，耐高温降失水剂不得使钻井流体严重增稠。

（6）不同pH值条件下，能充分发挥其效力，以利于控制高温分散，防止高温胶凝和高温固化现象。

### 14.2.1 钻井流体耐受高温调整方法

高温环境下钻井流体密度的调整方法与常温环境中的调整方法基本相同，主要有添加加重剂提高钻井流体密度，采用化学方法、机械方法、加入密度减轻剂和加入轻质连续相等降低钻井流体密度，也可以加水或油等连续相，充入气体，添加表面活性剂发泡等。总体来看，可以把调整分为惰性调整、连续相调整、活性加重剂调整、可溶性盐调整、表面活性剂调整、复合调整剂调整等一系列的密度调整方法。

高温环境下钻井流体流变性调整方法主要调整钻井流体黏度。通常通过添加增黏剂或降黏剂实现。

为了能够满足上述要求，耐高温处理剂的分子结构应从处理剂分子主链的连接键、处理剂在高温下吸附黏土表面能力较强，为了尽量减轻高温去水化作用，为了使处理剂在较大pH值范围内充分发挥其效力，要求亲水基团的亲水性尽量不受pH值的影响。相比之下，带有磺酸基的处理剂可以较好地满足这一要求。

在高温作用下，钻井流体中的主要处理剂会出现高温降解、高温增稠、高温解吸附、高温去水化等高温不稳定问题。因此，调整的工艺使用耐高温的处理剂，主要是降失水剂和降黏剂。

另外，还可以使用高温保护剂调整体系耐温。此外，高温稳定剂与表面活性剂配合能提高聚合物钻井流体的耐温性能。

### 14.2.2 钻井流体耐受低温调整方法

低温地层钻进对于科学研究和矿产与油气资源的勘探开发非常重要，需要研究低温地层特性。低温钻井流体自身的性能研究也非常重要，其包括室内和现场两方面的研究。

海洋深水低温钻井流体包括高盐木质素磺酸盐钻井流体、高盐部分水解聚丙烯酰胺聚合物钻井流体、无固相甲酸盐钻井流体、油基钻井流体及合成基钻井流体等为保护海洋环境、减小产层伤害、避免黏土低温增稠影响钻井流体低温流变性，以及抑制性差引起的泥页岩水化分散现象，钻井流体配方应具有无毒、保护产层、抑制性能好等特点。

### 思考题

1. 什么是钻井流体耐温性能？
2. 为什么要关注钻井流体耐温性能？
3. 评价钻井流体耐温性能的方法有哪些？每种方法的适用性如何？

# 15 钻井流体抑制性能测定及调整方法

抑制是指物质的活性程度或反应速率降低、停止、阻止或活性完全丧失的现象。钻井流体抑制性能（Drilling Inhibition Properties），是指钻井流体具有抑制地层和钻屑造浆的性质和功能。更准确地说，是对地层黏土，有抑制其水化作用。为了有效控制钻屑造浆和稳定井壁，需要使用具有抑制性的钻井流体。

钻井流体的抑制性能与工程地质、地层岩石的物理化学因素及合理的工程措施密切相关。井壁不稳定的实质是力学不稳定问题，原因十分复杂，主要可归纳为力学因素、物理化学因素和工程技术措施因素等。物理化学因素和工程技术措施因素，先影响井壁应力分布和井壁岩石的力学性质，后造成井壁不稳定。

钻井流体抑制性能不足，无法有效抑制黏土水化膨胀，导致井下作业难题。因此，钻井流体抑制性能与钻井过程息息相关，通常关系井下安全及储层伤害控制。

（1）关系井下安全。地层岩石组分是井壁失稳内在因素。不同岩性地层所含的矿物类型和含量不同，影响井壁稳定的主要因素是黏土矿物，如高岭石、蒙脱石、伊利石、绿泥石和混合晶层黏土矿物。因此，井壁失稳可以发生在所有的岩性地层中。地层中黏土矿物类型及含量及其可交换阳离子的类型和交换量、黏土晶体部位、地层中所含无机盐类型及含量、地层中层理裂隙发育程度、地层温度与压力起主要作用。

钻井流体是井壁失稳的外在因素，钻井流体滤液接触时间、钻井流体的组成与性能等，都是影响因素。钻开地层后，井筒中钻井流体液柱压力与地层孔隙压力压差、钻井流体与地层流体之间的活度差和地层的半透膜效率产生的化学势差、岩石的表面性质产生的地层毛细管力，是钻井流体滤液进入地层的驱动力。主要表现在孔隙压力升高和近井壁地带地层力学性质变化。

（2）关系储层伤害。钻井流体的抑制性不足，储层中的黏土易水化膨胀，造成绝对渗透率下降。黏土的分散，又造成颗粒或者微粒堵塞渗流通道。储层渗透率下降，储层伤害控制困难。

油气资源需求加大，促进复杂、特殊油气藏的开发，从而对钻井工艺技术提出了新的要求。诸如一些复杂井，包括陆上深井、大位移井、水平井、多分支井等以及一些苛刻条件下（高温、高压等）的复杂井，钻具在井筒内经常会遇到起下钻过程中发生遇阻、卡钻，特殊地层机械钻速低、井眼稳定性不足、井漏等复杂情况和钻井流体对储层伤害等，特别是勘探开发的区域向非常规油储层扩展，钻井难度不断增加，钻井井况复杂性增加，施工风险提高，成本控制难度大。这些复杂情况是对钻井工艺技术的新要求和新挑战。

如果换一个角度讲，能不能利用黏接材料，通过黏接地层的微小单元并通过黏胶机理实现提高地层的强度，即改变地层的黏聚力和内摩擦角，以提高地层的强度，并辅以提高钻井流体的密度，实现井壁稳定呢？郑力会等在这方面开始了有益的尝试，并取得了长足的进展，在煤层气储层钻井中成功实现了防塌防漏，为稳定井壁开辟了一条新的道路。

## 15.1 钻井流体抑制性能测定方法

评价钻井流体抑制性的主要方法有两大类：一类是评价钻井流体对黏土分散性的抑制方法；另一类是评价钻井流体对黏土膨胀性的评价方法。分散和膨胀相结合评价实验是在这两大类方法的基础上发展起来的。

实验用泥页岩样的采集与制备十分重要。泥页岩样品选用岩心或钻屑。测定具有代表性的泥页岩理化性能时，推荐使用岩心。水溶性盐的分析时，必须使用岩心。评价泥页岩抑制能力，需要泥页岩样较多时，可以使用钻屑。采得的泥页岩样品必须标明岩心或岩屑，并标明采样的构造、层位、井号、井深和采样时间等基础信息。岩样的制备分为岩心制备和岩屑制备。在制样过程中，应避免外来物质侵害岩样，保持岩样代表性。

制备岩心粉时，刮去岩心表层钻井流体侵害的部分，放在通风的室内风干。在干净的塑料板或钢板上击碎岩心，用孔眼边长分别为 3.2mm 和 2.0mm 的双层分样筛筛析。可制作岩心粉，岩心粉用处很多，如压制现象膨胀用试样，做激光粒度分析。

制备岩屑时，在钻井流体振动筛上搜集指定层位的钻屑，用自来水洗去钻屑上的钻井流体，尽量除去混杂的其他层位的岩屑，用浓度为 3% 的过氧化氢溶液洗涤一次。放在通风的室内风干、粉碎，用孔眼边长分别为 3.2mm 和 2.0mm 的双层分样筛筛析。收集通过孔眼边长为 3.2mm 筛，但未通过孔眼边长为 2.0mm 筛的钻屑颗粒，存于广口瓶准备用。将未通过孔眼边长为 3.2mm 筛和通过孔眼边长为 2.0 筛的钻屑放入 105℃±3℃ 的恒温烘箱中至少 4h。粉碎，收集通过孔眼边长为 0.14mm 筛的钻屑粉 1kg，存于广口瓶中备用（钻屑粉也可直接用钻屑制作，不必先用双层筛过筛）。

### 15.1.1 黏土分散性评价方法

一般认为，黏土分散不造成流体表观黏度增加，以粒径减小为主。以此为原理，分散性试验方法常用的有页岩滚动实验和毛细管吸入时间实验法两种。

#### 15.1.1.1 页岩滚动实验法

页岩滚动实验用滚动加热炉评价泥页岩的分散特性，表明钻井流体抑制地层分散能力的强弱。回收岩样占原岩样的质量分数，称为回收率（Shale Roll Recovery）。

实验采用干燥的泥页岩岩心样品或岩屑粉碎，过 6~10 目筛，风干后，取 50g 岩样加入装有 350mL 水或实验流体的加温罐（或玻璃瓶）中，加盖旋紧。然后将加温罐放入滚子加热炉中，在目标温度下滚动 16h。开始滚动 10min 后，应检查钻井流体样品罐是否漏失。如有漏失，应取出盖紧或更换垫圈。

恒温 16h，倒出实验流体与岩样，冷却至常温，将罐内的流体和岩样全部倾倒在 30 目筛上，在盛有自来水的水槽中湿式筛析 1min。将 30 目筛筛余放入 105℃±3℃ 的电热鼓风恒温干燥箱中烘干 4h，取出冷却，并在空气中放 24h，然后称量岩样。干燥并称量筛上岩样（精确至 0.1g）。称为一次回收率。

取上述过 30 目筛的筛余干燥岩样，放入装有 350mL 水加温罐中，继续滚动 2h，倒出水与岩样，再过 30 目筛，干燥并称筛余的岩样。称为二次回收率，表征钻井流体的作用时效。

在页岩滚动实验中，根据两次分别称量的筛上岩样质量（精确至 0.1g），分别计算以百分数表示的一次回收率和二次回收率。

### 15.1.1.2 毛细管吸入时间实验

毛细管吸入时间（Capillary Suction Time，CST），也称CST实验，是一种通过失水时间来测定页岩分散特性的方法。实验测定钻井流体与页岩粉配成的浆液渗过特制滤纸一定距离所用的时间，此值称为毛细管吸入时间。通常，将测定页岩岩浆滤液在毛细管吸入时间测定仪的特性滤纸上运移0.5cm距离所需的时间称为毛细管吸入时间。实验用毛细管吸入时间测定仪完成。

制备试样时，将收集的岩样（最好直径大于6.4mm）用淡水清洗岩屑，然后用3%质量分数的过氧化氢溶液强烈搅拌已用淡水清洗好的岩屑。置于105℃±30℃的恒温箱内干燥。烘干后，定量称取7.5g过100目筛的页岩试样，倒入不锈钢杯中，加入蒸馏水至50mL。

实验时，将装有试样的不锈钢杯置于瓦棱混合器上，在3挡速度下，搅拌20s。之后用不带针头的5mL注射器取出3mL浆液并压入仪器圆柱试浆容器中。使用1.59mm厚的特制滤纸或四层滤纸，测定并记录仪器时间。将剩余的浆液继续在3挡速度下，分别搅拌60s和120s，测定其毛细管吸入时间值。

毛细管吸入时间实验是假定毛细管吸入时间值与剪切时间的关系曲线，二者为线性关系，见式(15.1)。

$$Y = mx + b \tag{15.1}$$

式中　$Y$——毛细管吸入时间，s；

　　　$m$——页岩水化分散的速度系数。

　　　$x$——剪切时间，s；

　　　$b$——瞬时形成的胶体颗粒数目。

用20s、60s和120s作为剪切时间值，记录对应的毛细管吸入时间值，依据线性回归方法求出瞬时形成的胶体颗粒数目，即页岩水化分散的速度。

瞬时形成的胶体颗粒数目值大小取决于页岩的胶结程度，是页岩含水量、黏土含量及压实程度的函数，可用来表征水化分散速度。瞬时形成的胶体颗粒数目越大，瞬时破裂下来的胶体颗粒越多。页岩水化分散的速度越大，水化分散的速度越快，反之亦然。

最大的毛细管吸入时间值表示页岩的总胶体量。毛细管吸入时间瞬时形成的胶体颗粒数目值是总胶体含量和瞬时可分散的黏土含量之差，用来表示页岩潜在的水化分散能力。毛细管吸入时间瞬时形成的胶体颗粒数目的倒数，可用来预测井塌的可能性。比值越高，井塌的可能性越大。

## 15.1.2　黏土膨胀性评价方法

地层膨胀是地层中黏土矿物水化的结果。通常采用测定岩样线性膨胀率、应变量、岩样吸水量表示地层膨胀能力。膨胀率是指岩样在外来流体作用下膨胀速率。

### 15.1.2.1　线性膨胀率测定

页岩样心直接与水接触，由于样心只允许在一个方向膨胀，所以测量垂直方向上的变化量即可了解页岩的膨胀性能，这种测量的仪器称为页岩线性膨胀仪。

实验中用到游标卡尺、凡士林、滤纸等。制作样心时，洗净测筒，擦干并在底盖内垫一层普通滤纸，旋紧测筒底盖。岩粉过100目筛，在105±3℃烘干4h并冷却至室温后，称取

(10~15)±0.01g装入测筒内,铺平岩粉。装好活塞柱上的密封圈,将活塞柱插入测筒内,放在压力机上逐渐均匀加压,直到压力表上指示4MPa,稳压5min。卸去压力,取下测筒,将活塞柱从测筒内慢慢取出,用游标卡尺测量样心的厚度,在1~2.5cm为合格,即原始高度。

测量样心原始厚度时,应在装入岩粉前用游标卡尺测量测筒高度,测正交四个点,取平均值,样心制好后再用同样方法测量测筒高度,两次之差即为岩样厚度。

作为页岩理化性能,只需报告页岩在蒸馏水中2h和16h的线膨胀百分数。优选页岩抑制剂时,需要多组实验,得到一簇膨胀曲线,以便相互比较。采用线性页岩膨胀测试仪测定黏土膨胀量时,分别计算2h、16h的线膨胀百分数。温度影响岩样膨胀率,不仅要测定岩样在常温下的膨胀率,还应测定在高温高压下的膨胀率。高压膨胀仪,可用来测定页岩在较高有效应力5~45MPa下的膨胀性能。测得的结果为膨胀率,即页岩与试验液接触所增加的体积占原来体积的百分比。

瞬时吸水量的大小取决于岩样中黏土和水的含量以及压实作用,它随地层岩石密度及压实作用的增大而减小。测量方法及计算方法,与常温常压下线性膨胀量相同。

### 15.1.2.2 应变膨胀率测定

采用应变仪膨胀传感器(即直读式数字膨胀指示仪),测定变形的量。

取垂直于岩心基面切割下来的岩样,放在聚乙烯小袋中,按一定方向放在夹持器中,使传感器上的初始应变为1.5in。袋中装满试验液体。岩样膨胀时,应变仪记录位移,从指示器直接读出应变。直读式数字膨胀指示仪测量黏土膨胀量时,依据指示器读取的应变,计算出线膨胀率,见式(15.2)。

$$V_t = \frac{K_i}{L}\sigma \times 10^{-4} \tag{15.2}$$

式中 $V_t$——时间为$t$时岩样的线膨胀率,%;
　　　$K_i$——仪器膨胀量测定常数;
　　　$L$——岩样长度,mm;
　　　$\sigma$——指示器读数。

### 15.1.2.3 膨胀量所用水体积测定

采用Nsulin膨胀仪测试页岩的膨胀特性,刻度吸管所读取的吸附水量与岩样质量百分数即为膨胀率。膨胀量用流体通过吸管体积表达出来。但Nsulin膨胀仪的机理与线性膨胀仪相同。

试验时将试验用岩粉装在杯中并与过滤圆盘接触,吸附试液。吸附量可由刻度吸管读取。膨胀率的计算公式为:

$$\lg M_t = \lg M_i + N\lg t \tag{15.3}$$

式中 $M_t$——在$t$时间内单位质量岩样所吸附的流体量,g/g;
　　　$M_i$——瞬时吸水量,g/g;
　　　$N$——水化速率或膨胀速率,g/min;
　　　$t$——吸附时间,min。

### 15.1.3 分散和膨胀性评价方法

分散和膨胀性评价方法主要有水化实验以及页岩稳定指数法,都是将分散和膨胀综合考虑的测试方法。测试结果用于分析混层的物理化学特征。

#### 15.1.3.1 水化指数法

衡量膨润土的造浆性能的主要指标之一是造浆率，即单位质量的膨润土可以配制成具有表观黏度为 15mPa·s 的悬浮液体积数，单位为 m³/t。

造浆率测定使用高速搅拌器和六速旋转黏度计，首先配制 3 份 350mL 膨润土悬浮液，每份悬浮液含有不同质量的土样，使其表观黏度为 10~25mPa·s。分别高速搅拌 3 份样品 20min，静止 24h 再搅拌 5min，用六速旋转黏度计测试表观黏度。计算表观黏度与膨胀土加量的数学关系。绘出通过 3 点的视黏度直线。确定 15mPa·s 表观黏度的悬浮液浓度。通过造浆率对照表求得相应的造浆率。

按照膨润土造浆率的测定方法测定泥页岩的造浆率。如果评价页岩水化，在页岩水化实验中，泥页岩的水化指数的计算公式为：

$$h = \frac{Y_s}{Y_b} \tag{15.4}$$

式中　$h$——水化指数；
　　　$Y_s$——页岩的造浆率，m³/t；
　　　$Y_b$——膨润土的造浆率，m³/t，水化 24h，一般取 16m³/t。

#### 15.1.3.2 页岩稳定指数法

页岩稳定指数表示在一定温度下，地层在钻井流体作用下，强度、膨胀和分散侵蚀三个方面综合作用对井眼稳定性的影响。

试验时先将泥页岩磨细，过 100 目筛，与标准地层水配成浆液，比例为 7:3，再放置在干燥器内预水化 16h。用压力机在 7MPa 下压滤 2h，取出岩心放入不锈钢杯中，再用 9.1MPa 压力加压 2min，刮平岩心表面，用针入度仪测定针入度，而后将岩心连同钢杯一起置于 65.6℃下热滚 16h，取出再测定针入度，并测量杯中岩样膨胀或侵蚀高度。在页岩稳定指数法中，页岩稳定指数的计算公式见式(15.5)。由于此方法操作环节多，误差引发的原因多，故使用较少。

$$SSI = 100 - 2(H_y - H_i) - 4D \tag{15.5}$$

式中　$SSI$——页岩稳定指数。
　　　$H_y$——热滚前的针入度；
　　　$H_i$——热滚后针入度；
　　　$D$——膨胀或侵蚀总量。

## 15.2　钻井流体抑制性能调整方法

实际钻井过程中，根据钻井遇到地层的特性和潜在的井壁不稳定因素，分析难点、确定对策、室内实验选用合适的钻井流体以及抑制性处理剂，研制合理的钻井流体配方，最终能够有效稳定井壁，减少生产时间。

（1）作为基础工作，首先比较系统地测试和分析设计区块易发生井壁不稳定地层的矿物组分、理化和组构特征、地层孔隙压力、坍塌压力、破裂压力和漏失压力。

（2）在深入调研该地区所发生的井下难题或事故、钻井技术措施和钻井流体使用情况的基础上，综合分析井壁不稳定的原因及应采取的对策。

（3）利用坍塌层的岩心或岩屑室内实验，采用评价钻井流体产生井壁失稳的膨胀性、分散性、强度、封堵性能、高温高压失水量和滤饼渗透率等性能，在此基础上优选稳定井壁的钻井流体类型、配方和性能，综合评价钻井流体稳定井壁的效果。

（4）确定稳定井壁的技术措施。首先依据坍塌压力、破裂压力和孔隙压力、漏失压力等压力剖面确定合理的钻井流体密度范围，以保持地层处于力学稳定状态；然后再根据地层矿物组分、组构特征、已钻井情况、室内试验结果等，确定与易坍塌地层特性相配伍的钻井流体类型、配方和相应的工程技术措施。必须将优选钻井流体类型、配方、性能与优选裸眼钻进时间、套管程序、钻井参数、工艺技术措施等因素结合起来综合考虑。此外，还需考虑所选择的技术措施的可行性和经济合理性，以及环保要求等。

钻井流体抑制泥页岩水化膨胀作用机理大不相同，主要有钾铵离子的镶嵌作用、活度平衡作用、正电荷及高价正电荷对双电层的压缩作用、高分子聚合物的包被作用、粒子充填作用、有机硅的防塌吸附作用、成膜或者封堵形成的钻井流体低失水作用以及钻井流体低机械冲刷作用。

例如，部分水解聚丙烯酰胺钾盐钻井流体经常出现泥包钻头的现象，在高含水敏感性黏土矿物泥页岩中钻进速率低。阳离子聚合物钻井流体的抑制性能与逆乳化钻井流体相当，但成本较高，并且与其他阴离子钻井流体处理剂的配伍性较差。硅酸盐钻井流体虽然具有良好的抑制性，但是钻井流体流变性调节困难。油基钻井流体井壁稳定性能良好，钻屑完整度较高，清洁井眼能力强，润滑性能好。但是，废弃物处理、循环漏失以及环境污染和成本高等缺陷，限制了油基钻井流体的使用。

配制钻井流体过程中，通过控制处理剂的类型和加量调节钻井流体的抑制性，以达到抑制地层水化膨胀和钻屑分散的目的。

（1）增加无机盐加量。提高无机处理剂的浓度，阳离子浓度增大，阳离子进入吸附层的机会增大，使电动电位降低。扩散层以及水化膜变薄，通常称为挤压双电层。抑制作用增强；反之，减少无机盐的加量，减小浓度，水化膜变厚，电动电位增大，抑制作用减弱。

（2）改变无机盐的类型。无机盐所含阳离子的价数越高，对黏土颗粒扩散层及水化膜的影响越大，抑制黏土矿物水化的作用越强。

（3）调整聚合物的加量。阴离子型聚合物、阳离子型聚合物、两性离子型聚合物、非离子型聚合物都可影响黏土颗粒电动电位，只是影响的程度和效果不同。但聚合物对黏土矿物电性和水化抑制性影响较为复杂，不能完全根据电动电位的大小判断聚合物抑制黏土颗粒水化的强弱。

提高钻井流体抑制性，一般在处理过程中加入一些带有亲油基团处理剂，使得钻井流体渗入地层的水分少一些，有利于井壁稳定。提高处理剂抑制性的方法比较多，常用的处理剂有无机盐、大分子聚合物、聚合酶等。

## 思考题

1. 什么是钻井流体抑制性能？
2. 钻井流体抑制性能评价方法有哪些？其适用范围如何界定？
3. 如何调节钻井流体的抑制性？

# 16 钻井流体润滑性能测定及调整方法

钻井流体润滑性能（Drilling Fluids Lubricity）是指钻井流体具有降低钻井过程中摩擦阻力的性质和功能。通常包括滤饼的润滑性能和钻井流体自身的润滑性能两方面。

在钻井及完井作业过程中，钻具与井壁、套管之间，钻井流体与钻具、井壁、套管壁之间均会产生摩擦。在水平井和定向井的钻井过程中，重力的作用使岩屑向井壁下部聚集，进一步加大了钻具和岩屑的接触面积，导致扭矩、摩阻增大，引起卡钻等井下复杂事故。

（1）关系井下安全。钻井流体润滑性好，可以减少钻头、钻具及其他配件的摩阻，延长使用寿命，同时防止黏附卡钻，减少泥包钻头，易于处理井下事故。相反，润滑性不良可能造成钻具吸附井壁造成吸附卡钻，又称压差卡钻。润滑性不良，钻屑和无用固相吸附聚集在钻头表面，包裹住钻头切削刃，或堵塞钻头水眼或流道，使钻头无法正常工作，即泥包。

（2）关系机械钻速。影响钻速的因素很多，如钻压、转速、水力因素、钻井流体性能、岩石类型、钻头类型、钻头泥包、吸附卡钻、钻具磨损及循环压降等。其中与润滑性相关的主要就是钻头泥包、吸附卡钻、钻具磨损和循环压降的升高。润滑性关系钻井能量传递，润滑性关系钻井循环压降。

水基钻井流体润滑剂研究较多，油基钻井流体中的润滑剂研究较少。应用的钻井流体润滑剂以有机物为主，可能伤害储层或自然环境。

钻井流体润滑剂在钻井流体中的详细作用机理还不甚明确。润滑剂在钻井流体中的微观作用机理研究甚少。此外，润滑剂还存在现场应用不一致、评价体系不完善以及伤害储层等问题，都是未来研究方向。

【思政内容：和平共处五项基本原则】

> 1953年12月，中国政府同印度政府就两国在西藏地方关系谈判，周恩来总理在会见印度代表团时第一次提出和平共处五项原则：互相尊重主权和领土完整，互不侵犯，互不干涉内政，平等互利，和平共处。
>
> 这五项原则是在建立各国间正常关系及交流合作时应遵循的基本原则，得到中国、印度和缅甸政府共同倡导。和平共处五项原则是中国奉行独立自主和平外交政策的基础和完整体现，被世界上绝大多数国家接受，成为规范国际关系的重要准则。

## 16.1 钻井流体润滑性能测定方法

钻井流体摩阻系数和滤饼摩阻系数，是评价钻井流体润滑性能的两个主要技术指标。由于摩阻的大小不仅与钻井流体的润滑性能有关，还与钻具与地层接触面粗糙程度、接触面塑性变形情况、钻柱侧向力大小和分布情况、钻柱尺寸和旋转速度等因素有关。因此，要全面评价和测定钻井过程中钻井流体和滤饼的摩阻系数，正确选择钻井流体和润滑剂是很困难的。

世界对钻井流体润滑性能的检测尚无公认的通用仪器和方法，评价方法的客观性尚需进一步提高。因此,在限定的测试仪器和条件下,只能从某一侧面评价和优选钻井流体和润滑剂,确定在该条件下的摩阻系数。

国际上许多公司和研究机构研制了检测钻井流体润滑性能的仪器和模拟装置。投入实际应用的主要有滑板式滤饼摩阻系数测定仪、钻井流体极压润滑仪、滤饼针入度计、润滑性能评价仪、滤饼黏附系数测定仪、井眼摩擦模拟装置以及多种卡钻系数测定仪等。模拟钻头轴承的高载荷可使用四球摩擦测定仪测量钻井流体润滑性能。模拟钻柱和井壁低载荷可使用极压润滑仪。

钻井流体的润滑性能,气基摩阻最大,油基摩阻最小,水基钻井流体的润滑性处于其间。用钻井流体极压润滑仪测定了三种连续相的摩阻系数,空气为 0.5,清水为 0.35,柴油为 0.07。大部分油基钻井流体的摩阻系数为 0.08~0.09。水基钻井流体的摩阻系数为 0.20~0.35,如附加有油或润滑剂,可降到 0.10 以下。

大多数水基钻井流体的摩阻系数低于 0.20 是可以接受的,但不能满足水平井的要求。水平井钻井流体的摩阻系数保持 0.08~0.10 是比较合适的。

因此,除油基钻井流体外,其他类型钻井流体的润滑性能很难满足水平井钻井需要,可以选用有效的润滑剂改善润滑性能满足实际需要。近年来开发出的一些水基仿油基钻井流体,摩阻系数在 0.10 以下,润滑性能可满足水平井钻井需要。

## 16.1.1 钻井流体润滑系数测定方法

钻井流体润滑性能测试可使用多种仪器。常用的有钻井流体极压润滑仪、润滑性能评价仪、润滑性测试仪和防卡测试仪等。

钻井流体润滑性的表征量有 3 个,分别是钻井流体的润滑系数、滤饼摩擦系数和极压膜强度。钻井流体的润滑系数是指在钻井流体作用下金属间的摩擦系数,越小越好;滤饼摩擦系数是指滤饼与光滑金属面间的摩擦系数,越小越好;极压膜强度是指吸附于钻具表面的润滑膜的极限强度,越高越好。

钻井流体的润滑系数评价方法,可以使用极压润滑仪测定;滤饼摩擦系数可以使用滤饼摩擦系数测定仪;极压膜强度可以用极压润滑仪测定。摩擦系数的计算,其原理是牛顿内摩擦定律。

测定钻井流体摩擦系数,可采用模拟井下的方法。用一个钢环模拟钻柱,用金属模块模拟井壁,在钢环和金属模块中间充满待测钻井流体,通过给钢环施以一定的载荷,压紧模拟金属模块。在一定的转速下转动钢环,记录钢环和金属材料间的接触压力。通过测定钢环与金属模块之间的摩擦力,得到钻井流体的摩擦系数。

### 16.1.1.1 钻井流体极压润滑系数测量方法

极压润滑仪是通过模拟钻具转速和钻具所承受的井眼压力,测定钻井流体润滑性能的专用润滑性分析仪,是评价钻井流体润滑性可靠性较高的分析仪器。影响润滑系数测量准确性的关键是磨块与磨环之间的磨合抛光程度。最佳的磨合状态是在转速为 60r/min、侧压在 1MPa 的情况下,磨块与磨环在蒸馏水中的润滑系数控制在 0.32~0.36。润滑试验仪用一个钢环模拟钻柱,给它施以一定的载荷,压紧模拟井壁的金属材料上。

极压润滑仪可以测量钻井流体的润滑性能和评价润滑剂降低扭矩的效果,还能够预测金属部件的磨损速率。

摩擦在钻井流体中进行，摩擦环旋转时产生惯性力，钻井流体流动。在固定的转速下转动钢环，记录钢环和金属材料间的接触压力、力矩和仪表上的读数，经换算可得到评价液体的摩擦阻力。仪器的缺点是不能评价温度和压力影响润滑性。

钻井流体的摩阻还可以借鉴石油集输所用的用泵压和流量分别来评价，特别是对照两种钻井流体的润滑性时，更有针对性地表明，哪一种流体润滑性更好。

一般情况下，随着钻井流体固相的类型、固相含量、固相颗粒的大小、密度增加，黏度、切力也会相应增大。因此，钻流体润滑性能相应变差。

#### 16.1.1.2　钻井流体钻头泥包可能性润滑系数测量方法

润滑性评价及钻头泥包测定分析系统（Lubricity Evaluation Monitor）中，取样容器中有一个内环形空间，钻井流体能够通过砂岩岩心孔连续循环。仪器可在大气和地层条件下静态或动态试验钻井流体润滑性能，测量钻具和井壁间的扭矩和摩擦系数、在不同介质条件下泥包形成的钻屑量以及在地层条件下动失水量。测试时，受载的不锈钢轴靠在岩心孔眼一侧旋转。轴的扭矩由传感器监控，并自动给出扭矩与时间的关系，真空泵与取样容器相连以便让滤饼沉积在岩心孔眼的壁上。试验可以用轴贴在裸露的砂岩滤饼上或一根钢管内壁上来做（模拟套管内扭矩）。每一组试验施加几种载荷，并绘出扭矩与载荷的关系。

金属与岩石在钻井流体环境下摩擦。摩擦力通过与岩石相连的弹簧的弹性形变量显示出来，用以确定钻井流体的润滑性能。仪器测定的数据规律性好，但只能得出润滑剂的相对润滑效果，无法定量计算。

#### 16.1.1.3　钻井流体卡钻可能性润滑系数测量方法

预测卡钻的方法称为卡钻因子法选取了井斜角、最大裸眼长度、井底钻具组合长度、钻井流体密度和失水量等5种主要因素，采用数理统计分析方法，提出了卡钻因子方程，以预测不同井斜度井眼中压差卡钻的发生率及解卡率，认为卡钻因子控制在2.5以内较为合适。

从实验角度，仪器用高温高压钻井流体失水仪器改装，与高温高压黏附仪不同的是压盘改成了钢球。钢球与失水面接触后失水，在钢球周围形成滤饼，以转动钢球的扭矩的大小来判断钻井流体防卡能力。使用该仪器分析钻井流体中的固含与粘卡扭矩值有较好的相关性。

### 16.1.2　钻井流体滤饼润滑系数测量方法

滤饼润滑性能的调整主要包括滤饼韧性或厚度的调整、滤饼摩阻系数的调整、滤饼黏附系数的调整、极压润滑性能的调整以及卡钻可能性的调整。

滤饼质量测定常用的仪器有滤饼针入度机、滑板式滤饼摩阻系数测定仪、高温高压黏附仪和滤饼黏附系数测定仪等。

滤饼针入度计可测量低压或高压、静态或动态失水试验中所形成的滤饼质量和厚度，可以手动或电动操作，用纸带记录数据。

#### 16.1.2.1　滤饼摩阻系数测定方法

滤饼摩擦系数的测试方法可分为滑块（长方体）测试法和滑棒（圆柱体）测试法两类。由三角形关系可以得到摩擦力。

$$F = W \cdot \sin\alpha$$

$$P = W \cdot \cos\alpha$$

则根据牛顿内摩擦定律,滑块开始下滑时的摩擦系数,见式(16.1)。

$$u = \frac{F}{P} = \frac{W \cdot \sin\alpha}{W \cdot \cos\alpha} = \tan\alpha \tag{16.1}$$

设角 $\beta$ 为滑板抬起的角度,由相似三角形的关系可知角 $\alpha$ 和角 $\beta$ 相等。

$$\tan\alpha = \tan\beta$$

式中　$W$——滑块重量;

$F$——摩擦力,是滑块重量与斜面平行的分力;

$P$——正压力,是滑块重量与斜面垂直的分力;

$\alpha$——正压力与滑块重量的夹角,(°);

$\beta$——滤饼抬起的角度,(°)。

由此可知,测出滤饼抬起的角度,则其正切值就是滤饼的摩擦系数。应用此原理测量滤饼摩擦系数的仪器主要是滑板式滤饼摩阻系数测定仪。

滑板式滤饼摩阻系数测定仪是一种极简易的测量滤饼摩阻系数的仪器。在仪器台面倾斜的条件下,放在滤饼上的滑块受到向下的重力作用,当滑块的重力克服滤饼的黏滞力后开始滑动。仪器测定的数据重复性与规律性较差,且手动操作,掌握转动平衡点误差大。试验结果不理想。

滑棒测试法的工作原理和准备工作与滑块测试法基本相同,只是滑棒测试法使用工作滑板的带凹槽面。

### 16.1.2.2　滤饼黏附性能测定方法

高温高压黏附仪是一种模拟性的,具有多功能的试验测试仪器。仪器可测钻井流体在常温中压(0.7MPa)及常温高压(3.5MPa)下失水后所形成滤饼的黏附性能,同时还可测试钻井流体样品在高温(约170℃)高压(3.5MPa)下失水后所形成滤饼的黏附性能。仪器结构合理,操作方便,精度高,实现了一机多用,无须重复操作。

滤饼黏附系数测定仪可以模拟井下状态,在一定压差下钻柱(黏附盘)与井壁形成滤饼,钻柱与滤饼的黏附力与滤饼摩阻系数成正比。钻井过程中常用该仪器测定黏附盘与滤饼摩阻系数,仪器价格适中,操作也比较简便。

测定仪是模拟了压差卡钻的一些实验条件,监测井眼中钻具与井壁滤饼之间的黏卡发生概率。它由一个高压加压装置、失水实验筒和金属黏附盘组成。钻井流体在 3.45MPa 压力条件下失水 30min 后,在滤纸上形成滤饼,然后压下黏附盘使其与滤饼黏实,隔一定时间后扳动扭矩仪测定黏附系数。滤饼黏附系数为测定出的压盘在滤饼上转动的力与压盘加压在物体上的力之比。仪器在一定程度上反映了钻井流体防卡能力的大小。这套方法是测量钻井流体的扭矩后测量的润滑性。所以,改善滤饼质量的方法,主要是在钻井流体中加入处理剂改变吸附特性,形成致密滤饼和改变滤饼质量。

## 16.2　钻井流体润滑性能调整方法

不同的井型或者不同的深度对钻井流体润滑性不同,调整方法也有所区别。不管是垂深大的直井,还是定向井、水平井,管柱的摩阻扭矩是大位移井技术的核心问题之一。提高钻井流体的润滑性是降低井下摩阻的主要手段之一。钻井流体润滑系数小于0.15，滤饼摩擦系数小于0.1，可以满足大位移井的基本要求。

滤饼越致密、均匀、薄，越光滑越好，具有井壁岩石特性。相反，滤饼的质量疏松、不均质、厚，则会影响润滑性。滤饼质量因素主要包括黏土含量、固相加重材料、处理剂等。

## 16.2.1 合理选择钻井流体种类

适合于大位移井作业的钻井流体有油基钻井流体、合成基钻井流体和水基钻井流体，在实际钻井过程中要根据具体的情况选用钻井流体。

为了降低摩阻和扭矩，超长大位移井一般都采用润滑性能良好的油基和合成基钻井流体。传统的油基钻井流体以原油或柴油为基础油，具有较强的毒性，且成本高，研发了一些以精炼油（或称白油）的基础油，具有较低的毒性，且润滑性较好。

由于环保要求的提高，以及低钻井成本和现场易处理的需求，且在地质条件不十分复杂的前提下，水平位移相对较短的大位移井钻井作业尽可能采用水基钻井流体。

## 16.2.2 优选高效润滑剂

润滑剂对油基钻井流体润滑性影响很小，油水比对其影响较大。高油水比的油基钻井流体可使金属-金属或金属-砂岩界面之间的摩擦力下降近50%，润滑剂的影响并不大。所以，提高油水比可明显改善油基钻井流体的润滑性。

在油基或水基钻井流体中加入石墨、塑料小球等惰性固体润滑剂，可明显降低边界摩擦，提高钻井流体润滑性能。因为加入石墨和塑料小球，改变钻柱与套管或裸眼井壁的接触方式，由滑动改变滚动摩擦，有效地降低两者之间的摩擦系数。水基钻井流体经过一些特殊润滑剂处理，润滑性可以达到接近油基钻井流体的水平。

（1）钻井流体中加入聚醚多元醇。聚醚多元醇有一定的极性，温度随着压力变化较小（黏压系数），能在钻具表面、套管表面和井壁岩石有效吸附，形成非常稳定的且具有一定强度的润滑膜，从而降低钻具与井壁、套管间的摩擦力，降低钻具的旋转扭矩和起下钻阻力。此外，聚醚多元醇可与其他处理剂一起形成滤饼，使滤饼具有较好的润滑性，有效地避免或减少压差卡钻。

（2）钻井流体中加入稀释剂。稀释剂的作用一方面，稀释剂吸附在黏土颗粒端部表面，拆散结构而起稀释作用；另一方面，稀释剂尤其是磺化类稀释剂对黏土颗粒有一定的分散作用。因此，稀释剂借助这两面的协同作用，使钻井流体保持部分结构、黏土颗粒部分分散、粒子大小与级配合理。因此，加入稀释剂后，滤饼减薄致密、渗透率降低、强度增大，滤饼质量整体特性变好。

（3）钻井流体中加入降失水剂。加入降失水剂后，一方面提高滤液黏度、降低失水速度；另一方面对黏土颗粒具有护胶能力，保证钻井流体有足够的填充粒子。颗粒大小与级配合理，黏土颗粒吸附的处理剂溶剂化膜具有弹性而起润滑作用，因而滤饼减薄、致密、渗透率降低、润滑性变好、强度增加、滤饼质量整体特性变好。

（4）钻井流体中加入极压润滑剂。极压润滑剂在高温高压条件下，可在金属表面形成一层坚固的化学膜，以降低金属接触界面的摩阻，从而起到润滑作用。故极压润滑剂更适应于水平井中高侧压力情况下，钻柱对井壁降摩阻的需要。

### 16.2.3　合理调整钻井流体性能

钻井过程中，由于动力设备有固定功率，钻柱的抗拉、抗扭能力以及井壁稳定性都有极限。若钻井流体的润滑性能不好，会造成钻具旋转阻力增大，起下钻困难，甚至造成黏附卡钻和断钻具事故。钻具扭转阻力过大，会导致钻具振动，有可能引起断钻具事故和井壁失稳。从提高钻井经济技术指标看，润滑性能良好的钻井流体有减小磨损、减少卡钻等作用，提高钻井工程整体效益。

影响钻井流体摩擦的因素很多，在这些众多的影响因素中，钻井流体的润滑性能是主要的可调节因素。常用的改善钻井流体润滑性能的方法，主要是合理使用润滑剂降低摩阻系数以及改善滤饼质量来增强滤饼的润滑性。

许多高分子处理剂都具有良好的降失水、改善滤饼质量及减少钻柱摩擦阻力的作用。有机高分子处理剂能提高钻井流体的润滑性能，这与有机高分子在钻柱和井壁上的吸附能力有关，吸附膜的形成，有利于降低井壁与钻柱之间的摩阻力。某些处理剂，不少高分子化合物通过复配、共聚等处理，可成为具有良好润滑性能的润滑材料。乳液体系具有较为突出的润滑性能，比直接添加矿物油的钻井流体润滑性更好。

润滑剂在降低钻具与井壁之间的摩擦、减小钻进扭矩和起下钻摩阻、预防粘卡、防止钻头泥包中起到关键作用。通常，加入1%的润滑剂即可减少20%的扭矩。润滑剂的最优加量在3%以下。钻井流体润滑剂作为处理剂之一，不仅要具有优良的润滑性能，还要与钻井流体配伍良好，兼具热稳定性、抗氧化性等功能。钻井流体润滑剂主要应用于水基钻井流体中。

调节钻井流体的润滑性和滤饼的润滑性可大大降低吸附卡钻程度，主要包括降低滤饼黏滞系数、减小钻具与井壁接触面积、降低钻井流体密度等。

### 思考题

1. 什么是钻井流体润滑性能？
2. 钻井流体的润滑系数有几种？
3. 滤饼摩阻系数是如何测量的？
4. 简述钻井流体极压润滑系数表征的钻井工作状况。

# 17 钻井流体发射荧光性能测定及调整方法

多数钻井流体处理剂分子结构中都含有生荧团。生荧团是指分子结构中的一些不饱和双键特别是稠环，可以吸收紫外光并且发射荧光的官能团。带有生荧团的钻井流体处理剂分子吸收紫外辐射能后，电子跃迁到激发态。激发态为不稳定态，需要回到稳定的基态。电子由激发态跃迁回基态时，能量以荧光发射的形式放出。发射荧光的性质和功能，称为钻井流体发射荧光性能（Drilling Fluids Fluorescence Properties），是钻井流体自身性质之一，通过自己的自身性质实现钻井流体影响工程需求的功能。

荧光是从激发态分子衰变为自旋多重度相同的基态或低激发态时自发的发射现象。荧光是发射光，根据激发光和发射光波长的关系，可分为共振荧光、荧光和反荧光三种类型。荧光可用于物质检测。用于荧光检测的方法称为荧光检测方法。

荧光分析方法是荧光物质检测常用的方法之一，具有灵敏度高、检测限低、操作简单、分析快捷等优点。

常规荧光检测技术起源于20世纪30年代，最早是由伯恩斯和斯特奥内尔于1933年提出的，是建立在岩心、岩屑和井壁取心录井基础上，利用石油具有荧光的特性，地质学家将荧光检测技术应用于钻井现场，紫外光照井筒返出岩屑，以了解地层岩屑含油情况，从而判断地层的生油及储藏特性。石油中的油质、沥青质等在紫外光的照射下，能发出特殊光亮现象，称为石油荧光性。不同石油亮度及颜色有差别。根据荧光的亮度可测定石油的含量，根据发光的颜色可测定石油的组成成分。这就是荧光录井的基本原理。

运用这一基本理论，利用邻井相同层位的油所作的标准工作曲线计算出相当的石油含量。根据石油含量的多少和油质情况来判断地层含油情况。不同原油浓度下，岩屑在紫外线下的荧光颜色和级别不同。

随着计算机技术的进步，录井技术已经由过去单一的，以徒手操作、定性描述为主的岩屑（岩心）录井，逐渐发展成为以综合录井仪为主、多种小型录井仪和录井方法配合使用并逐步向定量化发展的综合录井技术，即综合录井。

现代综合录井技术涉及石油地质、钻井工程、地球化学、地球物理测井、传感技术、信息处理与传输等多个领域，是应用数学和计算机等多种现代科学技术的边缘专业技术，在油气勘探中显示出了越来越重要的作用和广阔的发展前景。

常规荧光检测技术作为地质录井技术的一种方法，是在现场将岩屑样品放在暗箱中的紫外灯下照射，通过肉眼观察记录岩屑的荧光颜色和级别，以氯仿或四氯化碳作为萃取剂，制订15个系列的标准样品系列对比。利用不同的原油浓度预先配制标准荧光样品，与现场岩屑的荧光对照后，确定荧光级别。这个阶段称之为荧光定性阶段。常规荧光有5个明显的局限性。

（1）常规荧光灯是用波长365nm的紫外光照射石油，不能充分激发轻质油的荧光。

（2）肉眼观察只能看到波长大于410nm的可见光，而轻质油、煤成油和凝析油发出的荧光波长为小于400nm的不可见光。因此，用常规荧光检测方法观察不到轻质油、煤成油和凝析油显示层。容易漏掉。

（3）常规荧光录井用氯仿或四氯化碳浸泡再对比。四氯化碳可以猝灭荧光，降低仪器检测的灵敏度。氯仿有害人体健康。作为荧光试剂不理想。

（4）常规荧光录井不能消除钻井流体中荧光类有机处理剂的荧光干扰，在特殊施工井中影响地质资料的准确录取。

（5）常规荧光用肉眼观察和描述，人为因素大。

为此，提出荧光定量检测技术、筛选钻井流体处理剂、重新设计钻井流体、设计石油荧光分析仪、研制性能优异无干扰的替代处理剂、寻找无猝灭无环境污染的替代溶剂、用钻井流体含油浓度恢复储层含油浓度、开发油基钻井流体录井技术等，解决常规荧光检测不足。

（1）关系储层发现。有效识别油层，消除钻井流体污染，有利于发现轻质油，特别适合探井微量显示的轻质油层评价。为油源评价提供新的解释资料，有效区分不同层系的含油性质，及时提供现场施工决策。评定储层，提高认识地阻油藏能力。控制废弃钻井流体中的荧光造成的环境影响。所有钻井流体处理剂本身在紫外光照射下都能连续发射荧光，而且荧光发射波长 280~520nm，与原油的荧光发射波长重叠。

（2）关系处理剂开发和应用。钻井流体处理剂发射荧光的波长和强度因处理剂的种类、分子结构以及处理剂配制的钻井流体类型不同差异较大，影响原油荧光显示程度也不相同。因此，需要考察不同条件下添加剂种类和用量影响荧光特性以及影响原油荧光显示的程度，以便优选添加剂，排除干扰原油荧光显示程度大的处理剂，既能保证钻井施工顺利，又能及时发现储层。

## 17.1 钻井流体荧光性能测定方法

石油与钻井流体处理剂都是混合物，除取代基的影响外，生荧团之间的相互作用可以影响生荧团的能量传递，与纯有机物荧光相比，生荧团发出相对弱的偏红荧光。主要是由于Forster 共振耦合作用、辐射能量转移作用、激基聚合体形成作用等造成的。

### 17.1.1 定性荧光法

不同分子结构的荧光物质，具有不同的激发光谱（即吸收光谱）和荧光光谱。这是分子荧光分析的定性依据。在定性分析时，一般是在一定实验条件下，用荧光分光光度计作试样和标样的激发光谱和荧光光谱，然后比较它们的光谱图即可鉴定试样物质。有时需改变溶剂后再比较它们的光谱图，如二者一致，即为同一物质。

利用常规荧光检测仪采用定性荧光法或者半定性荧光法荧光录井，是识别储层最方便易行的方法，主要有湿照或喷照、干照（又称直照）、普照、选照、氯仿滴照、系列对比、浸泡照和加热照对比、点滴等系统荧光分析方法。通常根据荧光亮度估算油气含量，依据发光颜色确定油气组分。优点是简单易行，对样品无特殊要求，且能系统照射。为了及时有效地发现油气显示，尤其对轻质油，采取了湿照和干照相结合的方法，提高储层发现率。

常规荧光录井所用到的设备主要是，紫外光仪为发射光波小于 $3.65 \times 10^{-7}$m 的高灵敏度紫外光岩样分析仪，内装一支 15W 紫外灯管或两支 8W 紫外灯管，观察荧光强度。

## 17.1.2 定量荧光法

石油以烃类为主，非烃类为辅。通常所说的石油族组成指饱和烃、不饱和烃、非烃、非烃类和沥青质四种组分。烃类占80%以上，是石油的主要组成。非烃类主要有含氧化合物（包括环烷酸、脂肪酸、酚等）、含硫化合物（硫醚、二硫化物等）及含氮化合物，多为杂环化合物。现场定量荧光录井用紫外吸收光谱与荧光光谱法分析石油组分。

紫外吸收光谱法和荧光光谱法都可检测石油中的芳烃含量与性质，形成多维定量荧光录井分析方法，包括单点荧光法、数字滤波荧光检测法、荧光分光光度法、三维荧光分析法以及二维定量荧光检测仪法等。

### 17.1.2.1 单点荧光法

单点定量荧光测量能提供固定激发波长（254nm）、固定发射波长（320nm）的荧光分析，但单点激发单点接收，不能体现所有油质的图谱特征。

### 17.1.2.2 数字滤波荧光检测法

用数字滤波荧光检测仪测量荧光方法也称一维定量荧光检测仪法。数字滤波荧光检测仪也是荧光光度计的一种，是一种固定激发波长和发射波长的定量荧光分析技术。

### 17.1.2.3 二维定量荧光检测仪法

二维定量荧光检测仪采用单点激发、多点接收的方式，激发波长为254nm，光栅接收的荧光发射波长为200~600nm。二维定量荧光检测法克服了紫外灯观察不到轻质油的缺陷，不易遗漏轻质油层；采用正己烷作为萃取液替代数字滤波荧光仪的异丙醇和常规录井的氯仿、四氯化碳，使荧光分析灵敏度提高10~35倍；自动扣除钻井流体添加剂的荧光干扰；以图谱的形式比较全面地反映了油质和添加剂的全貌；直观、简单耐用。

### 17.1.2.4 三维荧光分析法

三维荧光分析法能够获得激发波长与发射波长或其他变量同时变化的荧光强度信息，将荧光强度表示为激发波长和发射波长两个变量的函数。或者说，物质的荧光强度与激发光的波长和所测量发射光的波长有关，将荧光强度的数据用矩阵形式表示。行和列对应不同的激发光波长和发射光波长，每个矩阵元分别为激发光波长、发射光波长的荧光强度，称之为激发—发射矩阵。描述荧光强度随激发波长和发射波长变化的关系图谱即为三维荧光光谱。

三维荧光光谱有两种表示形式。激发波长可变，形成样品的指纹图和立体图，精细分析样品，尤其对添加剂的区分比较明显。但仪器精密、结构复杂，更适合室内应用，增加了现场应用和解释的难度。

三维定量荧光检测仪由紫外光源、激发光分光系统、样品室、接收光分光系统、检测器、信号放大及处理电路和计算机、打印机等组成。采用光栅分光激发光，可发射光谱扫描测试样品不同激发波长下，多个二维光谱叠加处理可以生成三维光谱。此即三维立体图或三维指纹图。

### 17.1.2.5 同步荧光光谱法

荧光录井中普遍存在三维数据获取及分析时长较长，二维发射光谱定量数据单一，石油荧光光谱重叠严重、测量范围窄、准确度较低等，影响了荧光技术成为石油地质实验室中的主力分析手段的进程。

在常用的发光分析中，所获得的两种基本类型的光谱是激发光谱和发射光谱。同步扫描技术在同时扫描两个单色器波长的情况下测绘光谱，由测得的荧光强度信号与对应的激发波长和发射波长构成光谱图，称为同步荧光光谱。

同步荧光技术简单快捷、光谱特征丰富明显、干扰小，可将三维图谱要表达的特征以特殊的二维图谱模式表现出来，其量值指标更易于比较和操作，尤其适合对多组分混合物的分析。同步荧光法在原油样品分析中显现出较大优势和发展空间。

#### 17.1.2.6 荧光分光光度法

分子荧光光谱分析也称荧光分光光度法，是当前普遍使用发展前途看好的光谱分析技术。荧光分光光度法是根据物质的荧光谱线位置及其强度物质鉴定和含量测定的方法。

由于物质分子结构不同，吸收光的波长和发射的荧光波长也有所不同。利用这个特性可以定性鉴别物质。同一种分子结构的物质，用同一波长的激发光照射，可发射相同波长的荧光。物质浓度不同，光强也不同。浓度越大，所发射的荧光强度越强。利用这个特性定量测定荧光。然后用荧光定性、定量分析石油成分的方法称为荧光分析法，也称荧光分光光度法。测定荧光的仪器有荧光计和荧光分光光度计。

## 17.2 钻井流体荧光性能调整方法

荧光的发射及荧光强度首先取决于发射荧光物质的分子结构，其次是在荧光发射过程中不可避免地受到无辐射去活化过程的环境因子的影响。荧光发射性能的环境影响因子主要包括温度、溶剂、pH 值、溶解氧、激发光、荧光的熄灭和散射光等。

（1）温度。温度会显著影响测试溶液的荧光强度。随溶液温度升高，荧光强度和荧光效率下降。这是因为，温度升高时，分子运动速度加快，分子间碰撞概率增加，无辐射跃迁增加，降低荧光效率。随温度升高，荧光效率降低的主要原因一是分子辐射能的转移作用，二是由于激发态分子和溶剂分子之间发生某些可逆的光化学作用。

（2）溶剂。同一种荧光物质在不同的溶剂中荧光特征峰的位置和荧光强度都有差别。一般来说，荧光峰的波长随着溶剂的介电常数增大而增大，荧光强度也有增强。这是因为在极性溶剂中，$\pi \rightarrow \pi^*$ 跃迁需要的能量差变小，而且跃迁概率增加，使紫外吸收和荧光波长均增长，强度也增强。

溶剂黏度减小时，增加分子间碰撞机会，无辐射跃迁增加荧光减弱。故荧光强度随溶剂黏度的减小而减弱。由于温度影响溶剂黏度，一般温度上升，溶剂黏度降低，温度上升荧光强度下降。如果溶剂和荧光物质形成络合物，或溶剂使荧光物质的电离状态改变，则荧光峰的波长和荧光强度都会发生很大变化。

（3）pH 值。荧光物质本身为弱酸或弱碱时，溶液的 pH 值改变影响溶液的荧光强度。主要是因为弱酸弱碱和自身离子结构不同。不同酸度，分子和离子间的平衡不同。应该预先了解溶液的 pH 值与荧光的关系，确定适宜的 pH 值范围。另外，有些荧光物质在酸性或碱性溶液中发生水解改变荧光强度。因此，要与 pH 值改变影响荧光强度的区别认清。荧光物质都有适宜的发射荧光的形式，有相应的 pH 范围，保持荧光物质和溶剂之间的离解平衡。

（4）溶解氧。溶液中的氧分子可使样品溶液发射的荧光强度降低甚至熄灭。溶解氧几乎对所有的有机荧光物质都有不同程度的荧光熄灭作用,对芳香烃尤为显著。

(5) 激发光。有些荧光物质的稀溶液在激发光照射下容易分解,降低荧光强度。因此,在定量荧光测试时尽量避免样品溶液照射时间过长。

(6) 荧光熄灭。由于荧光分子间或其他物质的作用,有时荧光强度显著下降,这种情况称之为荧光熄灭。荧光熄灭的原因可概括为碰撞熄灭、生成无荧光络合物、过量自行熄灭。

(7) 散射光。溶剂、容器以及能形成胶粒的溶质在激发光照射下而产生散射光。散射光有瑞利散射光、拉曼散射光两种。在测定之前,先做出空白溶液的发射光谱,然后选择适当的波长,以便绕过溶剂的散射光峰,再测定溶液的荧光强度,才能避免显著误差。

因此,调整钻井流体发射荧光的性能,主要是围绕这些影响因素展开的。主要包括选择处理剂调整荧光级别。

## 17.2.1 选择处理剂调整荧光级别

一般情况下,岩屑荧光录井要求钻井流体处理剂及钻井流体本身的荧光强度越低越好,这就要求钻井流体处理剂不仅具有良好的性能,而且荧光强度应尽可能低。钻井流体处理剂是保持钻井流体性能、确保钻井施工顺利不可缺少的材料,但大部分钻井流体处理剂在紫外光照射下均有不同程度的荧光发射,某些处理剂的荧光发射还较强,工程要求钻井流体无荧光,可以选用无荧光的处理剂和研制无荧光的替代处理剂两个方面着手,也可以从测量方法上辨别荧光。

### 17.2.1.1 选用无荧光处理剂

处理剂选用前,评价处理剂荧光特性,筛选出影响岩屑原油荧光强度越小越好的钻井流体处理剂,用荧光干扰度定量评价钻井流体处理剂影响原油荧光程度。这是在现有的条件最适用的一种方法。

### 17.2.1.2 研制无荧光的替代处理剂

开发无荧光的处理剂,是工程需要,也是环保需要。改性沥青是比较理想的防塌处理剂,因其在钻井流体中有良好的滤饼性能而被广泛应用。但在紫外光照射下,能够发出比较强的荧光,给地质岩屑录井分辨带来困难,含较多稠环芳烃有毒物质,造成环境污染,限制了在勘探开发中的应用。

无荧光仿沥青类处理剂是为克服常规磺化沥青的缺点而研制的。以无毒、无荧光的油溶性物质为原料,通过水溶化反应,使其部分溶于水,部分溶于油,并使其具有一定的乳化性能、降失水性能和封堵能力,满足现场钻井流体处理剂荧光性能要求。

无荧光仿沥青类产品的开发成功,为其他发射荧光的处理剂提供了示范。这表明,只要方法对路,是可以实现的。

## 17.2.2 选择合适的荧光测量方法

一些油田对钻井流体处理剂的荧光对比级别的要求越来越苛刻。由于认识和理解荧光机理不足,忽略了不同荧光评价方法评价结果不同,未能从处理剂本身对原油荧光照射的实际影响程度(即荧光干扰度)考虑,片面强调处理剂本身的绝对荧光,误导钻井流体处理剂的研制、生产和销售,给钻井生产和钻井流体施工带来不良影响。为此,有必要对钻井流体处理剂的荧光问题深入探讨，正确认识钻井流体处理剂荧光问题，建立科学而又行之有效的荧光评价方法。

钻井流体定量荧光录井是通过单位体积钻井流体在一定体积溶剂中的荧光发光强度定量测定钻井流体中的含油质量浓度。因此，只要系统对比分析大量实验数据，就能得到一个合理的表示钻井流体含油质量浓度与储层含油质量浓度之间关系的修正恢复系数，进而可通过钻井流体来测定储层的含油质量浓度。恢复系数实验时，及时选取无混入油或混入少的井段，以保证岩屑定量荧光的准确度。通过岩屑定量荧光测得的质量浓度和钻井流体定量荧光测得的质量浓度的比值得到恢复系数。

恢复系数影响因素很多。针对不同的影响因素修正恢复系数，得到实钻目的层修正恢复系数，用该井下部地层钻井流体中含油质量浓度恢复储层的含油质量浓度。结合其他资料综合解释。机械钻速、钻头选型、钻井流体、岩屑物性、井深、钻井方式。因此，从根本上解决荧光识别难题，指导处理剂和识别方向发展。

#### 17.2.2.1 寻找低猝灭低环境污染的替代溶剂

采用三氯甲烷（又称氯仿）或四氯化碳浸泡，用简单的紫外灯照射，肉眼观察岩样的发光颜色和发光强弱，用对比法确定岩样荧光级别。由于三氯甲烷对人体健康影响极大，普遍使用四氯化碳。四氯化碳作为岩屑荧光录井试剂存在致命的弱点，使原油荧光猝灭，其结果是用荧光录井方法难以发现油（特别是轻质油）气层。

寻找低猝灭环境污染的替代溶剂，不仅仅是解决环保问题，还是发现油气的需要。岩屑荧光录井是钻探过程中初步寻找油气显示层段的最简便、直观的方法。正确判定岩屑有无荧光及荧光级别的高低非常重要。

#### 17.2.2.2 用钻井流体含油浓度恢复储层含油浓度

钻遇油气储层后，被破碎岩层中的油气会随着钻井流体循环带到地面，造成钻井流体中的含油质量浓度升高。

钻井流体定量荧光录井，通过分析一定量的钻井流体，根据单位体积钻井流体中所含油气的定量荧光发光强度变化，判断钻井流体中油气质量浓度的差异，进而了解地下储层的信息，判定地层油气显示。

#### 17.2.2.3 改进荧光测量方法

钻井流体中添加了含荧光的处理剂，会使荧光录井变得困难甚至完全失效。室内实验与现场试验表明，己烷代替四氯化碳作为溶解原油的荧光分析试剂，可以使原油的荧光分析灵敏度提高10~35倍。己烷虽然对重油中的部分组分溶解不完全，但并不影响其荧光分析。己烷对改性沥青的溶解能力较四氯化碳小，从选择性溶解方面减轻了改性沥青对岩屑荧光录井的干扰，解决了沥青类处理剂的识别难题。

利用原油、柴油和改性沥青的荧光特征，设立了3个检测挡，即柴油挡（347nm）、原油挡（379nm）和沥青挡（580nm），研制出石油荧光分析仪。根据不同要求，三个挡可以选择使用，且定量检测。

在钻井流体中混有柴油和改性沥青的情况下，为了控制其对岩屑荧光录井的影响，可在检测目的样的同时，检测目的层前几米的岩样荧光值，即背景值，在转换为对比级之前扣除背景值，即可达到控制影响的目的。

若仍采用在紫外灯下用肉眼直接观察荧光的方法，煤成油、凝析油及大量的轻质油仍然有可能被漏掉，即遗漏油层发现，所以必须尽快研制出适于现场使用的荧光光谱分析仪。

## 思考题

1. 什么是钻井流体荧光性能？
2. 荧光级别的评价方法有哪些？
3. 简述消除荧光的方法。

# 18 钻井流体腐蚀性能测定及调整方法

腐蚀指金属与环境间产生的物理化学相互作用，使金属性能发生变化，导致金属、环境及其构成系统的功能受到损伤现象。钻井流体腐蚀性能（Drilling Fluid Corrosion）是指钻井流体与流经容器、管线及钻具金属材料、橡胶接触时造成的损伤的性质和功能。

钻井过程中的腐蚀主要源于氧气、二氧化碳、硫化氢、细菌、钻井流体以及冲蚀。此外，氢脆（Hydrogen Embrittlement）又称氢致开裂或氢损伤，是由于金属材料中氢引起的材料塑性下降开裂或损伤的现象，也是常见的腐蚀形式。

钻井流体的组成和腐蚀机理十分复杂。影响钻井流体腐蚀的因素很多，主要有钻井流体的 pH 值、钻井流体的流速、钻井流体中含盐类型和数量、钻井流体中微生物类型和数量等。不同类型的钻井流体腐蚀金属材料程度不同，根据腐蚀性强弱大致可分为五大类。

第一类是充气海水钻井流体、氯化钾聚合物钻井流体、低 pH 值聚合物钻井流体、硫化氢侵害的钻井流体等腐蚀性最强的一类钻井流体。

第二类是低 pH 值天然钻井流体、盐水钻井流体、淡水钻井流体等腐蚀性较强的一类钻井流体。

第三类是高 pH 值天然钻井流体、石灰钻井流体等腐蚀性中等的一类钻井流体。

第四类是高分散钻井流体、水包油钻井流体、饱和盐水钻井流体等腐蚀性较弱的一类钻井流体。

第五类是添加缓蚀剂钻井流体、油基钻井流体等腐蚀性弱的一类钻井流体。

冲蚀腐蚀是磨损的一种形式，是金属表面与腐蚀流体之间由于相对高速运动引起的损坏现象，是材料受冲蚀和腐蚀交互作用的结果。

空气钻井时，气体和夹带的固体钻屑向上运动通过井眼环空，速率通常 15m/s 以上。从井底到井口气流速度逐渐升高，井口气流速度最高接近 100m/s。固体颗粒的磨蚀性很强。在井下高温的情况下，腐蚀性盐、硫化物和氧共同加剧钻杆的腐蚀和磨蚀。

海洋石油钻井，钻井流体一般为海水钻井流体。钻具除了承受复杂的交变载荷和液固两相流冲蚀外，还得承受海水钻井流体腐蚀。受到纯机械冲刷、电化学腐蚀及其相互作用，产生冲蚀腐蚀磨损，从而影响寿命和功效。流体由层流变为湍流时，金属表面由腐蚀变为磨蚀，表面光亮没有腐蚀产物，破损面一般具有按流入方向切入金属表层，钻头呈现深谷或马蹄状狭长凹槽的特征。

在钻井作业中，金属部件与大气和（或）与含有电解质的钻井流体接触，往往发生电化学腐蚀。腐蚀可以说无处不在，事关钻井安全和钻井成本。

（1）腐蚀关系钻井成本。钻井为满足钻井工艺需求，使用适合的钻井流体类型和性能的钻井流体，处理剂种类多，成分复杂，井下温度压力作用下腐蚀，造成井下钻具疲劳、穿孔、断裂，钻杆提前报废。费用以及处理这些事故的花费增加，降低了钻井效益。

仅以钻杆为例，中国石油钻井工程中，每钻进 1m，消耗约 4kg 钻杆，其中因腐蚀造成的损失占 20%~50%，造成了严重的经济损失。如果腐蚀问题使钻具脆断，造成井下难题和事故，间接经济损失无法估量。

（2）腐蚀关系钻井安全。钻井过程中，钻具受到强腐蚀性钻井流体、高井温、溶解氧及钻井流体冲刷等多重作用，腐蚀严重。每年发生的众多钻井事故中，有60%是源于腐蚀。不仅造成处理事故所花费费用巨大，更是钻井安全隐患。所以钻井流体腐蚀性能关乎钻井施工安全与工程作业成本。

【思政内容：腐蚀一定是无益的吗？】

> 为改善材料性能，特意选用腐蚀剂改善形貌或增加孔隙，扩大表面积。有的利用腐蚀开展蚀刻工艺如模拟地层流动通道的玻璃刻蚀、牺牲阴极保护阳极、声呐浮标工作利用海水电池启动、化学物质流出形成化学电池造成水雷自毁等，都是利用腐蚀达到有益的典型。

## 18.1 钻井流体腐蚀性能测定方法

钻井流体的腐蚀性评价有室内动态滚动法、挂片法、腐蚀疲劳法、电阻探针法、线性极化法、交流阻抗法、电位法等。

### 18.1.1 室内动态滚动法

钻井流体一般为碱性或弱碱性。评价腐蚀性既不能完全照搬酸性体系的评价方法，又必须考虑钻井流体的实际状态。要求腐蚀介质不能处于静止状态，一般采用滚动试验法。

将磨好并洗净的圆形试片，穿在一根塑料棒上，棒的两端各装上一个用尼龙做成的圆形支撑轮，使之起到滚动和支撑试片的双重作用。两试片之间，试片与支撑轮之间，由塑料管隔开，装成的试片串。把试片装入高温高压釜中，充入一定的腐蚀介质，放入滚子加热炉，加热到要求的温度后滚动。

试验中，试片与试片、试片与支架、试片与高压釜都无连接，故不会发生电化学腐蚀造成腐蚀干扰。试片与钻井流体介质的相对运动恒定不变，与现场实际较相符，数据重现性良好，操作简便。使用该法评价钻井流体的腐蚀性、参数的选择，要根据具体情况而定。一般来讲，试验压力不应超过2MPa，试验时间为6~24h。用单位时间内的质量损失评价钻井流体的腐蚀程度。

### 18.1.2 挂片法

挂片法又称失重法，是现场监测腐蚀速率的常用方法。将已知质量和尺寸的金属试片放入监测腐蚀钻井流体中，经过一段时间暴露取出，仔细清洗处理后称重。根据试片质量变化和暴露时间计算平均腐蚀速率。室内用腐蚀槽可以用此法测试，现场挂片法和钻具接头腐蚀环法原理相似。

#### 18.1.2.1 现场挂片法

现场试验挂片分为地面挂片和井内挂片两种。地面挂片由于试片始终处于静止状态，测得的数据仅是地面钻井流体在静止（或接近静止）状态下的腐蚀情况，测得的数值偏小，与实际差值较大，一般不使用。

地面挂片会根据钻井流体的状态分别于钻井流体出口处挂片和入口处挂片。入口处主要测定带有余温及井内介质钻井流体的腐蚀性，出口处主要测定钻井流体于地面滞留时间大气腐蚀介质充入后的腐蚀性。地面挂片所选试片的面积要大，一般可用 40mm×40mm×5mm 的试片。挂片用绝缘绳系好试片，放置于液面下 10~20mm 处。

井内挂片是在钻具外壁开一个矩形槽，将试片镶在其中，测量井内动态条件下的钻井流体腐蚀程度。这种方法挂片不能太厚。太厚会降低钻具强度，增加钻井事故概率。试片除外表面外，其他端面都用绝缘材料封盖，防止试片与钻具本体接触。试片材质要用同钻具材质相同或接近材料。试片镶嵌要牢固，防止井下激烈运动容易脱落。

#### 18.1.2.2 钻具接头腐蚀环法

钻具接头腐蚀环法是检测井下钻井流体腐蚀性的标准方法。腐蚀环的外包裹层需要预先加工。其他清洗和称重工作与常规试片清洗完全一样。但应当注意，试环在带到现场时，路途要密封好，不与大气特别是潮湿空气接触。下钻时把试环整套放入适当的内螺纹接头内。

腐蚀环在井内时间不少于 40h。小于 40h 的测试结果不能用于评价钻井流体腐蚀性。试验中应同时放两个环：一个位于方钻杆下，另一个放在与钻铤连接的钻杆接头内。两个腐蚀环的计时应分别进行。下部试环从钻杆入井开始计时，上部试环从方钻杆入井开始计时。腐蚀速率可以用单位时间内单位面积上金属被腐蚀的质量来表示。

### 18.1.3 腐蚀疲劳法

石油钻井中，钻具失效大部分是腐蚀疲劳原因所致。所以，测试钻井流体腐蚀疲劳是非常必要的。腐蚀疲劳法原理为力学中的简支梁模型。

在端部加一力，根部截面产生一个相应的应力。在这一应力作用下，旋转杆件使根部的受力循环变化。同时，在根部截面处浸泡钻井流体（实际操作中该处的钻井流体是流动的）作为腐蚀介质，就可以观察根部处断面因腐蚀及变化应力，发生腐蚀失效的时间。由此确定钻井流体腐蚀性并可对比钻井流体腐蚀性的程度，或者是评价各种缓蚀剂防止腐蚀疲劳效果。

采用该方法试件的尺寸要求严格，管壁厚度要均匀，应力槽深度要合适，否则最后数据可靠性差。现场实际操作性不强。

### 18.1.4 电阻探针法

电阻探针法是测定金属腐蚀速度的现场在线测试方法。将被测金属做成丝状或薄片状探针插入被监测的设备中，被腐蚀后，截面积减小，电阻增大。将探针与电阻测定仪器连接，即能连续测定记录电阻的变化，并在指示刻度上显示出腐蚀深度。

与试片失重法相比，电阻探针法是唯一的可用于所有类型腐蚀环境的实时在线测量技术。电阻探针被称为电子腐蚀试片，跟试片失重法一样，电阻探针测量的是金属损失。电阻探针法具有工作环境广、直接获得腐蚀速度、探针置于管内以及腐蚀变化迅速等优点。

电阻探针一般安装在钻井泵高压端的立管中，使用温度决定于补偿片涂层的耐热性。运用该方法可以在设备运行过程中连续地监测设备的防腐蚀状况，准确地反映出设备运行阶段的腐蚀率及变化，适用于不同的介质，不受介质导电率影响，使用温度仅受制作材料限制。

电阻探针法快速、灵敏、方便，可以监控腐蚀速度较快的生产设备腐蚀。

## 18.1.5 线性极化法

线性极化法是 M. Stern 根据小幅度极化（一般过电位不大于 10mV）内，过电位与极化电流呈线性关系提出的，即腐蚀的斯特恩公式。

极化电流是指介质被极化时，原本呈电中性的粒子的正负电荷被拉开。拉开过程中正、负电荷位移，产生电流。电流通过电极后，电极电位发生极化，这种电流通过电极时引起电极电位移动的现象称为电极极化。阳极电极电位从原来的正电位向升高方向变化，阴极的电极电位从原来的负电位向减小方向变化。变化结果使腐蚀原电池两极之间的电位差（电动势）减小，腐蚀电流也相应减小。这种通过在开路电位周围的小区域，测出电极电位的变化来检测腐蚀的电化学方法称为线性极化法。

线性极化方法相对简单，对腐蚀情况变化响应快，能获得瞬间腐蚀速率，比较灵敏，可以及时地反映设备操作条件的变化，数据重复性较好，数据处理直观简单，有较强的可比性；仪器相对简单，可用于现场测试；测试时间较短，可以进行大批量试验；由于极化电流小，所以不至于破坏试件的表面状态，用一个试件可作多次连续测定，并可用于现场长期监测。

但是，线性极化法不适于导电性差的介质。这是由于设备表面有一层致密的氧化膜或钝化膜，甚至堆积有腐蚀产物时，将产生假电容，引起误差很大，甚至无法测量。此外，由线性极化法得到腐蚀速率的技术基础是稳态条件，所测物体是均匀腐蚀或全面腐蚀。因此，线性极化法不能提供局部腐蚀的信息。在一些特殊的条件下检测金属腐蚀速率通常需要与其他测试方法比较以确保线性极化检测结果的准确性。

## 18.1.6 电位法

Schlumberger 于 1920 年最早使用电位法勘探和评价固体金属矿产，圈定矿产的富集带。电位法主要是分析腐蚀部分的组分，通过量化的方法评定材料受腐蚀情况和程度。电位法测定电极电位，是在零电流的情况下，通过测量待测电极与参比电极组成原电池的电动势实现的。因此，电位法测量仪器是将参比电极、指示电极和测量仪器构成回路测量电极电位。电位法又分为直接电位法和电位滴定法。

直接电位法是利用专用电极将被测离子的活度转化为电极电位后加以测定，如用玻璃电极测定溶液中的氢离子活度，用氟离子选择性电极测定溶液中的氟离子活度。

电位滴定法利用指示电极电位的突跃指示滴定终点。电位滴定法可直接用于有色和混浊溶液的滴定，能滴定电离常数小于 $5 \times 10^{-9}$ 的弱酸。在酸碱滴定中，可以滴定不适于用指示剂的弱酸；在沉淀和氧化还原滴定中，因不用指示剂，应用更为广泛。此外，电位滴定法还可以连续测定和自动滴定。

直接电位法只测定溶液中已经存在的自由离子，不破坏溶液中的平衡关系；电位滴定法测定的是被测离子的总浓度。

作为腐蚀监测技术，电位监测有其明显优点。它可以在不改变金属表面状态、不扰乱生产体系的条件下从生产装置本身得到快速响应，同时也能用来测量插入生产装置的试样；适用于阴极保护和阳极保护、指示系统的活化与钝化行为、探测腐蚀的初期过程以及探测局部腐蚀，但它不能反映腐蚀速率。

## 18.2 钻井流体腐蚀性能调整方法

控制钻井流体腐蚀主要通过调整钻井流体的腐蚀性能，而腐蚀性能则又通过处理剂来实现。这些处理剂称为缓蚀剂，又称阻蚀剂或腐蚀抑制剂，是以适当的浓度或形式存在于介质中时，可以防止和减缓腐蚀的化学物质或复合物质。缓蚀剂的特点是用量小、见效快、成本较低、使用方便，但对腐蚀的抑制作用很大。影响缓蚀剂缓蚀效果的因素很多，除了缓蚀剂的组分、结构、介质性质、金属种类和表面状态等因素外，还与缓蚀剂的浓度、使用温度和介质的流动速度等因素有关。介质流动速度对缓蚀剂缓蚀的影响高于温度、压力、介质的组成及其他因素的影响。对目前主要控制的溶解氧腐蚀、二氧化碳腐蚀、细菌腐蚀、酸碱腐蚀、氯化物腐蚀等，缓蚀剂是主要手段。

### 18.2.1 溶解氧腐蚀调整方法

大气、水和处理剂中的氧，在循环时混入钻井流体，其中一部分氧溶解在钻井流体中，直至饱和状态。氧的含量越高，腐蚀速度越快。如果钻井流体中有硫化氢或二氧化碳气体，氧的腐蚀速度会加剧。腐蚀可在钻具、接箍等死角处引起坑蚀，可导致应力集中钻具断裂。钻井流体总体含氧量一般不高，为 20~850mg/L。但局部含氧量有可能很高，发生氧腐蚀。控制氧气从消除泡沫、加除氧剂、使用缓蚀剂以及钻具涂膜等方面入手。

清除钻井流体中的氧应首先考虑采取物理脱氧的方法，即充分利用除气器等设备，并在搅拌过程中尽量控制氧的侵入量。将钻井流体的 pH 值维持在 10 以上也可在一定程度上抑制氧的腐蚀。这是由于在较强的碱性介质中，氧对铁产生钝化作用，在钢材表面生成一种致密的钝化膜，因而腐蚀速率降低。然而解决钻具氧腐蚀的最有效方法还是化学清除法，即选用某种除氧剂与氧发生反应，从而降低钻井流体中氧的含量。

常用的除氧剂有亚硫酸钠（$Na_2SO_3$）、亚硫酸铵 [ $(NH_4)_2SO_3$ ]、二氧化硫（$SO_2$）和肼（$N_2H_4$）等，以亚硫酸钠最为普遍。

化学清除法是解决钻具氧腐蚀的最有效方法，即选用某种除氧剂与氧反应，降低钻井流体中的氧含量。一般情况下，钻井流体中所含的氧可以用除氧剂除去，常用的除氧剂有亚硫酸钠、亚硫酸铵、二氧化硫和肼等。亚硫酸氢钠必须先溶于水制成溶液后再加到钻井流体中。使用亚硫酸氢铵则可直接以粉末的形式加入钻井流体。亚硫酸钠使用最为普遍。

### 18.2.2 二氧化碳腐蚀调整方法

二氧化碳来源于地层气体和钻井流体热降解，属于酸性气体，可引起坑蚀。控制二氧化碳腐蚀，阴极保护、管线选材和缓蚀剂使用等应用较多的。管外腐蚀，防腐涂层和阴极保护以及两者相结合较多。但不适用于钻井流体。

使用较多是咪唑啉类的缓蚀剂，复合型缓蚀剂使用也较广泛。复合型的比单一的缓蚀剂要好。控制二氧化碳腐蚀主要采取加碱，pH 值控制 9~10 为好。高 pH 值下，二氧化碳气体不能产生，以碳酸根离子的形式滞留在流体中。

## 18.2.3 硫化氢腐蚀调整方法

一般采取加入适量烧碱清除硫化氢，使钻井流体的 pH 值保持在 10 以上。优点是处理简便，但当钻井流体的 pH 值再次降低时，生成的硫化物又会重新转变为硫化氢。因此，为了使清除更为彻底，应在适当提高 pH 值之后，再加入适量碱式碳酸锌、海绵铁等硫化氢清除剂。工业上常用的除硫剂主要有锌基和铁基两类。前者主要有碱式碳酸锌、锌螯合物等。后者主要有铁氧化除硫剂、铁螯合物等。

硫化氢侵害过的钻井流体不能降低 pH 值，防止生成硫化氢气体。钻井流体腐蚀性随 pH 值增加显著降低。因此，提高钻井流体 pH 值，可以控制钻具腐蚀。常用的 pH 值控制剂有氢氧化钠、碳酸钠、氧化钙等碱性物质。

## 18.2.4 细菌腐蚀调整方法

细菌腐蚀的原因有硫弧菌对含硫化合物的分解产生硫化氢，还有多糖类在细菌作用下的发酵分解产生二氧化碳等。细菌腐蚀一般危害不大，关键是抑制细菌繁殖加杀菌剂。常常在钻井流体配制时加入具有杀菌抑菌性能的处理剂。钻井过程中如果再有较多细菌，根据需要再次加入杀菌剂即可。杀菌剂按其化学成分可以分为无机杀菌剂和有机杀菌剂。

无机杀菌剂主要有氯、溴、次氯酸钠、铬酸盐、硫酸铜、汞和银的化合物等，以天然矿物为原料，加工制成的具有杀菌作用的元素或无机化合物。无机杀菌剂多为保护性杀菌剂，缺乏渗透和内吸作用，一般用量较高。

有机杀菌剂主要有氯酚类、氯胺、季铵盐、烯醛类等，在一定剂量或浓度下，具有杀死危害作物病原菌或抑制其生长发育的有机化合物。20 世纪 60 年代后，开发了许多内吸性有机杀菌剂，与非内吸杀菌剂同样具有保护作用、治疗作用和铲除作用。

微生物腐蚀是金属在含有硫酸盐环境中腐蚀时，阴极反应的氢将硫酸盐还原为硫化物，硫酸盐还原菌利用反应的能量繁殖从而加速金属腐蚀现象。由于微生物腐蚀涉及的金属构件种类多，所处的环境及腐蚀的菌类又不尽相同，在防护中，必须根据具体情况采取一种或几种措施配合使用。如限制营养源，控制微生物生长的环境条件，采用化学杀菌剂和抑菌剂，采取物理和生物控制方法，在金属材料外加防护层，也可控制微生物腐蚀金属。

## 18.2.5 碱腐蚀调整方法

在碱性环境中常常有亚铁酸根离子和氢气产生，如在钻具接头缝隙处高应力情况下可能发生脆断，可能是碱性腐蚀。控制方法是保持钻井流体 pH 值 10 以下。深井高温时，高 pH 值环境碱脆的概率较大。减轻碱性环境腐蚀金属材质十分重要。

## 18.2.6 氯腐蚀调整方法

氯是一种很强的氧化剂，可与铁金属组成高电位的原电池腐蚀铁。钻井流体中常见的氯化物有氯化钠、氯化钙等。氯化钠属强酸强碱盐，电离平衡较好。氯化钙属强酸弱碱盐，在溶液呈酸性，氯化钙比氯化钠腐蚀性强。氯化物产品往往不是纯净的氯化物，其中的氢离子和其他杂质加剧腐蚀程度。

一是保持钻井流体碱性。氯化钠盐水可加氢氧化钠，氯化钙溶液可加氢氧化钙，中和其中的游离氢离子，使电离平衡。高密度氯化钙溶液中不宜加氢氧化钠，氯化钙与氢氧化钠生成的氯化钠会降低氯化钙溶液密度，无法满足工程对密度的要求。二是使用缓蚀剂保护钻具。

## 思考题

1. 什么是钻井流体腐蚀性能？
2. 钻井流体腐蚀强性能评价方法主要有哪些？
3. 如何控制钻井流体的腐蚀性能？

# 19 钻井流体导热性能测定及调整方法

钻井流体导热性能（Drilling Fluid Thermal Properties）是指钻井流体与外界环境之间的热交换性质和功能。通常，用导热系数描述钻井流体导热性能，是钻井流体自身性质之一。

钻井流体导热系数，又称导热率、热导率，是表征材料热传导能力大小的物理量。具体是指在稳定传热条件下，1m厚的材料，两侧表面的温差为1K或1℃时，在1s内，通过1m$^2$面积传递的热量，单位为W/(m·K)（K可用℃代替）。导热系数与成分、物理结构、物质状态、温度、压力等有关，定义为单位温度梯度，在单位时间内经单位导热面所传递的热量。

钻井流体经过高温地层吸收热能，循环到地面释放热能，需要钻井流体良好的导热能力，才能实现。地层将岩石的热量传递给钻井流体，钻井工具和地层摩擦产生热量传递给钻井流体。钻井流体温度升高，循环到地面散热，降低井筒内流体温度，保持钻井井筒内正常作业的温度。钻井流体也需要保持低温，水合物钻井需要较低的温度，这就需要钻井流体更快地吸收地下。这些都与导热系数有关。

钻井流体导热系数越大，井底流体温度及循环最高温度越大，环空中较高温度部分的井段温度降低，较低温度井段温度升高。

随着钻井时间延长，井眼温度和压力变化，钻井流体循环温度变化。井下循环温度直接影响钻井流体的流变性、密度及稳定性等，还受井内压力、循环压耗、套管和钻柱强度等影响。准确预测井内循环温度分布和变化规律是钻井循环压耗、井控和安全快速钻井的基础。因此，钻井流体导热性能关系钻井安全和钻井流体自身的性能。

（1）关系钻井安全。一般情况下，影响物质导热能力的主要因素有物质的化学组成、密度以及物质所处的温度环境。钻井过程中，钻井流体的化学组成、密度和物质不断变化，导热性也不断变化。

现场还经常发现，钻井流体温度异常，钻井流体固相颗粒增多、增大。有可能是钻井流体从井底向上返回过程中，较多热量传导到上部井壁。上部井壁耐高温能力差，岩心崩落掉块。研究表明，热效应会改变井壁应力，造成膨胀应力和原地应力变化，引起井壁围岩应力重新分布，不能平衡时，井壁失稳。

水合物和深水钻井，井筒温度升高，控制岩屑中天然气水合物分解的难度增加，尤其是随着井筒内压力的减小，天然气水合物分解，造成井喷。有时钻井流体中气体含量高达70%。

（2）关系钻井流体性能。钻井流体导热性影响钻井流体热物性参数。导热性能变化，使井内循环温度变化，循环温度影响钻井流体性能，如控制压力性能和流变性能。造成循环压降或当量密度变化，进而影响钻井工程安全。导热性能影响封隔液性能，影响油管中原油性能，可能会析蜡、生成天然气水合物、出现环空带压等。

钻井流体导热性能研究，主要集中在建立温度场模型计算钻井过程中井筒内的温度分布、水化物与钻井流体导热方式及影响因素等问题，用于从钻井流体微观结构探讨水合物分解前传热、网架骨架热传导、充填介质时流传热、钻屑表面传导等方向探讨钻井流体聚合物处理剂耐温能力。热物性参数测量手段与测量仪器展，井筒内温度场模型的建立与优化研究钻井流体的导热系数和比热在不同密度、不同温度下的变化规律，井筒温度场模型建立，提高井筒压力控制、井壁稳定性预测、井下动力钻具与测量设备优选的能力，是未来重要的研究方向。

【思政内容：热情是什么？】

> 托尔斯泰说：一个人若没有热情，他将一事无成，而热情的基点正是责任心。
> 热情是一种强劲的激动情绪，是一种对人、对工作的强烈情感。
> 保持工作的热情，会让工作有意想不到的收获。热情的对待工作，可以获得尊重，达到自己目标。在集体中，热情能增加同事之间的凝聚力，带动同事们工作的积极性。

## 19.1 钻井流体导热性能测定方法

钻井流体通常用导热系数判断流体的导热性能，所以导热系数是研究钻井流体导热性的重点，测定钻井流体的导热系数成为研究钻井流体导热能力的重点。分液体型钻井流体的导热性能测定方法和气体型钻井流体的导热性能测定方法两大类。

### 19.1.1 液体型钻井流体的导热性能测定方法

测定钻井流体导热性能的方法主要有井下温度计实际测量法、室内预测法和经验法。

#### 19.1.1.1 井下温度计实际测量法

井下温度计是在井下连续测取温度随时间或随深度变化。如果测温过程中深度随之改变，也可以折算出温度随深度的变化。

温度变化数据可以用来分析井筒中的温度梯度，了解储层位置，并为井筒中的相态变化提供温度背景数据。测量设备分为机械式井下温度计和电子式井下温度计。

#### 19.1.1.2 室内预测法

室内测量液体导热系数非常繁琐，没有简单又普遍采用的方法。研究者大多根据自己对事物的认识，设计测试方法。根据钻井流体本身的物性特征，可以采用了圆管稳态法，在玻璃双层管内固定一个电热丝，同时填充耐高温液体，密封，外管装待测液体，其外管和内管壁都较薄，可以减少传热过程中的热阻损失。只要测出电压和玻璃管内外壁温差就可以计算出钻井流体的导热系数。还有学者利用数值模拟方法预测钻井流体热导能力。

#### 19.1.1.3 经验法

现场经常用到钻井流体的井底静止温度和井内循环温度。用于钻井流体性能调整、处理剂选择和难题事故判断。

井底静止温度有两种计算方法。

(1) 国际上井底静止温度预测采用 API 推荐的井底温度计算公式，见式(19.1)。

$$BHST = 27 + 2.733 \times H/100 \tag{19.1}$$

式中 $BHST$——井底静止温度，℃；

27——地表环境温度，℃；

2.733——地层温度梯度常数，℃/100m；

$H$——垂直井深，m。

（2）中国石油行业推荐考虑具体地层温度的计算公式，见式(19.2)。

$$BHST = BSAT + aH/100 \tag{19.2}$$

式中　BSAT——地表环境温度，℃；

　　　$a$——地层温度梯度常数，℃/100m。

井底循环温度计算公式还可以用推荐图版法推测水泥浆的温度。由井底静止温度对应求井底循环温度，再推荐循环温度公式，见式(19.3)。

$$BHCT = T_c + H/168 \tag{19.3}$$

式中　BHCT——循环温度，℃；

　　　$T_c$——钻井流体循环两周时的钻井流体循环出口温度，℃。

仅利用室内测算或者推测钻井流体导热性是不合适的。现场工程师可根据现场经验，如返排钻井流体温度异常、出现析蜡或水合物生成等现象，结合起来解决现场实际难题。

### 19.1.2　气基钻井流体的导热性能测定方法

气基钻井过程中井筒循环气体与地层之间发生热量传递，井筒温度随钻进时间和钻井参数变化而改变，井眼循环温度是气体钻井工艺设计的基础。

气基钻井流体的导热性能测定方法，有稀薄气体导热系数测定法和烃类混合物导热系数测定法两种。稀薄气体导热系数测定法不适用气体钻井，烃类混合物导热系数测定法比较合适。

烃类混合物是理论导热系数，理论导热系数与压力和温度相关，用于泡沫、充气钻井过程。在建立导热系数温度和压力本构方程的基础上，任何组分在某一温度和压力时的导热系数可以利用多原子物质的导热系数理论，一部分用于平移能量传递，另一部分用于内能传递，建立各组分临界温度和临界压力与导热系数模型，用于推测气基钻井流体导热系数。

气体钻井时所需注气量的计算均将环空流体的温度取同一深度的自然地层温度计算，没有考虑井眼内流体与地层换热影响，有一定误差，随着井深增加，误差相应增大。

## 19.2　钻井流体导热性能调整方法

钻井流体导热系数增加，钻井流体温度增加。钻井流体温度过高，影响钻井流体的稳定性以及井壁稳定性。通过循环钻井流体，在地面采取降温措施，获得合适的温度。钻井流体控制温度主要采用物理化学控制方法。

影响物质导热系数的主要因素是物质的化学组成、密度及所处的环境温度。钻井流体不同，导热系数和比热不同。

钻井流体导热系数随温度升高而减小，多数是由于温度升高钻井流体内部产生气泡，阻碍了钻井流体导热所到。实际钻井过程中，钻井流体内部一般都会产生气泡，如何消除气泡的影响也是今后测量及改进方向。

比热随着温度的升高而增大。同一体系的钻井流体，密度增大，钻井流体导热系数增大，由于重晶石作为加重材料的导热系数较大比热较小，钻井流体比热减小。密度越大，加入的重晶石越多，导热系数增大，比热反而降低。

钻井流体导热性能一般通过加入处理剂调节：一是利用加入处理剂后连续相的导热系数变化；二是钻井流体自身的导热能力变化。

（1）在钻井流体中加入多元醇降低体系导热能力。多元醇（聚合醇）主要是指乙二醇、丙二醇、丙三醇、二甘醇、三甘醇、聚乙二醇等。与水相比，密度高、黏度大，既可以辅助加重，又可以增加体系黏度。降低体系导热系数和提高体系热稳定性。随着多元醇含量的增加，水溶液的导热系数不断减小。

（2）在钻井流体中加入盐降低体系导热能力。盐一般是指可溶性无机盐，如氯化钠、氯化钾、氯化钙、溴化钡、溴化钠，还有甲酸盐，如甲酸钠、甲酸钾。不同种类、不同含量的盐能够配制出不同密度的钻井流体，从而满足不同导热系数的地质、工程需要。可溶性盐溶液能够明显降低水溶液的导热系数，即盐的加入能够削弱热传导。甲酸盐还能提高体系中聚合物的热稳定性，减少了自由水含量提高，提高钻井流体的抑制能力。

（3）加入提高剪切稀释性的处理剂降低体系导热能力。优良剪切稀释性，较高的表观黏度，自然对流传热损失大幅度地削弱。

（4）加入交联剂降低体系导热能力。钻井流体温度达到一定值时交联，黏度增加。保持一定时间内稳定，削弱自然对流传热。低温下黏度较低，便于泵送井下。

## 思考题

1. 什么是钻井流体导热性能？其表征参数有哪些？
2. 简述钻井流体导热性能对井筒完整性影响。
3. 钻井流体导热性能室内预测法主要有哪些？

# 20 钻井流体导电性能测定及调整方法

钻井流体导电性能（Drilling Fluid Conductive Properties）是指钻井流体导电性质和功能。与导电性能相关的是电导率和电流，是钻井流体自身性质之一，通过自身性质的导电能力，实现钻井流体完成工程需求的功能。

电导率（Conductivity）表示导体导电能力的物理量，与电阻率互为倒数，单位是 S/m。电导率的范围很宽，从低于 $1\times10^{-5}$ S/m 的纯水到超过 100 S/m 的浓硫酸，都是可以表征的。

钻井过程中，测量流体的电阻率，判断井筒内流体矿化度降低或升高。井眼形成后，可以根据测井曲线异常特征和相关公式，可计算流体的侵入量及侵入速度，评价钻井流体漏失或涌入情况，以及储层伤害程度。因此，钻井流体的导电性能，关系钻井工程诸如安全、地层评价等多项工作。

（1）关系钻井流体稳定性。钻井流大多情况下呈乳化状态。乳状液稳定性通常使用静止观察、电导率测定、表面张力测定、分散稳定性等方法测定。

稳定乳化性是保证油基钻井流体乳状液稳定性的关键。主要用破乳电压衡量油基钻井流体乳化程度。作为连续相的油不导电。电压低，钻井流体不导电。电压增大，乳状液破乳，产生电流。电压称为破乳电压。破乳电压越大，乳化剂越稳定。

（2）关系井下安全。钻井流体加入电解质，膨润土的电动电位变化，钻井流体稳定性变化，关系井壁失稳。井壁不稳定会造成钻井流体的沉砂卡钻、起下钻遇阻等井下难题或者事故，或者坍塌或者缩径卡钻。同样，离子存在引发的导电性变化，引起钻具腐蚀。离子存在造成的腐蚀主要为电化学腐蚀。阳离子腐蚀金属，增加钻井成本和钻具事故概率。

（3）关系地层评价。蒙脱石、伊利石等黏土矿物，本身带负电。黏土颗粒表面负电荷会吸附岩石孔隙空间地层内流体中的金属阳离子以保持电性平衡。岩石阳离子交换量较大，导电作用增加明显，造成储层电阻率降低，甚至形成低阻储层。录井现场用专用仪器测定钻井流体滤液的电阻率，查阅图表求得钻井流体的等效氯化钠浓度，寻找高渗层。微电阻率扫描成像测井，记录每个纽扣电极的电流强度及对应的电位差，反映地层的电阻率变化。含有阳离子的钻井流体进入地层后，破坏地层电性平衡，影响测井和录井的结果，误导判断。

（4）关系机械钻速。钻井流体中无机盐组分与砂岩岩石相互作用影响机械钻速。控制钻井流体中膨润土胶粒电位与地层黏土的电性尽可能一致，在井内钻井流体与井壁地层黏土之间建立电势平衡，避免由于电动电位的差异打破化学电位失衡，就可减少钻井过程中可溶性电解质离子在钻井流体和井壁之间频繁迁移，有利于钻井流体稳定井壁。

## 20.1 钻井流体导电性能测定方法

为了解井下地层，测量入口钻井流体和出口钻井流体的电导率，加以比较，获得变化信息。钻井流体虽然不都是单纯溶液，但包含电解质，在外电场的作用下与普通溶液一样可以形成位移电流。从理论上讲，测量普通溶液电导率的方法同样适用于钻井流体，但由于钻井流体与普通溶液相比，固体颗粒沉淀，溶液水分蒸发后结块，都影响电导率测量。所以不能简单地用测量普通溶液电导率的方法测量钻井流体。

电导率测量适于所有存在离子的溶液。有的溶液不能单独通过电导率测量鉴别或得到其质量浓度。但可用已知成分即已知溶液中电解质成分，通过测量质量浓度与电导率的对应关系得到。因此，测量方法有接触式测量钻井流体导电性、感应式测量钻井流体导电性和离子色谱仪测量钻井流体导电性等方法。

### 20.1.1 接触式测量钻井流体导电性

用两个电极的探头与被测溶液接触，在两电极上施加交流电压，溶液中离子导电，电极之间形成电流。根据电流大小，利用欧姆定律检测溶液电导性。

探头电极之间的电流值不仅与被测溶液的电导率有关，而且与电极的表面积、距离以及几何形状有关。探头常数也称传感器常数或电解池常数，衡量传感器对导电溶液形成电流的反应能力。常数值取决于探头尺寸和形状，单位是 $cm^{-1}$（距离与面积之比）。电导率分析仪的测量范围与探头常数直接相关，探头常数的范围可以从 $0.01cm^{-1}$ 到 $50cm^{-1}$，所测溶液的电导率越高，需要常数越大的探头。

接触式测量可以用于测量低到纯水的电导率。缺点是传感器对覆盖和腐蚀敏感。覆盖和腐蚀会降低读数精度，高浓度电解质溶液极化电极，造成测量非线性误差。

### 20.1.2 感应式测量钻井流体导电性

感应式环状传感器接收到的极内电流与周围液体的电导率成正比。只要与标准液体的电流值相比就可得到被测液体的电导率。由于电导率是单位长度的电导。若探头常数为1，则电导等于电导率。若探头常数为定值，则电导与电导率的关系确定。因此，只需要通过与标准液体的比较，就可以确定被测液体的电导率。

感应式测量探头常数关系式同接触式测量一样，电极面积是流管的截面积，电极长度是流管的有效长度。

这种测量方法的优点是感应线圈不与被测溶液接触，不是被聚合物包裹着就是安装在流管外部，插入类型的探头可以在测量过程中完全被固体或油类覆盖。在没有过度覆盖的情况下，不会引起读数下降。聚合材料外壳探头可用于测量腐蚀性溶液。感应式测量的主要缺点是探头的体积比较大，不能测量电导率微弱的溶液。

### 20.1.3 离子色谱仪测量钻井流体导电性

利用离子色谱仪分析钻井流体中无机离子，获得钻井流体导电性。测量时，适当稀释钻井流体样品，用高速离心法分离待测样品中固相杂质与水溶液，再用离子色谱法快速分析水相溶液中无机阴离子浓度。

钻井流体样品高盐度，固液不均匀，黏稠。为保证样品均一性，防止高盐结晶体沉淀导致结果偏低，原样首先需要稀释一定倍数，并加磁转子搅拌，使盐类充分溶解，再取样高速离心分离。

也可以采用挤压过滤法分离固相和液相。选择适当的压力是保证不穿滤的关键。但是，挤压前稀释黏稠且不均匀的测试样品，不可或缺。实验证明，先采用挤压法分离固相和液相，稀释滤液，测定，分析结果也未必提高。特别是，样品中有盐类结晶物的更是如此。

## 20.2　钻井流体导性性能调整方法

在有利于保持井壁稳定和钻井流体性能稳定的前提下，可以调整钻井流体中有一定的矿化度，即一定的导电性。有利于井壁稳定和钻井流体流变性维护处理，适当地提高钻井流体矿化度，从而提高钻井流体的抑制性和防塌能力，有效降低井下难题。

不仅耐盐侵的能力增强，而且能够有效地抗钙侵和耐高温，适于钻含盐地层或含盐膏地层以及在深井和超深井中使用。由于其滤液性质与地层原生水比较接近，储层伤害控制能力强。能有效地抑制地层造浆，流动性好，性能较稳定。同时还可以抑制钻头切削下来的岩屑分散，从而较为容易地带到地面经固控设备清除。

聚合物钻井流体，适当提高钻井流体矿化度，对易造浆地层起到良好的抑制作用，能有效提高防塌能力，可配合使用耐盐耐温的降失水处理剂，能有效维护钻井流体性能，提高井下安全。

用单一无机盐或非离子聚合物或阳离子聚合物改变膨润土的电动电位，发现钻井流体的其他性能不易实现。将几种处理剂复配使用，在改变膨润土电动电位的同时，其他功能也能发挥，起到一剂多用、简化钻井流体配方、实现钻井流体性能良好。

现场钻井作业中，为使钻井流体适用于不同的地层，需调整其导电性，满足工程需要。测井通过测量井筒内钻井流体电阻率的异常变化，评价地层内流体性质。井筒内钻井流体离子矿化度发生变化时，导致井筒内钻井流体局部电阻率发生变化，在流体测井曲线上表现为异常响应。影响井筒内钻井流体离子矿化度变化的主要是由钻井流体失水、地层内液体或气体侵入井筒内造成的。所以，在通过提高矿化度改善抑制性时要注意影响其他作业的程度，保证其他作业也能顺利进行。

### 思考题

1. 什么是钻井流体导电性能？
2. 钻井流体电导率与钻井流体性能关系的关系有哪些？
3. 钻井流体导电性与勘探开发的关系有哪些？

# 21 钻井流体产量伤害性能测定及调整方法

钻井流体产量伤害性能（Drilling Fluids Formation Damage Control Properties）是指钻井流体改变地层流体产出量的性质和功能。

钻井流体钻开储层之后，破坏原有地层、流体的平衡状态，钻井流体与之接触，可能会造成流体流动阻力，这种使流体流动阻力变化的现象，称为产量伤害。伤害储层只是产量伤害的一个环节。储层伤害一旦发生，解除伤害比较困难，具有历史性、积累性和关联性。控制储层伤害是钻井流体重要工作之一，主要包括诊断、实施、评价和解除即防治四个环节。

早先认为，钻井流体储层伤害是指钻井流体造成液相、气流和多相流产出或注入自然能力下降，很好地解释了地层油气水产量伤害，但没有考虑储层伤害也有改善储层流动的好的方面，如通过伤害水的渗透性控制产水。也没有考虑井筒内流体也会受到干扰，如完井流体的导热性较好与水合物生成造成的产量下降。实际上产出液井筒内的流动所产生的流动能力的变化也是产量伤害的一部分内容。2008年，郑力会等发现，采油泵不同的剪切速率改变地层产出液的乳化程度，造成黏度变化，也会造成产量变化[14]，并在此后研究井筒伤害产量的机理，发现了地层产液、气混合后可能造成热能损失[15]。

钻井过程中，储层伤害严重程度不仅与钻井流体类型和组分有关，而且随钻井流体固相、液相与岩石、地层流体的作用时间和侵入深度的增加加剧。作用时间和侵入深度主要受工程因素控制。钻井流体伤害储层主要是钻井流体中固相颗粒侵入、细菌填塞、工作滤液造成黏土矿物膨胀、分散运移或产生化学沉淀、有机垢填塞、乳化填塞及腐蚀产物等，造成产能下降。总体看，钻井流体造成的地层伤害主要是固相与地层的岩石不配伍、固相与地下流体不配伍以及钻井流体与地下流体不配伍等造成的，不仅关乎钻井工程还关系钻井作业目的。

（1）关系钻井安全。钻井流体的工程性能差往往会造成储层伤害控制能力差。钻井流体性能关系起下钻、开泵所产生的激动压力，钻井流体液柱压力与储层压力之差过大或者过小都有可能加剧储层伤害。

在特殊轨迹井（如定向井、丛式井、水平井、大位移井、多目标井等）中，钻井流体性能优劣伤害储层的间接影响更显著，钻井流体的流变性、失水性和抑制性直接影响钻井流体储层伤害程度，携带能力和润滑性能直接影响储层井段作业时间长短，钻井流体携带能力差和润滑性能不好，造成固相伤害。钻井流体固相和液相进入储层的深度及伤害程度均与钻井流体失水量、滤饼质量有关。这些又都与井壁稳定相关。固相颗粒堵塞储层伤害的同时滤饼质量也较差，有可能造成井下难题。钻井流体与岩石不配伍造成伤害的同时也可能引发储层岩石井壁失稳，滤饼质量下降又造成水敏伤害、碱敏伤害、酸敏伤害和润湿反转伤害。

（2）关系钻井效果。钻井的目的是获得更多的地下资源，钻井流体储层伤害性能关系地下资源的获取。钻井流体与储层流体不配伍时，造成无机垢有机垢堵塞、乳化堵塞、细菌堵塞以及钻井流体进入储层影响油水分布。固相颗粒与地层孔隙不配伍，还会造成固相堵塞。钻进流体与完井流体不配伍还可能产生沉淀，造成储层伤害。

不同伤害原因采用不同的伤害解除方法。物理方法耗能高，解除深度较浅。化学方法速度快，但解除效率较低。研制新型高效的储层伤害解除剂，配合高效快速的物理解除方法，物理/化学耦合解除储层伤害是未来发展方向。特别是非常规储层的发展，储层伤害类型更加复杂，应分析伤害原因，再选取对应的解堵措施。

【思政内容：100−1＝0？】

> 凡事皆有度，过犹不及。如做人需要适度；如欲望需要适度；如努力需要适度。连说话也要适度，过于刚正就是死板，过于热情就是谄媚。做人更需要不卑不亢、不偏不倚，就像体操中的平衡木，用力用得恰到好处，才能立于最佳之地。
>
> 钻井流体是为地下资源发现和开采服务的，不能很好地发现和开采资源，就失去了钻井的意义，所以打再好的井也没有价值。

## 21.1 钻井流体储层伤害性能测定方法

测定储层伤害性能的方法，室内主要是借助渗透率测定仪器设备，评价钻井流体伤害前后的静态、动态岩心柱塞渗透率，优选优化钻井流体组分和配比。其他方法如测定润滑能力、多点测量等都没有形成行业标准。

矿场主要是采用试井求得表皮因子法、测井求取伤害半径法等，其中表皮因子用得最多。

破碎性储层包括以煤岩、碳酸盐岩和疏松砂岩等为代表的天然破碎性储层，相似的有干热岩储层、白云岩储层、水合物储层、油砂储层、砾岩储层等，和以改造后致密砂岩为代表的人工破碎性储层，相似的有致密油储层、页岩气储层等。破碎性储层在储层组分、渗流能力和岩石力学特性等方面各向异性程度强，大多数天然破碎性储层需要经过储层改造获得经济产量。

但是，破碎性储层投入产出比较低，多个储层联探并采才能提高效益。然而，并采所用的储层流体控制储层伤害存在岩样柱塞长度不一不能计算渗透率，渗透率和产量不对等，影响渗透率因素多，等诸多因素，最终反映的是井下流体的流量。

储层伤害评价主要集中在渗透率变化。实际上，油气井产量受地层和井筒流动条件两方面的影响。油气井的油气产量受地层产量的影响可以用油气动力定律来表达，即井筒产量与油气动力正相关。可以直接用流量来表征，与渗透率法相比，流量法不考虑测试样品的尺度，能够代替渗透率法评价破碎性储层非均质渗流特性造成的类似多层并采的工作流体伤害程度，解决了渗透率法无法计量不同尺度测试样品的渗透率难题，为优选储层作业工作流体提供了评价方法[16]。

破碎性储层是无法克服伤害的，通过此理论计算，可以通过工程补偿技术，如钻更长的井眼、储层改造等实现产量增长，称为产量损失工程补偿技术[17]。这种方法可以测量任意时间内的流量。因此，也可以认为是一种动态方法或者说现场与室内结合的一种综合方法。

### 21.1.1 钻井流体储层伤害室内测定方法

室内测定以静态法为主，考虑钻井流体的流动能力，有时也用动态法。但没有写入行业标准。此外，研究者为了模拟现场施工条件，还使用经常正反向流动测量渗透率、失水量等方法，但都不是通用的方法。

### 21.1.1.1 钻井流体静态伤害性能测定方法

钻井流体静态伤害评价方法主要利用静失水实验装置测定钻井流体侵入岩心柱塞前后渗透率的变化，表征钻井流体储层伤害程度然后据此优选处理剂、优化配方。实验时，要尽可能模拟地层的温度和压力。用渗透率变化量计算钻井流体的伤害程度，见式(21.1)。

$$R_s = \left(1 - \frac{K_s}{K_o}\right) \times 100\% \tag{21.1}$$

式中　$R_s$——伤害程度，%；
　　　$K_s$——伤害后岩心有效渗透率，$10^{-3}\mu m^2$；
　　　$K_o$——伤害前岩心有效渗透率，$10^{-3}\mu m^2$。

伤害程度值越大，伤害越严重。评价钻井流体静态伤害性能的测定共有6个环节，分别为准备岩心柱塞、配制地层水、抽真空加压饱和地层水、测正向渗透率、钻井流体静置伤害以及计算伤害程度。任何钻井流体都无法做到储层伤害程度是0。实验评价储层伤害程度，便于优选储层伤害最低的钻井流体。

### 21.1.1.2 钻井流体动态伤害性能测定方法

尽量模拟作业工况，评价钻井流体储层综合伤害程度，为优选伤害程度最低的钻井流体和最优施工工艺参数提供基础数据。

动态伤害评价与静态伤害评价相比，较真实地模拟井下实际工况条件下钻井流体储层伤害过程。两者最大差别在于工作流体伤害岩心柱塞时的状态不同。静态评价时，钻井流体静止。动态评价时，钻井流体处于循环或搅动的运动状态。显然后者的伤害过程更接近现场实际，其实验结果对现场更具有指导意义。

钻井流体伤害储层动态模拟实验，用动态渗透率恢复值表征伤害程度。动态渗透率恢复值越大，伤害程度越低。

一般在3.5MPa的压力下，300r/min搅拌剪切下，钻井流体与岩心接触2h后，反向测定岩心柱塞在与钻井流体接触前后的渗透率。

## 21.1.2 钻井流体储层伤害矿场测定方法

储层伤害矿场评价方法包括试井评价、产量递减分析及测井评价等方法。进一步说，钻井流体伤害储层后，可以用试井评价的方法定量评价储层的伤害程度，也可以用测井方法定性或者半定量评价储层的伤害程度。产量递减分析方法则是对油气井生产动态随着时间推移油气井产量变化，通过分析诊断，识别储层伤害。

利用试井分析方法，分析测试获得的压力、产能、流体物性等信息，得到表皮系数、堵塞比、附加压降等表征储层伤害程度的参数。

试井分析中，假设油藏物性均质，流体单相流动，只要测压时间足够长，试井曲线上的压力与时间半对数曲线上的直线段即达到径向流阶段，可用霍纳法求出储层有效渗透率和表皮系数。但对于油藏物性非均质，流体多相流动，达到直线段的时间较长，有的可长达数月。实际试井时间只有3~5d，霍纳法分析解释的适用性不强，后来发展了多种现代试井解释方法，如典型曲线拟合法、灰色指数法等。

根据油气井或油气井产量的正常递减规律，当油气田或油气井的年（月）产量递减率过大时，或者是在油井开采的初期或修井作业后出现产量锐减，都可根据产量递减动态分析来判断是否外来作业造成伤害。这是一种综合的评价方法，对钻井流体的评价不是专用方法，不做更详细的论述。

油气层损害的测井评价是油气层损害矿场评价的重要组成部分。它与试井评价互为补充。要全面评价油气层损害，应加强试井和测井这两种方法的系统性和配套性。

时间推移测井资料能反映钻井流体滤液侵入，深、浅双侧向测井和微球形聚焦测井求侵入带直径，是测井评价的主要参数。

采用近平衡钻井，近井筒储层受不同程度的钻井流体滤液和固相颗粒侵入。侵入使储层渗透率减小，则钻井流体伤害储层。利用测井资料判断储层是否受到钻井流体失水侵入，计算侵入深度和评价损害深度。

由于钻井流体液柱压力与地层孔隙压力不平衡所造成储层内外流体流入流出地层，使得井眼附近地层中所含流体性质与原始地层性质不同。

钻井流体液柱压力高于地层孔隙压力，钻井流体侵入深度取决于岩石的孔隙度和渗透率、钻井流体的失水影响因素以及钻井流体与地层孔隙压力之间的压差。

给定钻井流体类型，在与其接触地层的渗透性、润湿性及压差一定时，孔隙度越小，侵入深度越大。在测井曲线上，显示出探测半径不同的仪器响应值不同，如微电极曲线、深浅电阻率测井曲线和时间推移测井曲线将出现幅度差，井径曲线出现缩径。

## 21.2 钻井流体储层伤害性能调整方法

普遍认为钻井流体中的固相和失水量是伤害储层的重要因素。主要是因为这两个因素会给诸多钻井流体性能带来变化，造成储层伤害。因此，要降低伤害程度，选择低密度、低黏度的钻井流体，寻求合理的钻井流体配方及优选钻井工艺参数，成为储层伤害性能的调整的主要方法。

（1）处理剂调整储层伤害性能。钻井流体使用处理剂提高黏度，增强悬浮和携带能力，尽快清洁井眼，减少固相及固相在钻井流体的分散、研磨变小。增黏剂一般是长链高分子聚物或高分子聚合物，溶于水，形成胶体溶液，起一定降失水作用。所使用的加重剂必须满足与连续相不起化学反应、良好配伍性、颗粒细小、不磨损设备以及易溶于水或酸等要求。

（2）固相控制调整储层伤害性能。钻井周期增加，钻完井流体中的膨润土在机械搅拌、水力喷射以及高 pH 值、分散剂的作用下，颗粒越来越小，固控设备难以清除。分散越充分，颗粒含量越高，进入储层内部的量和深度就越大，储层伤害程度越严重。此外，钻完井流体中膨润土含量高时，黏度增加需要加入更多的稀释剂及 pH 调节剂维护流变性，加剧黏土水化分散。如此恶性循环，储层伤害更加严重。为减少储层伤害，采取控制固相含量、控制稀释剂加量以及控制膨润土浆加入量等措施。

清除钻井流体固相是为了使接触储层的液体中不含有 $2\mu m$ 以上的固相颗粒。采用筛去钻井流体固相大颗粒、减少侵入地层微粒、提高钻井流体黏度、提高上返速度、添加护胶剂和快速桥堵剂以及除去储层表面的固相颗粒六种方法，基本上满足了现场需要。

钻井过程中，需补充膨润土时，应加入优质的、预水化达 24h 以上的膨润土浆，不应直接加入膨润土。在满足护壁性、降失水性、流变性、高温稳定性等要求的前提下，尽量减少膨润土的加入量（一般控制在 50g/L 以下），必要时，还应及时清除多余的膨润土。

（3）碱度控制调整储层伤害性能。在能够控制弱碱性环境下，维持较低的 pH 值，控制稀释剂加量。烧碱是一种强分散剂。强分散剂不但可促使储层中的黏土膨胀、分散，还可促使钻井流体的膨润土、钻屑分散，造成储层双重伤害。特别是在高 pH 值的情况下，进一步分散黏土及岩石的胶结物溶解除外，还可能形成硅/氢氧根离子、铝/氢氧根离子等黏稠胶体，堵塞渗流通道。为此，钻井流体 pH 值调节最好选用氢氧化钾、氧化钙、氧化镁等。

（4）失水控制调整储层伤害性能。钻完井流体中常常使用封堵剂减少失水量，隔挡固体进入储层。桥堵剂应该能够迅速形成稳定低渗区，由地层流体返排带出或溶解清除。桥堵剂颗粒大小为 2~200μm。聚合物一般是胶体颗粒，胶体胶粒大小约为 2μm。大多数地层使用 200 目的颗粒封堵。

碳酸钙几乎完全被盐酸溶解，所以经常用于储层封堵。油溶性树脂常用作油层封堵剂封堵地层，便于解堵。解堵时用油浓度 2% 的盐水清除滤饼及近井地带封堵层，也可以利用地层流体回注溶解。

## 思考题

1. 什么是钻井流体储层伤害性能？
2. 钻井流体储层伤害评价方法主要有哪些？
3. 简述钻井流体储层伤害性能调整方法。

# 22　钻井流体环境友好性能测定及调整方法

钻井流体环境友好性能（Drilling Fluid Environmental Friendly Performance）是指钻井流体被环境接受的性质和功能。

钻井过程中会产生废弃钻井流体、钻屑、完井液、水泥浆、隔离液和其他含有化学物质的污水、气体、固体等钻井废弃物，主要由无机盐、碱、重金属离子、油以及具有不同程度毒性、很难自然降解的有机处理剂等组成。钻井废弃物如果处理不得当，可能会破坏生态环境，污染空气、水和土地，危害动物和人类。如陆上钻井完成后，将废弃钻井流体露天放置，易造成废弃物的渗漏和溢出，污染地表水和地下水，危及周围农田和水生生物的生长；海上钻井完成后，废弃钻井流体如果排放到海中，可能造成海洋资源破坏。

环境友好性能，与通常说的环境保护性能是相对的。利用认可的环境保护性能检测手段，依据认可的环境保护性能执行标准，达到认可的环境保护性能指标，满足钻井工程需要的钻井流体，称之为环境保护性能钻井流体[18]。

随着世界范围内关注环境保护热度增加，投入大量的人力物力，消除污染，保护环境，回收利用，化害为利。如钻井流体转化为水泥浆固井、开发无毒钻井流体和处理剂等技术，预防和治理的处理设备开发、废弃物管理系统等，都是重点和热点。其原因主要是钻井流体的环境保护性能关系钻井作业人员健康，关系储层伤害控制，关系钻井流体成本。

（1）关系钻井作业人员健康。钻井作业的主要职业病危害源为不良气象条件、噪声、振动、粉尘。损害人身健康因素是上呼吸道疾病、胃病、腰背及肢体关节痛及听力损伤。上呼吸道疾病可认为与冬季野外钻井作业、不良的气候条件以及高强度的体力劳动有关；胃病可以认为是饮食不规律、卫生条件差以及紧张繁重作业所致；腰背及肢体关节痛可认为是由于钻井平台及刹把的振动、强迫体位、寒冷及劳动强度过大所引起；听力损伤可以认为是井场强大的动力设备的噪声所致。总体可以归纳为造成大气污染危害人体健康、造成水污染危害人体健康、产生固体废弃物污染危害人体健康、产生噪声污染危害人体健康和造成环境污染危害生物等五大类。

（2）关系储层伤害控制。将钻井工程中保护储层和环境保护有机地结合起来，通过使用可以控制降解材料，既能够通过降解恢复储层产能，也能够通过降解恢复生态，从而获得长期稳定的综合效益。这是钻井流体处理剂及体系发展的目标。

（3）关系钻井流体成本。综合效益良好的前提是处理剂、体系的合理价格。这就要求利用来源丰富、价格低廉的天然材料作为原材料，结合先进的化学技术、生物技术研制钻井流体处理剂和体系，深度改性，简化合成工艺，提高综合性能，实现降低成本，形成系列产品，配套成环保钻井流体推广。这是环保型钻井流体处理剂及体系成本控制的整体方向。

（4）关系钻井废弃物后期处理成本。达到环保指标，尽可能改善工作环境和减少钻井流体后期处理的投入。从源头控制，开发无毒无害的钻井流体处理剂及体系是钻井流体工作最基础的做法。结合后期处理，才能实现环境友好成本可接受。

为了满足环境保护的需要，同时又不失去钻井流体所必需的性能，世界钻井工作者均在竞相研发新的环保型钻井流体。将处理剂开发与现场需要结合在一起，从长远利益出发，开发原料价廉、成果易于转化的钻井流体处理剂，以及利用这些处理剂配制出环保钻井流体，使用后的废弃物易处理，是开发的方向和目标。

**【思政内容：绿水青山就是金山银山】**

> 规划先行，既要金山银山，又要绿水青山，设计好让绿水青山变成金山银山的路径是基础。
>
> 重视区域规划，强化主体功能定位，优化国土空间开发格局，作为实践"绿水青山就是金山银山"的战略谋划与前提条件。把美丽中国作为可持续发展的最大本钱，护美绿水青山、做大金山银山，不断丰富发展经济和保护生态之间的辩证关系。树立和践行绿水青山就是金山银山的理念，节约资源和保护环境。推进生态文明建设迈上新台阶，把绿水青山建得更美，把金山银山做得更大，让绿色成为发展最动人的色彩。
>
> 良好生态环境既是自然财富，也是经济财富，关系经济社会发展潜力和后劲。加快形成绿色发展方式，促进经济发展和环境保护双赢，构建经济与环境协同共进的地球家园。

## 22.1 钻井流体环境友好性能测试方法

要理解钻井流体环境友好性能，首先要弄清楚钻井废弃物的组成及毒性成分，掌握其测定方法。钻井过程中产生固体废弃物、废水和污染气体。固体废弃物主要有钻屑、钻井废液及钻井废水处理后的污泥；废水主要有柴油机冷却水、钻井废水、洗井水及井场生活污水；污染气体主要来自柴油机排出的废气和烟尘、酸化压裂、脱气器产生的气体等。钻井流体废弃物的组分复杂，有害物质检测的指标主要有 pH 值、石油类、重金属类和生物毒性、生物可降解性等。

### 22.1.1 有害物指标 pH 值测定方法

pH 值是影响动植物生长的重要指标。过高或过低的 pH 值，还具有明显的腐蚀性。因此，pH 值是常见的污染物控制指标。

测定 pH 值方法主要有玻璃电极法和便携式 pH 计法。与便携式 pH 计法相比，玻璃电极法相对较繁琐，便携式 pH 计法在实际中应用较为广泛。

钻井完井废液 pH 值环境友好评价指标为 6~9。如果不在这个范围内，就要采取措施，控制到此范围内。

### 22.1.2 有害物指标石油类测定方法

石油类又称矿物油，矿物油通常是指经过开采和初加工的原油或石油。石油主要由烷烃、芳烃碳氢化合物组成。石油进入土壤环境后，影响土壤通透性，影响土壤感观环境，影响作物生长发育，造成减产，影响农作物品质。

表层土壤是有机物直接污染的初始对象。土壤中的有机物在大气降水条件下既可向周边环境迁移，又可向土壤深层迁移，直接影响周围水体、土壤的环境生态、环境质量及其使用功能。石油类污染物来源于油基钻井流体的基油，或者来源于钻井设备清洗和钻屑。

石油进入海洋，会降低海滨环境的使用价值，影响海洋生物的生长，水中含油 0.01~0.1mL/L 时，影响鱼类及水生生物生长，如油膜和油块能粘住鱼卵和幼鱼。石油污染对幼鱼和鱼卵的危害最大。石油污染短期内不明显影响成鱼，对水域的慢性污染会使渔业危害较大。同时海洋石油污染还能使鱼虾类产生石油臭味，降低海产品的食用价值。另外，石油进入海洋，降低海洋的自净能力。

石油类测定方法有重量法、紫外分光光度法、荧光法、非分散红外分光光度法和红外分光光度法。由于红外分光光度法适用范围广，结果可靠性好，一般使用这种方法：试料体积为 500mL，使用光程为 4cm 的比色皿时，方法的检出限为 0.1mg/L；试料体积为 5L，富集后，检出限为 0.01mg/L。

## 22.1.3 有害物指标重金属测定方法

重金属包括铬（Chrome 或 Chromium，Cr）、镉（Cadmium，Cd）、汞（Mercury，Hg）、铅（Lead 或 Plumbum，Pb）、砷（Arsenic，As）及其化合物。重金属总含量关系毒性强弱。钻井流体中重金属离子的主要来源，是为了保证钻井流体性能，加入的各种化学处理剂，如防腐剂、絮凝剂、pH 控制剂、润滑剂、加重剂等。

此外，无机盐是钻井过程中常常需要加入的化学处理剂，特别是，钻遇含盐地层时更是如此。如氯化钾是水基钻井流体钻页岩地层常用的防塌剂，在不同的钻井流体中氯化钾的浓度不同，但一般浓度约为钻井流体 8%~20%。因此，必须专门脱盐处理方可排放。

低浓度的盐类对动植物的健康非常重要。但浓度同自然情况不同时，会对所处生态系统产生反作用。此外，许多低级动植物，都不能容忍锌的存在。

另外，配制完井液时使用固体溴化钙和溴化钙溶解时会产生大量的热量，对人和设备的安全会造成威胁。

钻井废弃物中的硫化物主要来自处理剂和钻遇含硫储层时进入钻井流体的硫化物。含有硫化物的钻井废水排入农田时，抑制植物的根系生长，植物根部发黑腐烂，农作物枯萎。硫化物在水中的含量为 110~25mg/L 时，淡水鱼将在 1~3d 内死亡。

### 22.1.3.1 铬含量测定方法

铬进入土壤和地下水，影响土壤和水质。金属铬不引起人体伤害，但其化合铬则对人体有害。通常，以化合物方式存在的铬有二价铬、三价铬和六价铬。

测定铬总含量方法有高锰酸钾氧化—二苯碳酰二肼分光光度法、硫酸亚铁铵滴定法和火焰原子吸收分光光度法。

铬含量允许排放浓度为 1.5mg/L。

### 22.1.3.2 铅和镉含量测定方法

测定总铅和总镉的方法有电感耦合等离子体原子发射光谱法、火焰原子吸收分光光度法和石墨炉原子吸收分光光度法。

电感耦合等离子体原子发射光谱法测定总铅、总镉容易受到其他金属元素的干扰，测量不准确。火焰原子吸收分光光度法的最佳浓度测定范围小。原子吸收分光光度法测定重金属具有灵敏度高、选择性好、操作简便快速等特点。所以一般选择石墨炉原子吸收分光光度法测定总铅和总镉。

总铅和总镉允许排放浓度分别为 1.0mg/L 和 0.1mg/L。

#### 22.1.3.3　汞含量测定方法

纯汞有毒，化合物和盐的毒性更大。标准气压和温度下，纯汞最大的危险是容易氧化生成氧化汞。氧化汞容易形成小颗粒，加大表面面积。

测定土壤中总汞使用冷原子吸收分光光度法，检出限，视仪器型号决定。按称取 2g 试样计算，最低检出限为 0.005mg/kg。

汞原子蒸汽强烈吸收波长 253.7mm 的紫外光。汞蒸汽浓度与吸光度成正比。氧化分解试样中各种形式存在的汞，转化为可溶态汞离子进入溶液，用盐酸羟胺还原过剩的氧化剂，用氯化亚锡将汞离子还原成汞原子，用净化空气做载气将汞原子载入冷原子吸收测汞仪的吸收池测定。

汞的总含量允许排放浓度为 0.05mg/L。

#### 22.1.3.4　砷含量测定

纯砷不溶于水，无毒，但砷的化合物有剧毒。砷可形成负三价、三价和五价化合物。测定土壤中砷的总含量用二乙基二硫代氨基甲酸银分光光度法。按称取 1g 试样计算，检出限为 0.5mg/kg。

测量砷的总含量方法有原子荧光法、石墨炉原子吸收分光光度法和二乙基二硫代氨基甲酸银分光光度法。

砷的总含量允许排放浓度为 0.5mg/L。

### 22.1.4　有害物指标生物毒性测定方法

石油烃类对人类健康的影响取决于获取这些物质的途径。途径不同，影响也有所差别。如摄食吸收与表面皮肤接触影响程度不一样。一般来说，摄食吸收所产生的危害要比表面皮肤接触大，且有慢性和急性之分。

油田化学剂生物毒性测试方法中，影响最大的是美国环保局批准的美国环境保护局与石油工业界共同制订有糠虾生物试验法。1987 年 1 月 1 日在美国海上油田正式实施。

由于试验物种糠虾来源不便，挑选条件不易掌握，对虾龄要求苛刻，要求专业人员在专门实验室进行操作实验，不便推广应用；准确性不高，重复性差；耗时，每次实验需要一周以上且成本高；操作过程复杂，试验技术不易掌握，不能现场应用。这四大方面问题和不足，不断受到石油工业界的抱怨和指责。1995 年，中国开始，水质急性生物毒性使用发光细菌法。

生物毒性试验是将生物置于试验条件下，施加污染物影响，然后观察测定生物异常或死亡效应。生物毒性检测能直观地反映污染水体对生物种群的综合毒性，是预测和控制化学物质污染的一种不可缺少的辅助手段，因而得到了广泛应用和迅速发展。

水质急性毒性发光细菌法采用明亮发光杆菌。海洋石油勘探开发污染物生物毒性试验用对虾仔虾、卤虫幼体。

中国针对陆地油水井作业施工还没有成文的环境保护的标准，与之相关标准则较多，测定的内容包括 pH 值、色度、石油类含量、生化需氧量、悬浮物、挥发物、硫化物、磷酸盐、氰化物、氨氮、阴离子表面活性剂和氟化物等生物毒性指标。

#### 22.1.4.1　糠虾生物试验方法

糠虾生物试验方法主要用于保护近海水质限制排放油基钻井流体、岩屑和毒性超过限度的水基钻井流体入海。中国在石油及海洋业中引用了美国石油协会的糠虾生物试验法来评价钻完井流体的毒性。

糠虾类（Mysidacea）属节肢动物门，甲壳纲，软甲亚纲，糠虾目。世界有记录的有780种，绝大多数生活在海洋里，淡水种类极少。中国常见的黑褐新糠虾，是水底生物和浮游生物的纽带，是海洋生物链中的重要环节。生活周期短，生长快，易培养，对毒物敏感。因而，许多国家用于水生生物毒性试验，测量微毒性。

糠虾生物试验法悬浮颗粒相浓度值越大，生物毒性越小；反之则越大。糠虾实验法生物毒性测量的糠虾死亡一半时油田化学剂的浓度，即半致死浓度。糠虾试验法生物毒性等级，悬浮颗粒相浓度大于1000mg/L时为微毒，大于10000mg/L为无毒，大于30000mg/L可直接排放。

### 22.1.4.2 发光细菌生物试验方法

糠虾生物试验过程及条件极为繁杂，试验精度不高，专用设备需要专门的场地，现场使用不方便，试验结果误差较大。研究人员研究了微毒性分析法，微毒性分析法是利用发光菌的冷光光强对不同毒性物质的不同响应研制而成的快速生物毒性测试方法。也有以发光细菌冻干粉为实验生物，研究中国陆上油田用化学剂和钻井流体生物毒性检测方法。

微毒性法用于评价钻井流体及其废弃物的生物毒性，快速（1h准备，15min测定），方法简单，成本低廉。在欧洲一些国家广泛应用于钻井流体及其废弃物的生物毒性评价。试验结果与糠虾生物试验结果没有直接关系。

发光细菌法是以明亮发光杆菌为标准菌种，从海水中分离得到，借助活体细胞内具有三磷酸腺苷、荧光毒和荧光酶等发光要素完成。

荧光酶是自然界中能够产生生物荧光的一类酶。发光过程是菌体的新陈代谢过程，即氧化呼吸链上的光呼吸过程。当细菌体内分成荧光酶、荧光毒、长链脂肪醛时，在氧的参与下，能发生生物化学反应，反应结果产生发光。

发光是发光细菌健康状况的标志。毒性物质存在时，发光细菌的发光能力减弱，甚至熄灭。生物毒性越强，细菌的发光能力越弱。利用光强测定仪测定发光细菌在不同待测物中的生物毒性大小。使发光细菌的光强减少一半时待测物试验液的浓度值越大，生物毒性越小；反之则越大。

细胞活性高，处于积极分裂状态时，细胞三磷酸腺苷含量高，发光强；休眠细胞三磷酸腺苷含量明显下降，发光弱；细胞死亡，三磷酸腺苷立即消失，停止发光。

处于活性期的发光菌，加入毒性物质时，菌体会受到抑制甚至死亡，体内三磷酸腺苷含量也随之降低甚至消失，发光度下降至零。由于发光细菌相对发光度与水样毒性组分的有关浓度呈显著负相关，因此可通过生物发光光度计测定水样的相对发光度，并以此表示待测样品急性毒性的水平。这种方法与微毒性法相似，具有快速、简便、廉价等优点，是中国测试水质急性生物毒性的推荐标准方法之一。利用发光细菌法评价生物毒性的大小，中国参考发光细菌有效半致死浓度将毒性分级标准认为发光细菌$EC_{50}$大于10000mg/L为无毒，大于10000mg/L可以排放。

### 22.1.4.3 生物冷光累积实验方法

生物冷光累积实验法的原理与微毒性试验一样，所用生物和测量方法不同。试验用海藻植物。

海藻是植物类，生长快。加有海藻的钻井流体试样剪切搅拌时，便发出噼噼啪啪的爆破声，并伴有闪光。计量这种闪光的总通量（累积流量），不是测量光强。然后对比毒性的强弱。操作简单，适用于现场测试毒性。

## 22.1.5 有害物指标生物降解性测定方法

生物降解一般指微生物的分解作用。自然界存在的微生物分解物质，对环境不会造成负面影响。表征降解程度的称为降解指数（Degradation Index）。

生物降解性能（Biodegradability）是指通过微生物活动使某物质改变原来的化学和物理性质。理论上，所有的有机污染物都可以被生物降解。不容易生物降解的废弃钻井流体，会对环境产生一定的污染，不属于环境友好型钻井流体。

### 22.1.5.1 生物/化学需氧量测定生物可降解性方法

生物化学需氧量为在规定条件下，水中有机物和无机物在生物氧化作用下所消耗的溶解氧（以质量浓度表示）。方法是，将水样注满培养瓶，塞好后不透气，将瓶置于恒温条件下培养五日。培养前后分别测定溶解氧浓度。两者的差值可算出每升水消耗掉氧的质量，称为生物需氧量（Biochemical Oxygen Demand，$BOD_5$）。

水样在一定条件下，以氧化 1L 水样中还原性物质所消耗的氧化剂的量为指标，折算成每升水样全部被氧化后，需要的氧的毫克数，称为化学需氧量（Chemical Oxygen Demand，$COD_{cr}$）。此法是在水样中加入已知量的重铬酸钾溶液，并在强酸介质下以银盐作催化剂。经沸腾回流后，以试亚铁灵为指示剂，用硫酸亚铁铵滴定水样中未被还原的重铬酸钾，由消耗的硫酸亚铁铵的量换算成消耗氧的质量浓度。在酸性重铬酸钾条件下，芳烃及吡啶难以被氧化，氧化率较低。在硫酸银催化作用下，直链脂肪族化合物可有效地被氧化，故称为重铬酸盐法。

五日生物需氧量与化学需氧量比值是指有机物在微生物作用 5d 内被氧化分解所需要的氧量，可反映有机物在微生物作用下的总体含量变化。

有机物快速生物降解试验中，有机物在微生物作用 5d 内被氧化分解所需要的氧量可以反映有机物的生物降解性，比值越大越容易生物降解。生物需氧量/化学需氧量的比值 $Y>25$ 为容易降解，$15<Y<25$ 为较易降解，$5<Y<15$ 为较难降解，$Y<5$ 为难降解。

$BOD_5/COD_{cr}$ 比值法，操作简便，现场容易实现，可以对不同有机添加剂使用统一生物降解性等级。所以，推荐此方法可以作为钻井流体有机处理剂生物降解性的评价标准。

钻井流体有机处理剂的生物降解性与有机物结构密切相关，淀粉类添加剂及黄原胶易降解，沥青和树脂类添加剂则对微生物有一定的抑制作用不易降解。按其在自然海水中的生物降解规律可分为无抑制性、可逆抑制性和不可逆抑制性三类。

### 22.1.5.2 稀释与接种法测五日生物化学需氧量方法

稀释与接种法测 5d 生化需氧量，是测定水中生化需氧量的标准方法，适用于每升水消耗掉氧的质量大于或等于 2mg/L 且不超过 6000mg/L 的水样。

多数水样中含有较多的需氧物质。需氧量往往超过水中可利用的溶解氧量。因此，在培养前需稀释水样，使培养后剩余的溶解氧符合规定。一般以五日作为测定生化需氧量的标准时间，称之为五日生化需氧量。五日生化需氧量约为廿日生化需氧量的 70% 左右。

### 22.1.5.3 有机物生物降解性测定方法

相对于化学、物理反应而言，生物反应过程及机理相对复杂。为了考察有机物在生物降解过程中的变化情况，必须有针对性地在试验过程中选取一定的指示性参数检测，对有机物的降解性和速率评价。

有机物生物降解考察参数大体可以分为两类特征性参数与非特征性参数。特征性参数表征生物降解过程中特种物质浓度及代谢产物的变化，如受试物的多氯联苯、壬基酚、脱氢酶、三磷酸腺苷、蛋白质等含量，均属于特征性参数。反映降解过程的强弱程度，受试物本身特征性参数的测定能定量反映其降解情况，并且通过中间产物的定量检测，可进一步了解其降解机理。非特征性参数主要包括化学耗氧量、生化耗氧量、溶解氧、溶解性有机碳。生物降解过程中生成的二氧化碳和甲烷通过压强及质量、浓度等参数的检测评价有机物生物降解性。主要测定方法包括好氧生物降解性试验和厌氧生物降解性试验。

好氧生物降解性测定是废水处理的核心问题。不仅可以为废水处理工艺流程的选择提供科学依据，还可以找出影响现有废水生物处理设施正常运行的主要污染源。用于废水生物处理设施日常管理，保证正常运行。包括基质去除率法、耗氧速率法、好氧堆肥法。

厌氧生物降解性试验主要通过测定有机物最终氧化产物二氧化碳和还原产物甲烷评价降解率。如土埋失重法，主要应用于塑料、薄膜等多聚物。试验过程中质量应相对较大，便于称量的厌氧生物降解性评价测定基质的消耗来表征。

## 22.2 环境可接受的废弃钻井流体处理方法

废弃钻井流体主要是由黏土、加重材料、化学处理剂、污水、污油、无机盐及钻屑等组成的多相稳定胶态悬浮体系。处理前，按照评价指标全面评价废弃钻井流体的指标为采取合理的措施提供依据。

废弃钻井流体的处理方法很多，大致可以分为简单化处理、资源化处理和稳定化处理三大类。稳定化处理既能保证控制污染效果，又能节省费用，应用前景广阔。

### 22.2.1 简单化处理

简单化处理适用于无毒或低毒、易生物降解、对环境无污染的废弃钻井流体。简单化处理方法包括直接排放、直接填埋和分散处理等。

### 22.2.2 资源化处理

资源化处理适用于钻井流体如合成基钻井流体、甲酸盐钻井流体等回收处理后可以再次利用钻井流体。资源化处理方法包括回收利用和循环使用等。

### 22.2.3 稳定化处理

稳定化处理适用于有毒、对环境有较大污染的废弃钻井流体，降低毒性，减少环境危害。稳定化处理方法有固化处理、固液分离、地层回注、生物治理、坑类密封、土地耕作、焚烧处理等。

【视频 S6　液体型钻井流体废弃物不落地处理过程】

钻井作业完成后，钻井流体及其废弃物是什么样子呢？液体型钻井流体废弃物不落地处理过程如视频 S6 所示。

视频 S6　液体型钻井流体废弃物不落地处理过程

## 思考题

1. 什么是钻井流体环境友好性能？
2. 钻井废弃物组分主要有哪些？钻井流体废弃物主要成分有哪些？
3. 钻井流体的毒性测定方法有哪些？
4. 简述废弃钻井流体处理方法。

# 参考文献

[1] 郑力会,陈必武,张峥,等.煤层气绒囊钻井流体的防塌机理[J].天然气工业,2016,36(2):72-77.

[2] L Zheng, G Su, Z Li, et al. The wellbore instability control mechanism of fuzzy ball drilling fluids for coal bed methane wells via bonding formation[J]. Journal of Natural Gas Science and Engineering 56, 2018:107-120.

[3] 郑力会,徐燕东,邱子瑶,等.完整作业信息定量分析顺北油田钻完井漏失因素[J].油气藏评价与开发,2021,11(4):597-604.

[4] 郑力会,刘皓,曾浩,等.流量替代渗透率评价破碎性储层工作流体伤害程度[J].天然气工业,2019,39(12):74-80.

[5] 郑力会.仿生绒囊钻井液煤层气钻井应用现状与发展前景[J].石油钻采工艺,2011,33(3):78-90.

[6] 张明伟.动态安全密度窗口解析模型[D].北京:中国石油大学(北京),2013:1.

[7] 郑力会,鄢捷年,陈勉,等.油气井工作液成本控制优化模型[J].石油学报,2005,26(4):103-105.

[8] Jinfeng Wang, Lihui Zheng, Bowen Li, et al, A novel method applied to optimize oil and gas well working fluids[J]. International Journal of Engineering and Technical Research, 2016, 5(1):178-185.

[9] 郑力会,鄢捷年,陈勉,等.油气井工作液成本控制优化模型[J].石油学报,2005,26(4):102-103.

[10] 王金凤,杨晨,毛邓添,等.BP神经网络法预测水基绒囊钻井液井下静态密度[J].石油钻采工艺,2013,35(6):32-35.

[11] 王金凤,郑力会,韩子轩,等.用多元回归法预测水基绒囊钻井液井下静态密度[J].石油钻采工艺,2012,34(2):33-36.

[12] 郑力会,陈勉,张民立,等.稳定盐膏层井眼的不饱和有机盐水钻井液新技术[J].岩土学,2005,26(11):1829-1833.

[13] Zheng L H, Wang J F, Li X P, et al. Optimization of rheological parameter for micro-bubble drilling fluids by multiple regression experimental design[J]. Journal of Central South University of Technology, 2008, 15(S1):424-428.

[14] 郑力会,李光蓉.定性判别电潜泵剪切作用造成产液乳化的数值模拟方法[J].石油钻采工艺,2008(3):81-84.

[15] 魏攀峰.天然气两层合采井筒产量伤害机制[D].北京:中国石油大学(北京),2020.

[16] 郑力会,刘皓,曾浩,等.流量替代渗透率评价破碎性储层工作流体伤害程度[J].天然气工业,2019,39(12):75-80.

[17] 郑力会,魏攀峰,张峥,等.联探并采:非常规油气资源勘探开发持续发展自我救赎之路[J].天然气工业,2017,37(5):126-140.

[18] 郑力会.天然高分子钻井液体系研究[D].北京:中国石油大学(北京),2005.